细胞因子在畜禽疫病防控中的科学应用

万遂如　康丽娟　主编

中国农业出版社

编写委员会

主　　编　万遂如　康丽娟

副 主 编　刘文森　李凤华　邹鲲鹏

编写人员　（按姓氏笔画排序）

万遂如　王单萍　王效禹　付俊伟
任恩俊　刘　艳　刘文森　江庆国
江国托　李凤华　李状元　李荣盛
杨　闯　肖显悦　邹鲲鹏　宋红芹
张正飞　林　洋　单春桥　高树云
涂　岳　崔　丽　康丽娟　韩书祥
韩永明　焦库华

主　　审　江国托

前 言

随着分子生物学、细胞生物学和医药生物工程技术的不断发展，现代人类医学领域出现了一门新兴学科——生物治疗学。包括细胞因子、单克隆抗体、干细胞移植、免疫细胞、肿瘤疫苗等在内的生物技术药品中，应用最多的是细胞因子。细胞因子对人类许多常见病、多发病及传染性疾病有治疗作用，其效果不是传统疗法（化学药物治疗、放射治疗、手术治疗等）所能比拟的。目前，世界上批准上市的细胞因子产品有10余类20多种，用于许多疾病的防治，取得了突破性的进展，为保障人类的健康作出了重大的贡献。我国感动中国畜牧兽医科技创新领军企业——大连三仪集团在国内率先研制成功动物用细胞因子产品，如畜禽用干扰素、免疫核糖核酸、转移因子、白细胞介素-2、白细胞介素-4、抗菌肽、溶菌酶、细菌素等。10多年来，这些细胞因子产品在兽医临床上被广泛应用，取得了公认的效果，在我国畜禽重大动物疫病防控中发挥了重要的作用，开创了我国生物工程药物用于动物疫病防控的先河。细胞因子产品对动物疫病的防控，主要是通过调节动物机体的免疫功能，激发宿主生物的防御机能，以及其本身的抗病毒、抗细菌、抗应激和抑制肿瘤的作用等，使患病动物机体逐渐恢复正常生理机能，其预防与治疗效果非常显著。兽医临床上使用细胞因子产品既安全有效，使用方便，又不产生耐药性，无药物残留，这是当前国内外动物药品发展的方向。

本书分为细胞因子在猪病防控中的科学应用和细胞因子在禽病

防控中的科学应用两大方面内容，分别介绍了应用细胞因子产品防控猪与家禽主要疫病所取得的临床经验与体会，并结合实际病例提出了防控技术方案与注意事项，较全面地总结了当前我国畜禽疫病防控的新技术与新成果。其内容涉及猪、禽的科学饲养管理、生物安全措施、40多种常见疫病的诊断、免疫预防程序、药物保健与治疗方案、养殖生态环境与食品安全等方面。文字通俗易懂，科学性、实用性与可操作性较强，可供广大兽医临床科技工作者、养殖企业技术人员学习与参考。

由于学术水平有限，加之时间仓促，书中可能存在错误与不足之处，敬请广大读者批评指正。

编　者

2010年7月1日

目　　录

上篇　细胞因子在猪病防控中的科学应用

下篇　细胞因子在禽病防控中的科学应用

细胞因子在猪病防控中的科学应用

细胞因子与细胞因子疗法

随着分子生物学、细胞生物学和医药生物工程技术的不断发展，现代医学中出现了一门新兴学科——生物治疗学。包括细胞因子、单克隆抗体、干细胞移植、免疫细胞、肿瘤疫苗等在内的生物技术药物产品中，应用最多的是细胞因子。细胞因子对人类许多常见病、多发病及传染性疾病的治疗作用，其效果不是传统疗法（化学药物治疗、放射治疗、手术治疗等）所能比拟的。目前世界上已批准上市的细胞因子产品有10余类20多种，用于许多疾病的防治，取得了突破性的进展，为保障人类的健康作出了重大贡献。近年来在国内研制成功一批细胞因子产品，并用于兽医临床实践，在动物疾病的防治中发挥了重要作用。本文就细胞因子与细胞因子疗法在猪病防治中的应用提供一点新思路，供同仁参考。

1 细胞因子

1.1 细胞因子定义

细胞因子又称细胞素（cytokine），是由免疫细胞（如单核细胞、巨噬细胞、T淋巴细胞、B淋巴细胞、NK细胞等）和某些非免疫细胞（如血管内皮细胞、表皮细胞、成纤维细胞和角质细胞等）合成和分泌的，具有介导、调节免疫和细胞生长、造血和炎症反应等密切相关的具有高活性多功能的小分子蛋白质，即一类非免疫球蛋白。细胞因子有多种名称：如吞噬细胞产生的细胞因子称为单核因子（monokine）；由淋巴细胞产生的细胞因子称为淋巴因子（lymphokine）；具有趋化作用的细胞因子称为趋化性细胞因子（chemokine）；可刺激骨髓干细胞或祖细胞分化成熟的细胞因子称为集落刺激因子（colony stimulating factor，CSF）；主要由白细胞产生又作用于白细胞的细胞因子称为白细胞介素（inteleukin，IL）。

目前，将细胞因子分为白细胞介素（IL）、干扰素（IFN）、肿瘤坏死因子（TNF）、集落刺激因子（CSF）、趋化性细胞因子（chemokine）和生长因子（GF）六类。

1.2 细胞因子的共同特征

细胞因子的种类很多，生物活性各异，它们的共同特性表现在以下方面：①细胞因子均为分泌到细胞外的小分子蛋白质；②在接受抗原和丝裂原等刺激后合成并释放；③多数在细胞间发生短距离作用，通过结合细胞表面的相应受体发挥生物学作用；④生物半衰期和发挥作用的时间较短；⑤低水平就可表现生物学活性。

细胞因子这种由细胞产生的多肽或糖蛋白分子，具有广泛的生物活性和多种生物功能，可以刺激或者抑制免疫功能，调节多种细胞的生理功能，或促进血细胞生成、分化与增殖，在抗感染与机体免疫系统中起着非常重要的调节作用。一种细胞可产生多种细胞因子，一种细胞因子可由多种细胞产生，一种细胞因子又有多种生物学活性。现在研究证实，机体内产生的众多的细胞因子构成了细胞因子网络，通过网络形式发挥其生物学活性和复杂的免疫调节功能。它们之间常互为因果或互相协同、促进，或互相拮抗、制约，构成了复杂的调节网络，发挥着整体调节的作用。当机体内细胞因子的含量发生异常变化时，则会导致病理性反应，甚至致病。

2 细胞因子疗法

近年来，细胞因子疗法结合抗病毒疗法、抗细菌疗法和对症治疗在兽医临床上的应用已取得明显的成效，特别是在多种病毒混合感染与多种细菌继发感染的病症，以及动物常见的一些急慢性传染性疾病的防治中发挥了重要作用，此方法值得总结与推荐。

2.1 细胞因子疗法的定义

以重组细胞因子作为药物用于疾病的治疗称为细胞因子疗法。当动物机体由于某些病理生理作用引起体内某种细胞因子的相对或绝对缺乏，而导致免疫学功能紊乱，通过输入外源性细胞因子纠正其平衡，恢复其免疫学功能，以达到治疗疾病的目的。目前，已有数十种基因工程生产的重组细胞因子用于人医临床，兽医临床上的应用才刚开始。

2.2 细胞因子疗法在猪病防治中的应用

2.2.1 猪用干扰素（IFN）

干扰素是机体受病毒或其他干扰素诱生剂刺激，由巨噬细胞、淋巴细胞以及体细胞产生的具有高活性的多种生物学功能的糖蛋白（多种生物学活性的细胞因子）。在正常机体的脾脏、肝脏、肾脏、外周血淋巴细胞和骨髓中都可以检出。根据抗原性的不同，人类细胞诱生的干扰素分为 IFN－α、IFN－β 和 IFN－γ，每种又可分为若干亚型。IFN－α 和 IFN－β 抗病毒作用强于免疫调节作用。T 细胞产生的 IFN－γ 主要起免疫调节作用，可作用于机体的多种免疫细胞。病毒、细菌内毒素、原虫、人工合成的双链 RNA 等诱生剂以及黄芪多糖等中药制剂均可诱导干扰素的产生。

2.2.1.1　作用机理

抗病毒作用：干扰素作用于动物机体细胞内的干扰素受体，经信号传导等一系列的生物化学过程，启动基因合成抗病毒蛋白，即翻译抑制蛋白（TIP），该蛋白能阻断病毒 mRNA 与宿主细胞核糖体之间的相互结合，抑制病毒蛋白质的翻译，从而抑制病毒多肽链的合成，即阻断病毒的繁殖，起到抗病毒的作用。同时，还能抑制病毒 DNA 和 RNA 的合成。病毒本身没有独立的生物酶系统和合成蛋白质的场所（没有核糖体），所以只有进入机体细胞内，依靠动物机体细胞的酶系统和核糖体，才能生长与繁殖。如果动物机体内正常细胞经干扰素作用后产生抗病毒蛋白，病毒就不可能在动物机体内生长与繁殖，使其失去了生存的空间。

免疫调节作用：①调节免疫监视功能；增强自然杀伤细胞（NK 细胞）和杀伤细胞（K 细胞）的杀伤活性，这种杀伤性的调节具有种属特异性，猪干扰素只能增强猪 NK 细胞的杀伤活性；②调节免疫防卫功能；低浓度干扰素可明显促进 B 细胞分泌 IgG 抗体的功能，增强组织相容抗原和外周血单核细胞表面 FC 受体的表达，抑制淋巴细胞的增殖；增强巨噬细胞的吞噬作用；促进巨噬细胞的细胞毒活性；调节免疫自稳功能，降低应激反应等。

抗肿瘤作用：干扰素能抑制致肿瘤病毒的增殖、肿瘤细胞的增生；改变肿瘤细胞表面的结构、诱发新的抗原，从而易被免疫监视细胞识别并加以排斥；通过免疫调节作用，可增强机体抗肿瘤能力，如激活巨噬细胞，增强 NK 和抗体依赖的细胞介导的细胞毒性效应。

2.2.1.2　猪用干扰素在猪病防治中的应用

干扰素主要用于猪流行性腹泻、传染性胃肠炎、轮状病毒感染、口蹄疫、猪瘟、蓝耳病、圆环病毒 2 型感染、伪狂犬病、猪流感、水疱病、细小病毒病等的防治，特别是与猪用转移因子协同使用，对猪的一些免疫抑制性疾病防治效果更佳。

【使用方法】每 40kg 体重肌肉注射 1ml，每日 1 次，连用 3d，重症加量 2～3 倍。与猪用转移因子联合使用，应用灭菌注射用水或生理盐水稀释，混合肌肉注射。

【预防与治疗方案】

猪传染性胃肠炎、流行性腹泻、轮状病毒病的治疗：按治疗量肌注干扰素，每日 1 次，连用 3d，同时肌注复方穿心莲注射液或双黄连注射液（每千克体重 0.1ml），每日 1 次，连用 3d，口服杨树花口服液，每头口服 2ml，每日 2 次。并改饮电解质多维或口服补液盐 7d。

蓝耳病、圆环病毒 2 型感染、非典型猪瘟、伪狂犬病、细小病毒病、猪流感的治疗：按治疗量肌注干扰素与复方灵芝多糖注射液或奇健（黄芪多糖注射液）或复方柴胡注射液，按每千克体重0.1ml混合肌注，每日1次，连用3～4d。因为干扰素对病毒只有抑制作用而无杀灭作用，对已经形成的病毒无作用，治疗时必须要配合使用抗病毒的中药制剂。同时，由于上述病毒性疾病常混合感染或继发感染细菌性疾病，使病情复杂化。因此，在治疗中还要针对病情选用广谱抗生素，如头孢塞呋、替米考星、氟苯尼考，以及清开灵等配合治疗，即可能达到预期的治疗效果。在进行上述治疗中，为了增强疗效，提高治愈率，减少死亡率，应使用转移因子配合治疗，每100kg体重肌注1ml，每日1次，连用3d，可使病猪很快康复，并能减少病后僵猪的产生。

猪口蹄疫的治疗：干扰素加转移因子或加排疫肽（五种高免球蛋白），混合肌注，每日1次，连用3d；用复方灵芝多糖注射液或奇健（黄芪多糖注射液），稀释后，混合使用，并同时肌注防止急性心肌炎药物，如天王大败毒注射液或五毒康注射液（按每千克体重0.1ml给予），每日1～2次，连用3d，可明显提高疗效，减少死亡。

2.2.1.3 使用干扰素的注意事项

由于干扰素能抑制病毒的复制与繁殖，因此使用干扰素后，96h之内不要给动物接种弱毒活疫苗，以免影响免疫效果。灭活疫苗（油剂苗）可与干扰素同时使用，但不要混合注射。

稀释干扰素要用灭菌的注射用水或生理盐水，不要使用酸碱性溶液和葡萄糖盐水作稀释剂，否则会造成失效。

妊娠母猪、哺乳母猪及仔猪使用安全，无毒副作用。

启用后在规定的时间内一次用完，以免失效。解冻溶化后不要再进行冷冻，可放于4℃冰箱中保存，3d内使用完。

干扰素虽有广谱的抗病毒作用，但又具有相对的种属特异性，一般在同种细胞中生物活性最高；同时不同的病毒，同一种病毒的不同血清型中对干扰素的敏感性也不尽相同。

干扰素可与转移因子、排疫肽（高免球蛋白）以及中药单方注射液混合肌注（如黄芪多糖、板蓝根、柴胡、香菇多糖注射液等），不影响疗效，而且有协同作用与促进作用，增强疗效。

2.2.2 猪用转移因子（TF）

将预先用特异性抗原致敏的T淋巴细胞反复冰冻融解，再经过透析或过滤后，获得的一种低相对分子质量多核苷酸与低相对分子质量多肽的复合物，即为转移因子，属淋巴因子的一种。TF含有6～12个氨基酸，2～4个RNA（核糖核酸），无抗原性，无种属特异性，动物的转移因子已广泛用于人类。

2.2.2.1　作用机理

转移因子进入动物机体内通过核酸渗入表达受体的淋巴细胞，起着传递特异性和非特异性细胞免疫信息的作用，现已证实，它能转移细菌、真菌、病毒、组织相容性抗原等的细胞免疫。受体接受转移因子后，2～24h内产生效应，可持续数月至1年。转移因子能激活辅助性T细胞，增强机体的细胞免疫和体液免疫功能；能诱导淋巴细胞及吞噬细胞在炎症局部集聚，发挥抗感染和抗肿瘤等作用；还能将免疫反应活性转移给正常未致敏的细胞，使之成为致敏淋巴细胞，从而扩大细胞免疫反应。能诱导干扰素（IFN）和白细胞介素-2（IL-2）的产生；能修复和增强机体的免疫功能，提高机体的抗病力，减少免疫抑制、免疫麻痹、免疫不全，并能降低免疫应激与其他应激的比例。

2.2.2.2　猪用转移因子在猪病防治中的应用

【使用方法】每100kg体重1ml，每日1次，连用3次，重症加量。与干扰素或排疫肽配合使用，效果更佳。

【预防】转移因子可以将免疫反应活性转移给正常未致敏的免疫细胞，使之成为致敏淋巴细胞，提高细胞的免疫效果，具有免疫增强剂的功能。因此，在临床上给猪免疫接种疫苗时，加入转移因子，可有效地提高疫苗的免疫效果。如按免疫程序给猪接种猪瘟弱毒疫苗，加入稀释后的转移因子与疫苗混合肌注，使猪瘟抗体产生快、抗体水平高、抗体持续时间长，明显增强其疫苗的免疫效果。当发生猪瘟时，用10～12头份猪瘟弱毒疫苗加转移因子（小猪0.5ml、大猪1～2ml）混合肌注，2d即可控制疫情。给猪接种O型口蹄疫灭活浓缩疫苗时，同时分开肌注转移因子，也可起到增强疫苗免疫效果的作用。例如：2005年5月6日上海市生猪业行业协会技术部卫秀余研究员进行了“猪用转移因子提高猪瘟疫苗免疫效果试验”，随机选择35～40日龄仔猪300头，每头肌注猪瘟疫苗1头份，其中试验组200头每头加注猪用转移因子0.2ml，对照组100头不加注转移因子。免疫前及免疫后21d试验组与对照组分别采血检测抗体，检测结果：试验组免疫前抗体平均滴度为23.8，免疫后21d抗体平均滴度为27.3，对照组免疫前抗体滴度为23.8，免疫后21d抗体平均滴度为24.2，两组之间差异极显著。2005年6月7日广西畜牧研究所潘天彪、廖晓光、李湘涛进行了“猪用转移因子提高猪瘟疫苗免疫效果试验”，随机选择哺乳仔猪，试验1组36头、试验2组40头、对照组40头，于13日龄分别采血检测母源抗体，试验组与对照组抗体滴度除1份样本为1∶64，2份样本为1∶512外，其余样本均为1∶1 024。21日龄免疫，每头仔猪肌注猪瘟弱毒疫苗2头份，试验组每头加注猪用转移因子0.2ml，对照组不加注转移因子。免疫后15d（36日龄）、29d（50日龄）分别采血检测抗体，试验组免疫后 15d 抗体滴度均在 1∶64 以上，免疫后 29d 抗体滴度 1∶64 以上的样本占 85%以上，无一样本抗体在 1∶32 以下；而对照组抗体滴度均在 1∶64 以下。

当猪群中发生伪狂犬病时，可用基因缺失弱毒疫苗加转移因子肌肉注射，进行紧急接种，在使用后 16～24h 产生明显的防治效果，2d 内可控制疫情，减少死亡。

由于免疫抑制性疾病（如蓝耳病、圆环病毒 2 型感染、伪狂犬病及猪气喘病等）抑制动物机体免疫细胞的功能，干扰疫苗的免疫应答，产生免疫麻痹，导致免疫失败。如在接种疫苗的同时使用转移因子，可激活被免疫抑制性疾病病原所抑制的免疫细胞，使其恢复免疫功能，可有效地减少免疫抑制与免疫麻痹的发生。故转移因子可用于预防与治疗猪的免疫抑制性疾病。

仔猪断奶前 3d，每头肌注 0.2ml 转移因子，断奶时可有效地控制断奶应激、饲料应激、营养应激及环境应激。

【治疗】转移因子用于治疗猪蓝耳病、圆环病毒 2 型感染、非典型猪瘟、口蹄疫、伪狂犬病、猪流感、传染性胃肠炎及流行性腹泻等，应配合中药抗病毒制剂及广谱抗生素进行综合治疗，其治疗方法请参照干扰素对病毒性疾病治疗方法实施。

猪呼吸道病综合征、传染性胸膜肺炎、副猪嗜血杆菌病、气喘病、大肠杆菌病的治疗，可按规定剂量肌注转移因子和排疫肽，每日 1 次，连用 3d；同时针对病情选用清开灵注射液，或复方板蓝根注射液，或复方穿心莲注射液以及抗生素类，如支原净、氟苯尼考、多西环素、头孢噻呋、长效土霉素、林可霉素等配合治疗，每日 1 次，连用 4d。咳嗽与气喘严重者加注冰蟾熊胆注射液或复方蒲公英注射液等（按每千克体重 0.1ml 给药），每日 2 次，连用 3d。临床治愈后，为防止疾病反复，应有针对性地在饲料中或饮水中添药，使用 7～10d。

2.2.2.3 使用转移因子注意事项

转移因子用灭菌注射用水或生理盐水稀释后可与弱毒活疫苗混合 1 次肌注，但不要与灭活疫苗（油苗）混合注射，可分别肌注。

转移因子不能与酸碱性溶液或葡萄糖盐水同时注射，否则影响药效。

母猪妊娠期、哺乳期及哺乳仔猪使用安全，无毒副作用。

药品开启后 1 次性用完，如有污染严禁使用。

2.2.3 猪白细胞介素-4（IL-4，倍康肽）

猪白细胞介素-4 又称为 T 细胞生长因子，是 T 细胞自身分泌的一种生长因子，能诱导机体细胞免疫和体液免疫，增强机体免疫力，提高抗病毒和抗感染的能力。

2.2.3.1　作用机理

对T细胞的免疫调节作用：猪白细胞介素-4能维持T细胞增殖，高浓度白细胞介素-4能诱导胸腺细胞的增殖，对细胞毒性淋巴细胞（CTL）和淋巴因子激活杀伤细胞（CAK）具有分化、调节作用。

对B细胞的免疫调节作用：猪白细胞介素-4可提高体液免疫应答水平，显著增强病毒和细菌以及寄生虫抗原的免疫原性；它是体液免疫的重要调节因子，可增强抗原的提呈能力，使免疫系统对小量抗原刺激产生免疫应答。还能促进B细胞分泌IgG和IgE，增强机体的保护性免疫效应。

抗肿瘤作用：白细胞介素-4是一种活性很强的巨噬细胞激活因子，能诱导巨噬细胞增殖并提高其活性，杀伤肿瘤细胞，对肿瘤有免疫作用。

2.2.3.2　猪白细胞介素-4在猪病防治中的应用

猪白细胞介素-4在增强猪体的免疫应答和提高免疫保护力方面具有重要的应用价值。

【预防】IL-4可与猪所有的弱毒疫苗混合，同时使用；与灭活疫苗分别稀释，分别使用，能使疫苗提前产生免疫力，抗体产生快、抗体水平高、抗体整齐度好、保护力维持时间长，并能减轻接种的应激反应。

在仔猪断奶转群、长途运输前、炎热、换料时应用，能明显提高猪的抗应激能力，降低应激的发生，保持猪体各系统功能的稳定与平衡。

【治疗】猪白细胞介素-4在兽医临床上应用时，其使用方法和治疗适应症与猪用转移因子相同，效果一致，请参照上述猪用转移因子的治疗方法使用即可。与猪用干扰素和排疫肽分别稀释混合使用，治疗猪的传染性疾病，可明显提高疗效，减少死亡。

【使用方法】用生理盐水或灭菌注射用水或疫苗稀释液稀释后使用，弱毒冻干疫苗可混合肌注，灭活疫苗分别肌注。与疫苗联合使用时，仔猪每头0.25ml，中猪每头0.5ml，大猪每头1ml。

治疗时，每60千克体重用本品1ml，重病加倍量，肌肉注射，每日1次，连用2～3d；预防时，仔猪每0.2ml，中猪每头0.25ml，大猪每头0.5ml。

【使用注意事项】本品严禁与酸碱性溶液和葡萄糖盐水混合使用，否则无效。使用前要充分摇匀，开启后1次性用完，如有污染不能使用。本品可用于猪的各个生长阶段，对妊娠母猪、哺乳仔猪、种公猪无毒副作用，无残留，无抗药性。

2.2.4　排疫肽（Ig）

排疫肽为免疫球蛋白制剂，是针对特定抗原的抗体。

2.2.4.1 作用机理

排疫肽含有高浓度的免疫球蛋白，包括IgG、IgA、IgE、IgM、IgD。IgG在免疫过程中占主导地位，具有抗病毒、抗外毒素等多种活性；IgA作为主要免疫球蛋白，在保护肠道、呼吸道、泌尿生殖道、乳腺、五官等黏膜器官免受细菌与病毒的入侵起关键作用，并和IgG一起凝集颗粒抗原，中和多种病毒粒子，对增强猪的免疫能力具有重要作用；IgE、IgM、IgD等起抗原受体作用，可介导宿主细胞免疫。因此，给动物注射免疫球蛋白就是增加其特异性抗体，直接加强机体的免疫能力。排疫肽中免疫球蛋白的含量远远高于高免血清中所含有的能发挥作用的免疫球蛋白，因此可用于许多疫病的预防与治疗。

2.2.4.2 排疫肽在猪病防治中的应用

【使用方法】按50kg体重肌注1ml，每日1次，连用3d，重症可加量。

【预防】仔猪1日龄与4日龄，每头肌注排疫肽0.2ml，可增强仔猪的抗病力，提高仔猪的成活率，降低大肠杆菌病及水肿病的发生率。仔猪断奶前3d，每头肌注排疫肽与转移因子各0.2ml，转群时可明显降低由于断奶应激而诱发的圆环病毒2型感染、蓝耳病、非典型猪瘟、伪狂犬病、猪流感、气喘病、传染性胸膜肺炎及呼吸道病综合征的发生。仔猪体质差、消瘦、发育不良、生长缓慢时，使用排疫肽并配合转移因子肌注3d，每日1次，可有效地促进猪只的胃肠消化功能，增进食欲，减少僵猪的产生；母猪产后不食，体质差，使用排疫肽与转移因子肌注，每日1次，连用2d，精神立即好转，恢复食欲。

【治疗】对蓝耳病、圆环病毒2型感染、非典型猪瘟、伪狂犬病、口蹄疫及猪流感等病毒病的治疗，可用排疫肽配合转移因子或干扰素，与抗病毒中药制剂和抗生素联合用药进行综合性对症治疗，其方法可按干扰素和转移因子治疗方案实施；对猪附红细胞体病、链球菌病、猪丹毒、猪肺疫、猪水肿病及弓形虫病等的治疗，以排疫肽联合转移因子，每日1次肌注，连用3d，配合选用血虫净、清开灵、红弓链康、长效土霉素、强力霉素、强力水肿消、头孢噻呋，以及磺胺类药物等进行综合性对症治疗方可获得满意的疗效；不明原因的高热、精神食欲不佳的猪可使用排疫肽联合转移因子，每日肌注1次，连用3d，同时配合肌注柴胡注射液，或板蓝根注射液，或穿心莲注射液，或大青叶注射液，每日1次，连用4d，可获得良好的治疗效果，而且疾病不会反复；生产母猪夏天发生热应激时也可使用此法进行治疗，可使母猪尽快恢复生产性能。

母猪“低温症”是由于营养失调，体内热量不平衡而引起，体质虚弱及应激是诱因。立即肌注排疫肽与转移因子，每日 1 次，连用 3d，同时肌注安钠加与 0.1%肾上腺素各 1 次，口服红糖水。

母猪产后无乳是由饲料营养不全、内分泌失调、乳腺发育不良而引起的，可肌注排疫肽与转移因子，每日 1 次，连用 3d，同时肌注催乳灵注射液 1～2 次，疗效良好。

2.2.4.3　使用排疫肽的注意事项

使用排疫肽时可与转移因子、抗病毒药物与抗生素同时应用，但不能混合注射；与干扰素联合使用，先注射干扰素，后使用排疫肽，疗效更为可靠。

排疫肽可使用于猪的各个生长阶段，对妊娠母猪与哺乳仔猪无毒副作用。

本品严禁与酸碱性溶液和葡萄糖盐水混合使用。

使用前充分摇匀，开启后 1 次性用完，如有污染不能使用。

免疫增强剂在猪病防控中的应用

当前，我国猪群中免疫抑制性疾病普遍存在，危害最大。因此，在防控猪的疫病时重点是控制好免疫抑制性疾病。如何做好猪免疫抑制性疾病的防控，除了搞好科学的饲养管理、落实各项生物安全措施、饲喂优质的全价饲料之外，重点应从提高特异性免疫力和增强非特异性免疫力两方面着手，构建全方位的免疫屏障，才能有效地防止免疫抑制性疾病的发生与流行。

1　免疫增强剂的定义与分类

1.1　定义

能非特异性改变或增强机体对抗原的特异性免疫应答和发挥辅助作用的一类物质，均称为免疫增强剂，也称免疫调节剂。现代研究证实，具有免疫增强作用的物质超过 100 多种。

1.2　分类

根据免疫增强剂的作用特点可将其分为两大类：一类是非特异性增强机体免疫功能，主要用于治疗动物免疫力低下的疾病，具有免疫增强作用的物质；另一类是免疫佐剂，能辅助抗原，增强疫苗对动物机体的免疫力，即一种物质先于抗原或与抗原混合或与抗原同时注入动物体内，能非特异性地改变或增强机体对抗原的特异性免疫应答的一类物质。

2 目前兽医临床上常用的免疫增强剂

2.1 生化制剂类免疫增强剂

2.1.1 干扰素（IFN）

由干扰素诱发剂作用于有关生物细胞后，所产生的一类高活性、多功能的糖蛋白，由于它具有干扰病毒感染和复制的能力，故称为干扰素。干扰素分为α干扰素、β干扰素、γ干扰素。白细胞干扰素（Le）相当于α干扰素；成纤维细胞干扰素（F）相当于β干扰素；由病毒作用于致敏的T细胞和NK细胞产生的干扰素，称为γ干扰素。α干扰素与β干扰素合称为Ⅰ型干扰素，γ干扰素相当于免疫干扰素，即Ⅱ型干扰素。干扰素通过抑制病毒DNA与RNA的合成、复制而防止病毒增殖与扩散，具有广谱的抗病毒作用；干扰素的免疫调节作用主要表现在对T细胞和B细胞的功能有明显的增强作用，使形成抗体的细胞大量增加；抗肿瘤作用表现在抑制肿瘤病毒的增殖，阻止其扩散，改变肿瘤细胞表面的结构，诱发新的抗原，从而易被免疫监视细胞识别，并加以排斥。干扰素还可通过免疫调节作用，激活巨噬细胞，增强NK和ADCC效应，提高NK细胞杀伤靶细胞的作用，增强机体的抗肿瘤能力。

2.1.2 转移因子（TF）

TF为淋巴因子的一种，它是将预先用特异抗原致敏的T淋巴细胞反复冻融，经过透析或超滤后，获得的一种低相对分子质量多核苷酸与相对低分子质量多肽的复合物。TF含有12个氨基酸，2～4个RNA，相对分子质量700～5 000，无抗原性，但有种属特异性。其活性不会被核酸酶和胰蛋白酶破坏，于56℃，30min可遭破坏，－20℃可保存5年。转移因子具有很强的转移特异性细胞免疫的作用，能转移病毒、细菌、真菌、组织相容性抗原等的细胞免疫。受体接受转移因子后，2～24h产生效应，可持续数月至1年。具有增强免疫功能，提高免疫力与抗病力，减少免疫抑制、免疫麻痹、免疫不全，降低应激等作用。

2.1.3 白细胞介素（IL）

IL是由活化的单核—巨噬细胞及淋巴细胞等所产生的一类细胞因子。它作用于淋巴细胞、巨噬细胞与其他细胞，负责信号传递，联络白细胞群的相互作用。在细胞的活化、增殖和分化中起调节作用。白细胞介素与相应细胞的受体结合，这种连续的细胞因子与细胞间相互作用，可以扩大和调节免疫应答。与疫苗配合应用，可显著地提高免疫效果，提高机体的抗应激能力。白细胞介素的家族包括IL-1至IL-23。

2.1.4　免疫核糖核酸（IRNA）

IRNA是淋巴细胞和巨噬细胞受特异性抗原刺激后，产生的免疫信息遗传物质。它能将供体对某些抗原的特异性免疫信息传递给表达相应受体的T淋巴细胞和B淋巴细胞，使之产生特异性致敏淋巴细胞和抗体，从而提高受体的免疫功能。IRNA本身无免疫原性、无种属特异性，不引发过敏反应或毒性反应。一方面它具有传递免疫信息的功能，另一方面，IRNA与抗原结合后，变成了超级抗原，可大大地增强免疫功能。

2.1.5　胸腺肽

胸腺是免疫系统的中枢器官，分泌一系列具有免疫活性的多肽类物质，总称为胸腺激素。其中包括胸腺肽（胸腺素，TM）、血清胸腺因子（STF）、胸腺生成素（TP）及胸腺体液因子（THF）等。具有调控T淋巴细胞分化及增殖，调节机体的免疫功能，呈现非特异性免疫增强的作用。

2.2　植物性免疫增强剂

具有免疫作用的中草药称为“免疫型中草药”，是祖国医药宝库中的国宝。现代医学研究发现，黄芪多糖、人参多糖、灵芝多糖、香菇多糖、红花多糖、竹黄多糖、茯苓多糖、猪苓多糖、当归、党参、芦荟、白术、仙灵、何首乌、五味子、蜂胶、金银花、穿心莲、板蓝根、柴胡、连翘、夏枯草、射干、野菊花、牛蒡子、百部、虎杖、贯众、石苇、香薷、诃子、佩兰、大叶桉、一见喜、侧柏叶、紫荆皮、芫花、紫花地丁、大青叶、黄连、黄柏、黄芩、枸杞、刺五加、大蒜素等中药均具有增强免疫功能，调节免疫应答，促进组织再生，还具有抗病毒、抗细菌、抗肿瘤、抗应激等功能。

2.3　化学性免疫增强剂

左旋咪唑（LMS），可加强T淋巴细胞对蛋白质的合成，促进其分化增殖，转变成致敏淋巴细胞，产生IL-2、巨噬细胞活化因子（MAF）及巨噬细胞移动抑制因子（MIF）等淋巴因子；能增强NK细胞的活性；提高吞噬细胞的活力，促进其杀菌作用。有人将LMS称为免疫调整剂或免疫扶正剂。

以上列举的免疫增强剂是当前兽医临床上常用而且效果明显的，供大家参考。其他还有不少免疫增强剂也开始在临床上使用，并已引起广泛关注。比如化学免疫增强剂、不溶性铝盐类佐剂、油乳剂佐剂、双链多聚核苷酸、维生素A、维生素E、免疫刺激复合物（ISCOM）、生物降解聚合微球、脂质体、硒等；细菌性免疫增强剂有短小棒状杆菌（CP）、卡介苗（BCG）、脂多糖（LPS）、乳酸菌、酵母细胞壁等。这些免疫增强剂很有发展前景，在此不一一介绍，广大兽医科技工作者在临床实践中注意总结这方面的经验。

3 免疫增强剂的作用机理

3.1 对动物机体的作用

3.1.1 引起细胞浸润

出现巨噬细胞、淋巴细胞及浆细胞聚集、作用加强；增强细胞免疫和体液免疫，调动机体发挥更大的免疫力。

3.1.2 改变免疫细胞的功能

能促进巨噬细胞数量增多，膜表面积增大，产生大量的辅助因子和前列腺素等调节因子。T 淋巴细胞和 B 淋巴细胞数量明显增加，膜表面成分发生改变，产生大量的辅助因子；B 淋巴细胞转化为浆细胞，分泌大量的抗体，增强体液免疫；T 淋巴细胞转化生成大量的致敏淋巴细胞，产生淋巴因子，增强细胞免疫。

3.2 对抗原的作用

3.2.1 增加抗原的表面积，提高抗原性

能使抗原表面积明显增大，抗原决定簇暴露增加，抗原的作用得以加强，大大地提高了产生抗体的滴度。

3.2.2 延长抗原在机体内存在时间

抗原与免疫增强剂混合后，形成凝胶状，明显延长抗原在机体内的存在时间，减缓抗原的降解速度，使其缓慢释放，长期刺激机体，持续而有效地提高血液中的抗体滴度。

3.2.3 增强免疫细胞间的接触

在机体内发生免疫应答过程中，能有效地加强巨噬细胞与 T 淋巴细胞、T 淋巴细胞与 B 淋巴细胞、T 淋巴细胞与 T 淋巴细胞之间的协同作用。

4 免疫增强剂在猪病防控中的应用

由于免疫增强剂无抗原性、不存在药物残留与耐药性，对动物无毒副作用，又具有增强免疫力、抗病毒、抗细菌与抗应激的作用。故当前在临床上防控猪病中，相互配合使用各种免疫增强剂，结合中药制剂与优质高效的抗菌药物，进行综合防治已收到良好的临床效果，并获得肯定。

4.1 保健预防

仔猪出生后，1 日龄与 4 日龄每头分别肌注免疫核糖核酸 0.25ml，同时口服“止痢宝”（嗜酸乳杆菌口服液），1 日龄每头 1ml，2 日龄每头 2ml，可有效提高仔猪免疫力，预防仔猪在哺乳期的细菌性或病毒性腹泻。

仔猪断奶前 2d，每头肌注转移因子或白细胞介素-4，每次每头 1ml，可

有效预防仔猪断奶时可能发生的断奶应激、饲料应激、营养应激、温度应激及环境应激，避免仔猪在保育舍发生腹泻与各种疾病而造成死亡。

每吨饲料添中加干扰肽（干扰素）800g，转移肽（转移因子）400g，溶菌酶300g、黄芪多糖粉1 000g混合，或者加氟康王（10%氟苯尼考，微囊包被干扰素、转移因子）400g，抗菌肽180g、板蓝根粉1 000g、黄芪多糖粉1 000g混合，连续饲喂7d；或者饮水加电解质多维（200g兑水500kg），加葡萄糖粉（200g兑水500kg），加干扰肽800g，（1 000g兑水1.5t）、加黄芪多糖粉（500g兑水1t）、加溶菌酶（400g兑水1t）混合，连续饮水7d。用于保育仔猪的保健，可有效提高免疫力和抗病力，预防保育仔猪多种免疫抑制性疫病的发生。

每吨饲料中加福乐（10%氟苯尼考，干扰素，转移因子）600g，溶菌酶400g，黄芪多糖粉1 500g，板蓝根粉1 500g混合，或者清开灵粉1500g，抗菌肽200g，排疫肽（口服高免球蛋白）400g混合，连续饲喂7d，或者于每吨水中加双黄连粉（金银花、黄芩、连翘等）500g，口服排疫肽（100g兑水300L），西尔康（多西环素、干扰素）100g兑水200L，混合后连续饮水7d。用于育肥猪与后备母猪的保健，可有效地预防育肥猪和后备母猪在育肥阶段发生的各种免疫抑制性疫病。

每吨饲料中加鱼腥草粉3kg，干扰肽1kg，转移肽1kg，溶菌酶800g混合，或者加5%爱乐新800g，抗菌肽220g，口服排疫肽400g，黄芪多糖粉2 000g，板蓝根粉2 000g混合，连续饲喂7d。用于生产种猪的保健，可有效地预防病毒混合感染与细菌继发感染以及各种免疫抑制性疫病的发生。

4.2 临床治疗

［方案1］黄芪多糖注射液（或者人参多糖注射液，或板蓝根注射液，或柴胡注射液等）按每千克体重0.2ml给予，加干扰素（按每千克体重1ml给予，重症加量），加转移因子（按每千克体重以1ml给予，重症加量），混合肌注，每日1次，连用3～4d；同时肌注头孢噻呋钠（或头孢拉定），按每千克体重以5mg给予，每日1次，连用3～4d。

［方案2］灵芝多糖注射液（或者香菇多糖注射液，或当归多糖注射液，或红花多糖注射液），按每千克体重0.1ml给药，加免疫核糖核酸（每25kg体重1ml，重症加量），加猪用白细胞介素-4（每30kg体重1ml，重症加量），混合肌注，每日1次，连用3～4d；同时肌注施美芬（第四代头孢菌素，也可用林可霉素或长效多西环素注射液）注射液，每25kg体重2ml，每日1次，连用3～4d。

［方案3］清开灵注射液（牛黄、水牛角、黄芪、金银花、栀子、黄连、石膏、连翘、甘草、益母草等）小猪10ml，中猪20ml，大猪30ml，加干扰素

和转移因子，混合肌注，每日1次，连用3～4d，同时肌注30%氟苯尼考注射液（或长效多西环素注射液），每日1次，连用3～4d。

使用上述3个方案治疗病猪时，由于病猪不食，一定要饮水，可饮用电解多维，加葡萄糖粉、口服排疫肽、抗菌肽（或者加溶菌酶）混合，连续饮水7d。

上述方案可用于猪的各种免疫抑制性疫病的治疗，仔猪、保育猪、育肥猪、后备母猪、生产种猪都可使用，疗效可靠。

4.3 免疫接种

给猪进行疫苗免疫接种时，可同时配合使用免疫增强剂。如转移因子、白细胞介素-4或胸腺肽等。用生理盐水、灭菌注射用水或疫苗稀释液将其稀释，仔猪每头每次0.25ml，中猪0.5ml，大猪1ml，可与弱毒活疫苗混合肌注，与灭活疫苗（如油剂苗等）则需分开肌注（不能与免疫增强剂混合使用），进行疫苗免疫接种。能有效地提高疫苗的免疫效果，使抗体产生快，抗体水平高，抗体均匀度好，抗体持续时间长；能减少因免疫抑制诱发的免疫麻痹与免疫耐受的发生；能诱导机体产生细胞因子，增强机体的抗病力，降低疫苗注射引发的应激反应等。

新型抗菌药物在猪病防控中的应用

兽医临床上由于长期广泛地、不分选择地滥用各种抗生素，不仅导致了病原菌耐药性问题，而且造成了药物残留，威胁着公共卫生安全。由于许多耐药性突变菌株的大量出现，使用抗生素防治效果不佳，给当前猪病防控带来很大的困难。新型抗菌药物的出现为医学工作者提供了新的手段和工具。笔者就当前猪病防控中使用的生物工程制剂与新型的抗菌药物作一介绍，供同仁参考。

1 抗菌肽（ABP）

1.1 抗菌肽的分类

抗菌肽广泛存在于细菌、植物、无脊椎和脊椎动物等物种中，来源十分广泛。目前已从动物、鸟类、植物与原核生物中分离到750多种抗菌肽。根据其作用对象的不同，抗菌肽可以分为抗细菌肽、抗真菌肽、抗肿瘤肽，既抗细菌又抗真菌的抗菌肽，既抗肿瘤又抗微生物的抗菌肽等类型。根据其来源不同又可将抗菌肽分为哺乳动物抗菌肽、两栖类动物抗菌肽、昆虫抗菌肽、植物抗菌肽和海洋生物抗菌肽等。

1.2　抗菌肽的生物学功能

抗菌肽（ABP）又称抗微生物肽或肽抗生素，它是生物体内产生的具有抵抗外界微生物侵害，消除体内突变细胞的一类小分子多肽，是生物天然免疫防御系统的重要组成部分。抗菌肽分子较小（12～100 个氨基酸残基，分子量 4 000～10 000），属碱性肽，多聚阳离子型多肽，水溶性好，典型的两亲结构，能耐高温不变性。

抗菌肽具有广谱抗细菌活性，还具有高效的抗真菌、抗病毒、抗原虫和抗肿瘤活性，是宿主防御细菌、真菌、病毒和原虫等病原体入侵的重要分子屏障。抗菌肽能杀灭抗生素耐药性菌株，而且能使病原菌不易产生耐药性突变。对动物无毒副作用，无药物残留。

1.3　抗菌肽的作用机理

抗菌肽分子的氨基酸大多数带正电荷，具有两性电解性质，肿瘤细胞和细菌的质膜结构是其作用的靶位。抗菌肽分子通过正电荷与质膜磷脂分子上的负电荷形成静电吸附而结合在脂质膜上，并能插入到质膜中去。扰乱质膜上蛋白质和脂质原有的排列形式。使得膜外正电荷增多，超过阀值时导致膜去极化，致使细胞膜通透性增高，细菌不能保持正常渗透压而死亡；还能通过抑制细菌细胞壁的合成，使细菌不能维持正常的细胞形态而生长受阻，并造成细胞壁穿孔，导致细胞死亡；还能通过干扰编码菌体细胞外膜蛋白的基因转录，使蛋白质的含量减少，细胞的生长受到抑制。抗菌肽对细菌和真菌都有很强的杀伤作用，能使菌体线粒体出现肿胀、空泡化，脱落、排列不规范，核膜界限不清，核破裂、内容物溢出，提示抗菌肽通过抑制细胞呼吸作用可将细菌杀死。抗菌肽对肿瘤细胞的核染色体具有直接的杀伤作用，使肿瘤细胞的 DNA 出现断裂，诱导肿瘤细胞凋亡，肿瘤体积缩小。

不同的抗菌肽可能存在多种作用机理，对不同的微生物其作用机理也可能有多种。尽管如此，抗菌肽在结构上具有相似或相同的特征，生物活性也相同或相似，因此，在一定程度上其作用机理也是相同或相似的。

1.4　抗菌肽的使用方法

以大连三仪动物药品有限公司研发的动物用抗菌肽为例，以生理盐水或灭菌注射用水稀释，肌肉注射，每 60kg 体重 1ml，重症加量，每日 1 次，连用 3～4d。抗菌肽 100g，拌料 500kg（治疗量加倍），连续饲喂 7d。

1.5　抗菌肽在猪病防控中的应用

1.5.1　预防

当前在临床上猪群发生蓝耳病、猪瘟、圆环病毒 2 型感染、伪狂犬病及猪流感等，多见其2种或2种以上病毒感染，并常继发感染1种或2种以上细菌，使病情复杂化，增大了预防与治疗的难度。预防时要选用具有提高动物机体免疫力、抗病毒、抗细菌、抗应激的药物进行综合防制；治疗时应采取细胞因子疗法与抗病毒疗法、抗细菌疗法、对症治疗相结合，综合性进行治疗，方可收到良好的效果。下面介绍几种方案。

[方案1] 氟康王（10%氟苯尼考、干扰素、排疫肽）400g（小猪）或500g（大猪）、抗菌肽200g（小猪）或250g（大猪）、板蓝根粉1 500g（小猪）或2 000g（大猪）、甘草200g，拌入1t料中，连续饲喂7～12d。可用于保育猪与育肥猪预防高热病与呼吸道病。

[方案2] 每吨料中加穿心莲粉2 000g（小猪）或3 000g（大猪）、抗菌肽200～250g、排疫肽（口服免疫球蛋白）400g、6%地米考星800g，混合饲喂7～12d。可用于保育猪、育肥猪与后备种猪的病毒混合感染并继发多种细菌感染而引起疾病的预防。

[方案3] 每吨料中加清开灵粉2kg、抗菌肽250g、排疫肽500g、西尔康（多西环素、干扰素）100g，混合饲喂7～12d。可用于种猪、后备种猪与育肥猪的多种病毒病与细菌病的预防。

1.5.2 治疗

1.5.2.1 猪高热病的治疗

清开灵注射液（小猪每头每次10～15ml，中猪15～20ml，大猪25～30ml），或者用柴胡注射液（按每千克体重0.2ml给予）加倍健（免疫核糖核酸），每25kg体重1ml，重症加量，加倍康肽（猪用白细胞介素-4），每30kg体重1ml，混合肌注，每日1次，连用3～4d；同时肌注抗菌肽，每日1次，连用3～4d。下午肌注复合维生素B注射液，按每千克体重0.1ml给药，每日1次，连用2d。

1.5.2.2 呼吸道病综合征的治疗

板蓝根注射液，或者用银黄注射液（金银花、黄芪、柴胡、连翘等），按每千克体重0.2ml给药，加倍健、倍康肽混合肌注，每日1次，连用3～4d；同时肌注抗菌肽，每日1次，连用3～4d。下午肌注复合维生素B注射液，按每千克体重0.1ml给药，每日1次，连用2d。

1.5.2.3 急性败血症细菌性疾病的治疗

治疗链球菌病、副猪嗜血杆菌病、猪肺疫、水肿病、魏氏梭菌病、猪丹毒等。穿心莲注射液（按每千克体重0.1ml给予）或者用大青叶注射液（按每千克体重0.1ml给予）或者用鱼腥草注射液（按每千克体重0.2ml给予）加倍健，加倍康肽混合肌注，每日1次，连用3～4d；同时肌注抗菌肽，每日1

次，连用 3～4d。下午肌注樟脑磺酸钠注射液（樟脑磺酸、牛磺酸、维生素 C、TMP、氟美松、免疫球蛋白），按每千克体重 0.1～0.15ml 给予，每日 1 次，连用 2d。

1.5.2.4　猪附红细胞体病的治疗

黄芪多糖注射液（按每千克体重 0.2ml 给予）或者香菇多糖注射液（按每千克体重 0.1ml 给予）加倍健混合肌注，每日 1 次，连用 3～4d；同时肌注抗菌肽，每日 1 次，连用 3～4d。下午肌注血虫净（樟脑磺酸、牛磺酸、维生素 C、TMP、氟美松、免疫球蛋白），按每千克体重 0.1～0.15ml 给药，每日 1 次，连用 2d。

在进行以上疾病治疗时，一定要饮用电解质多维（200g 兑水 1t）加葡萄糖粉（200g 兑水 1t）加排疫肽（200g 兑水 300L）加双黄连粉（400g 兑水 1t），混合饮用 7d。

1.5.2.5　猪病毒性腹泻的治疗

治疗传染性胃肠炎、流行性腹泻与轮状病毒病，用黄芪多糖注射液（按每千克体重 0.2ml 给予）加倍健，加倍康肽混合肌注，每日 1 次，连用 3d；同时肌注抗菌肽，每日 1 次，连用 3d；同时口服止痢宝（嗜酸乳杆菌与类毒素），每头每次 5～10ml，加口服补盐液一同内服，每日 2 次，连用 2d。

1.5.2.6　猪细菌性腹泻的治疗

治疗仔猪红、黄、白痢，副伤寒等，用穿心莲注射液（按每千克体重 0.1ml 给药）或双黄连注射液（按每千克体重 0.2ml 给药）加倍健混合肌注，每日 1 次，连用 3d；肌注抗菌肽，每日 1 次，连用 3d；口服止痢宝，加口服补盐液，每日 2 次，连用 3d。

1.5.2.7　母猪乳房炎、子宫内膜炎及阴道炎的治疗

双黄连注射液或鱼腥草注射液，加倍健、倍康肽混合肌注，每日 1 次，连用 3～4d；同时肌注抗菌肽，每日 1 次，连用 3～4d。

1.6　使用抗菌肽注意事项

使用抗菌肽时，应注意：①本品不要与酸碱性溶液和葡萄糖盐水混合使用，否则失效。②本品对猪无毒副作用，无药物残留，不产生抗药性。③本品可与抗生素配合使用，但不能混合注射。④本品用生理盐水或无菌的注射用水稀释后，一次用完，如有污染切勿使用。

2　溶菌酶

细菌代谢产物，为一种特异性作用于微生物细胞壁的水解酶，又称细胞壁溶解酶，含有丰富的抗菌和抗病毒作用的溶菌酶类物质。无毒副作用、无药

残，不会导致抗药性、对组织无刺激性。为产酶型微生态制剂、微囊化包被、肠溶缓释型。

2.1 溶菌酶的作用机理

溶菌酶主要通过破坏细胞壁中的 N-乙酰胞壁酸和 N-乙酰氨基葡糖之间的糖苷键，使细胞壁不溶性黏多糖分解成可溶性糖肽，导致细胞壁破裂其内容物溢出而使细菌裂解。溶菌酶还可与带负电荷的病毒蛋白直接结合，与其 DNA、RNA、脱辅基蛋白形成复盐，使病毒失去活性。从而起到抗菌消炎、抗病毒等作用。

2.2 溶菌酶的生物学功能

2.2.1 抗菌消炎作用，对革兰氏阳性菌和革兰氏阴性细菌都有显著的疗效，可用于治疗消化道和呼吸道的细菌病，同时也可增强机体的免疫力；与排疫肽、转移因子联合用药，疗效佳。

2.2.2 抗病毒作用，对猪高热病、猪流感、呼吸道病毒性疫病都有明显的防治效果；与干扰素、转移因子联合使用，并有针对性选用中药抗病毒药物，疗效更佳。

2.2.3 与抗生素类药物合并使用具有增强药效的功能，并可防止耐药菌株的产生；可与头孢类药、氟苯尼考、四环素类药联合使用。

2.2.4 能增强抗应激的能力，加快机体损伤组织的修复，提高种猪繁殖能力、受精率和胚胎成活率。

2.2.5 长期使用可改善肠道的微生态环境等。

2.3 溶菌酶的使用方法

拌料：每千克本品可拌料 2 000kg，连续饲喂 7～12d；饮水：每 400g 本品兑水 1t，连续饮用 7d。

2.4 溶菌酶在猪病防控中的应用

2.4.1 预防

［方案 1］喘束治（泰乐菌素、多西环素、微囊包被的干扰素、排疫肽）小猪 400g、大猪 500g，溶菌酶 400g、黄芪多糖粉，小猪 1 500g、大猪2 000g；板蓝根粉，小猪 1 500g、大猪 2 000g，混合拌入 1t 料中，连续饲喂 7～12d，可有效地预防保育猪、育肥猪、种猪的高热病、呼吸道病及繁殖障碍性疾病。

［方案 2］清开灵粉，小猪 2 000g、大猪 3 000g，溶菌酶 400g，干扰肽（干扰素），小猪 800g、大猪 1 000g，转移肽（转移因子），小猪 800g、大猪 1 000g，混合拌入 1t 料中，连续饲喂 7～12d。可预防病毒性疾病混合感染并继发多种细菌感染。

［方案 3］福乐（10％氟苯尼考、干扰素、转移因子）小猪 500g，大猪

600g，溶菌酶 400g，黄芪多糖粉与板蓝根粉混合拌入 1t 料中，连续饲喂 7～12d。可用于预防保育猪、育肥猪及后备种猪的各种病毒与细菌混合与继发感染。

2.4.2　治疗

2.4.2.1

一般猪病的治疗在治疗猪各种疫病时，都可通过饮水添加溶菌酶饮用 7d，可提高治愈率，降低死亡率，疗效较好。

方案：电解多维（200g 兑水 1t）、葡萄糖粉（200g 兑水 1t）溶菌酶（400g 兑水 1t）、服而舒（多西环素、细胞因子）100g 兑水 1 200kg，板蓝根粉 500g 兑水 1t，混合连续饮用 7d。

2.4.2.2　猪病毒性腹泻的治疗

黄芪多糖注射液每千克体重 0.2ml，加干扰素（40kg 体重 1ml，重症加量），加排疫肽（每 50kg 体重 1ml，重症加量），混合肌注，每日 1 次，连用 3d；同时口服溶菌酶加口服补盐液，每天 2 次，连用 2d。

2.4.2.3　猪细菌性腹泻的治疗

穿心莲注射液或双黄连注射液，加转移因子和排疫肽混合肌注，每日 1 次，连用 3d；同时口服溶菌酶加口服补盐液，每天 2 次，连用 2d。

2.5　使用注意事项

本品禁止与碱性、含碘物等直接接触，否则失效。

3　细菌素

细菌素为多种益生菌发酵的代谢产物，主要成分是乳酸杆菌发酵的代谢产物，具有抗菌作用的细菌素类物质。无毒副作用、无残留，不引起抗药性。

3.1　细菌素的作用机理

细菌素是某些经过多因素诱变的细菌利用核糖体合成机制产生的一种具有抗菌作用的蛋白质或多肽类物质。这些抗菌蛋白通过专一性吸附到革兰氏阳性菌和革兰氏阴性菌细胞表面的受体上，形成细胞质膜离子透性通道，引起离子渗漏，造成电子传递体的解耦联，影响 ATP 的合成和某些物质的运输，抑制蛋白质、DNA、RNA 等大分子物质的合成等，最终导致细胞死亡，而起到抗菌的作用。

3.2　细菌素的生物学功能

具有广谱的杀菌作用，对革兰氏阳性菌和革兰氏阴性菌有强大的杀灭作用，对其他抗生素产生耐药性菌株引起的感染防治效果显著。

可用于预防和控制由细菌引发的消化道和呼吸道疾病，以及多种病因引起的混合感染和继发感染等。如大肠杆菌与沙门菌引发的仔猪腹泻，巴氏杆菌、链球菌、副猪嗜血杆菌、传染性胸膜肺炎放线杆菌、波氏杆菌及肺炎支原体等引发的呼吸道感染等。

能产生多种天然的抑菌物质，维护肠道内菌群平衡，改善肠道的微生态环境，促进营养物质的吸收。

具有增强机体免疫力的功效。

3.3 细菌素的使用方法

饲喂：本品每 100g 可拌料 400kg，连续饲喂 7～12d。饮水：本品每 100g 可兑水 800kg，连续饮用 7d。口服：按每千克体重 1ml 给予。

3.4 细菌素在猪病防控中的应用

目前主要是通过拌料、饮水或经口给药等方式，用于猪只呼吸道病和消化道病的预防与治疗，与细胞因子制剂、中药制剂和某些优质抗生素联合使用，临床效果更佳。

[方案 1] 氟康王（10%氟苯尼考、细胞因子制剂）500g，细菌素 500g，穿心莲粉 1 500～2 000g，拌入 1t 料中，连续饲喂 7～12d，可有效预防或治疗猪的消化道疫病。

[方案 2] 喘束治（泰乐菌素、多西环素、干扰素、排疫肽）600g，细菌素 500g，板蓝根粉 2 000g，甘草 200g，混合拌入 1t 料中，连续饲喂 7～12d，可有效预防或治疗猪的呼吸道疾病。

[方案 3] 电解多维 200g 兑水 1t，加葡萄糖粉 200g 兑水 1t，加干扰肽（干扰素）1 000g 兑水 1.5t，转移肽（转移因子）1 000g 兑水 4t，细菌素 100g 兑水 800kg，黄芪多糖粉 600g 兑水 1t，混合饮用 7d，可用于预防或治疗猪多病原混合感染与继发感染。

3.5 使用细菌素注意事项

本品禁止与碱性、含碘物等直接接触。开盖后，缓慢将瓶内气体放尽，摇匀后使用。

4 抗菌大蒜素

抗菌大蒜素为 30%的大蒜提取物。

4.1 大蒜素作用机理

4.1.1 大蒜素可改变细菌细胞壁的渗透压，引起细菌质壁分离，破坏细菌结构，具有高效广谱抗菌作用。

4.1.2 大蒜素能促进内源性胰岛素分泌，具有降低血糖的作用。

4.1.3 大蒜素能抑制血小板聚集，降低血脂、溶解血栓、降低血压、扩张血管的作用。

4.2　**大蒜素的生物学功能**

4.2.1　大蒜素对革兰氏阳性菌和革兰氏阴性菌细菌具有很强的抗菌作用，对某些病毒也有抑制作用。

4.2.2　大蒜素具有提高细胞免疫、体液免疫与非特异性免疫的功能。

4.2.3　大蒜素具有解毒散肿、健胃消食、助阳利水、降逆止咳的功能。

4.2.4　大蒜素具有驱虫、杀虫止痒作用。

在临床上使用安全，不引起耐药性、无药物残留。

4.3　**大蒜素在猪病防控中的应用**

由于大蒜素对链球菌、大肠杆菌、沙门菌、葡萄球菌、肺炎双球菌、脑膜炎球菌、结核分支杆菌、棒状杆菌、波氏杆菌以及多种致病性真菌都有很强的抗菌作用；对流感病毒、乙型脑炎病毒、甲型肝炎病毒等有抑制作用，故当前在猪病防控中常用于猪的大肠杆菌病、沙门菌病、链球菌病、猪肺疫、魏氏梭菌病、萎缩性鼻炎、呼吸道病综合征以及猪流感与乙型脑炎的预防和治疗，也可用于驱钩虫与蛲虫，杀疥癣等。与某些抗病毒中药制剂和优质抗生素联合用药，对症治疗，其疗效更佳。

4.4　**大蒜素使用方法**

每70kg体重肌注1ml，每日1次，连用3～4d，重症用量加倍。也可以通过饮水与口服给药。

4.5　**使用大蒜素注意事项**

有肺气肿与哮喘症状者少用。

中药制剂在猪病防治中的应用

中药是我国中医学中的瑰宝，有几千年的历史。我国现有中药资源约12 807种，进入流通领域的中药材只有1 200种左右，其中70%～80%来源于野生动植物。现代医药学研究成果表明，许多中药含有丰富的蛋白质、氨基酸、维生素、常量元素和微量元素、多糖类、生物碱类、有机酸类、苷类、挥发油类、树脂类及促生长物质等。用这些物质制成的中药制剂应用于动物，多具有激活免疫细胞，增强免疫功能，抗病毒，抗细菌，抗应激与促生长的作用。近几年来，在兽医临床上使用这些中药制剂防治猪的疫病已取得了非常好的效果，得到社会的认可，受到用户的好评。笔者认为有必要进一步总结提高，为我国猪病的防控开创出一条新的思路。

1 中药制剂有效成分的药理作用

1.1 多糖类

中药多糖是指从动物、植物体内和微生物中分离的活性多糖成分的总称。多糖根据其组成可分为离子型多糖和非离子型（中性）多糖。多糖的生物学活性与其结构有着密切的关系，有些多糖的一级结构相同，但活性不完全相同，因为它们的二级结构和三级结构均不相同。中药多糖对免疫系统的调节作用主要表现在：多糖作用于网状内皮系统，激活巨噬细胞、T淋巴细胞、B淋巴细胞、杀伤（K）细胞、自然杀伤（NK）细胞、细胞毒性细胞（CTL）等免疫细胞；激活补体系统，调节红细胞的免疫；诱导细胞因子的产生，促进白细胞介素与干扰素的生成；解除机体免疫系统损伤造成的免疫耐受，提高机体免疫系统对抗原的识别能力。此外，多糖还具有抗病毒、抗细菌、抗氧化、抗肿瘤与降低血糖等作用。

当前在兽医临床上常用的中药制剂多糖类：黄芪多糖、灵芝多糖、人参多糖、香菇多糖、柴胡多糖、板蓝根多糖、当归多糖、党参多糖、茯苓多糖、刺五加多糖、银耳多糖、枸杞多糖、淫羊藿多糖、胎盘多糖、石斛多糖、牛膝多糖等，均具有上述药理作用，可用于动物疫病的防治和免疫调节。

1.2 生物碱

生物碱是存在于生物界的一类含氮的有机化合物，具有碱性。生物碱在中药中分布广泛，是植物药中比较重要的一类化学成分。目前已分离到1 000多种生物碱，广泛用于动物疫病的防治和免疫调节。常用的生物碱有小檗碱、苦参碱及苦豆草生物总碱等，生物碱具有镇痛、镇静、麻醉、兴奋脊髓、解痉、镇咳与驱虫等作用。含生物碱较多的中药有黄连、延胡索、乌头、曼陀罗、马钱子、麻黄、百部、石榴皮与槟榔等。

1.3 苷类

苷类又称配糖体，是一类由糖与非糖部分组成的化合物。苷在中药中分布很广，由于苷类所含苷原的不同，各类苷都有其不同的生物活性。当前兽医临床上使用的人参皂苷、黄芪皂苷、柴胡皂苷及淫羊藿苷、三七皂苷、五加皮总苷、刺五加皂苷等，不仅具有很强的调节免疫的功能，而且有明显的抗病毒与抗细菌的作用。

1.4 有机酸

有机酸是一类含有羧基的化合物。中药中的有机酸多数可与钾、钠、钙等金属离子或生物碱结合形成盐类。含有有机酸的中药主要有山楂、乌梅和五倍子等，有机酸具有解热、抗风湿与抗凝血作用。现代医学研究发现许多有机酸都具有生物学活性，如甘草酸就具有增强动物机体免疫力的功能。

1.5　挥发油

中药中的挥发油是由几种或几十种不同性质的化合物组成的复杂混合物，主要含有硫化物、萜类及芳香族化合物等。一般有香味的中药都含有挥发油，如薄荷、紫苏、荆芥、丁香、大蒜、肉桂、当归、小茴香、肉豆蔻、大叶桉等。挥发油具有发汗、祛风、健胃、镇痛、止痛、祛痰、平喘以及抗细菌、抗病毒和增强免疫的作用。如大蒜素，就具有显著的免疫增强作用和提高血清中溶菌酶含量与酶活性的作用。

1.6　树脂类

树脂类是一类化学组成较为复杂的混合物，大多数与挥发油、树胶、有机酸混合存在。含有树脂类的中药有松油脂、阿魏、牵牛子、松香、乳香、没药、血竭等。树脂具有祛痰、镇痛、祛风、泻下、抗细菌等作用。

此外，中药中还含有氨基酸、蛋白质、鞣酸、植物色素类、无机成分（如钾盐、钙盐、镁盐等）和许多微量元素与促生长的物质等，这些物质都具有十分重要的药用价值。

2　常用中药制剂在猪病防治中的应用

当前猪群中发病主要表现为多种病原混合感染与继发感染，同时又存在免疫抑制、病毒不断变异、细菌耐药性增强，致使临床上呈现病原多元化，病症复杂化，给疾病的诊断与防治带来很大的困难。为此，在当前猪病的防控中一定要采取中药制剂与细胞因子制剂和广谱优质的抗生素制剂联合用药，进行综合防治。做到提高机体免疫力、抗病毒、抗细菌、抗应激并举，方可收到良好的防治效果。

2.1　中药制剂预防保健方案

2.1.1　哺乳仔猪的保健方案

[方案 1] 每吨饲料中加黄芪多糖粉 1 000g，干扰肽（微囊包被的干扰素）1 000g、转移肽（微囊包被转移因子）500g、溶菌酶 400g，连续饲喂 7d。

[方案 2] 每吨饲料中加柴胡粉 2 000g，排疫肽（微囊包被的免疫球蛋白）400g，抗菌肽 200g，支原净 150g，连续饲喂 7d。

仔猪断奶前 10d 进行保健，可有效地预防消化道与仔猪呼吸道的疾病，并防止断奶时发生断奶应激、饲料应激、营养应激及环境应激，而诱发其他疾病。

2.1.2　保育仔猪的保健方案

［方案 1］每吨饲料中加清开灵粉 2 000g，转移肽 500g，溶菌酶 500g，连续饲喂 7d。

［方案 2］每吨饲料中加板蓝根粉 3 000g，氟康王（氟苯尼考、包被干扰素）400g、西尔康（强力霉素）1 000g，连续饲喂 7d。

上述方案于仔猪断奶转入保育舍后进行保健 1 次，能有效地控制断奶后仔猪腹泻、呼吸道病综合征、高热病、断奶后多系统衰竭综合征及其他病毒病的发生。保健后驱虫 1 次，再转入育肥舍饲养。

2.1.3 后备种猪与育肥猪的保健方案

［方案 1］每吨饲料中加穿心莲粉 4 000g，喘束治（泰乐菌素、强力霉素、包被的干扰素、排疫肽）600g，连续饲喂 10d。

［方案 2］每吨饲料中加大青叶粉 3 000g，干扰肽 1 000g、利高霉素 800g，连续饲喂 10d。

上述方案可于育肥猪转群后保健 1 次，以后每月保健 1 次，育肥的中期驱虫 1 次，出栏上市前 20d 可停止保健，能有效地预防高热病、呼吸道病综合征及其他细菌病。

2.1.4 种猪的保健方案

［方案 1］每吨饲料中加双黄连粉 4 000g，排疫肽（包被的免疫球蛋白）500g，抗菌肽 200g，连续饲喂 7d。

［方案 2］每吨饲料中加鱼腥草粉 4 000g，转移肽 600g，溶菌酶 600g，连续饲喂 7d。

［方案 3］每吨饲料中加腾骏加康（含免疫增效剂）500g，干扰肽 1 000g，黄芪原粉 600g，连续饲喂 7d。

上述方案可于种猪配种前 10d，妊娠中期与产仔前 10d 各保健 1 次，可有效地预防高热病、繁殖障碍疾病及产道疾病。

以上各个保健方案，在猪群发生疫情时可随时使用，并将保健时间由 7d 延长至 12d，能有效控制疫情，降低发病率，减少死亡率。

2.2 中药制剂临床治疗方案

对猪群发生的疫病要做到早发现、早诊断、早治疗。并及时采用中药抗病毒、抗细菌制剂，配合细胞因子疗法对症治疗，可能收到良好的疗效。

2.2.1 猪高热综合征的治疗方案

［方案 1］清开灵注射液，小猪每头每次 10～15ml，中猪 15～20ml，大猪 25～30ml，肌注，每日 1 次；干扰素，每 40kg 体重 1ml，重症倍量，肌注，每日 1 次；排疫肽，每 50kg 体重 1ml，重症加倍，肌注，每日 1 次；用清开灵注射液稀释干扰素和排疫肽混合肌注，连用 3～4d。同时，肌注头孢噻呋

钠，按每千克体重5mg给予，每日1次，连用3～4d。

[方案2] 柴胡注射液，按每千克体重0.2ml肌注，每日1次；倍健（免疫核糖核酸），每25kg体重1ml，重症加倍量，肌注，每日1次；倍康肽（猪用白细胞介素-4），每30kg体重1ml，重症加倍量，肌注，每日1次；用柴胡注射液稀释倍健和倍康肽混合肌注，连用3～4d。同时，肌注瑞可新（泰拉菌素），每40kg体重1ml，每2d肌注1次，连用2次即可。本品对大多数常见多发的病原菌有强大的杀灭作用，可有效地控制多种细菌的继发感染，降低发病率和死亡率。

[方案3] 当高热综合征病猪呼吸道症状明显，高热不退时，改用板蓝根注射液（每千克体重0.1ml）或大青叶注射液（每千克体重0.2ml），加干扰素和转移因子（按每40kg体重1ml给予）混合肌注，或者加倍健和倍康肽混合肌注，每日1次，连用3～4d；同时肌注10％氟苯尼考注射液，每千克体重0.1ml，每日1次，连用3～4d。

在实施上述方案时，配合饮用电解质多维（200g兑水1 000L）加葡萄糖粉、黄芪多糖粉（400g兑水10t）、溶菌酶（200g兑水1t）混合饮水7d；下午肌注复合维生素B，每千克体重0.1ml，每日1次，连用2d；或者肌注双胆黄注射液（牛磺酸、金银花、胆汁、增食因子），每千克体重0.2ml，每日1次，连用2d。一般3d即可吃食。

2.2.2　猪呼吸道病综合征的治疗方案

[方案1] 银黄注射液（金银花、黄芪、柴胡、连翘等），每千克体重0.2ml，加猪用干扰素和猪用转移因子混合肌注，每日1次，连用3～4d；同时肌注长效多西环素注射液，每千克体重0.05ml，每2d1次，连用2次。

[方案2] 射干注射液（射干、茵陈、蒲公英、金银花、板蓝根、灵芝多糖、黄芪、党参等）每千克体重0.2ml，加白细胞介素-4和免疫核糖核酸（倍健）混合肌注，每日1次，连用3～4d；同时肌注复方阿齐霉素注射液（阿齐霉素、氟苯尼考、止咳平喘因子等），每千克体重0.1ml，重症可加量，每日1次，连用3～4d。

2.2.3　猪链球菌病与弓形虫病的治疗方案

[方案1] 清开灵注射液加倍健、倍康肽混合肌注，每日1次，连用3～4d；同时肌注30％磺胺间甲氧嘧啶注射液，按每千克体重0.1ml给药，每日1次，连用3～4d。

[方案2] 穿心莲注射液（按每千克体重0.1ml给药）加排疫肽（免疫球蛋白）、转移因子混合肌注，每日1次，连用3～4d。同时肌注磺胺六甲氧嘧啶，每千克体重0.05g，每日2次，连用3d。

病猪神经症状明显者，可肌注盐酸氯丙嗪注射液，按每千克体重1～3mg给予，每日1～2次；不食者，肌注复合维生素B注射液，每日1次，连用2d。

2.2.4 副猪嗜血杆菌病、传染性胸膜肺炎、猪肺疫的治疗方法

[方案1] 大青叶注射液，按每千克体重0.2ml给予，加排疫肽，加转移因子混合肌注，每日1次，连用3～4d；同时肌肉注射瑞可新（泰拉菌素）注射液（每40kg体重1ml），每2d1次，连用2次，或10%氟苯尼考注射液（每千克体重0.1ml），每日1次，连用3～4d。

[方案2] 复方板蓝根注射液（板蓝根、穿心莲），每千克体重0.15ml，加倍康肽（白细胞介素-4）混合肌注，每日1次，连用3～4d；同时，肌注施美芬（第四代头孢菌素）注射液，每25kg体重2ml，每日1次，连用3d。

2.2.5 附红细胞体病治疗方案

[方案1] 香菇多糖注射液，每千克体重0.2ml，加排疫肽混合肌注，每日1次，连用3～4d；同时肌注复方强力霉素（强力霉素、磷酸氯喹、盐酸吖啶黄、牛黄、咪唑苯脲等）注射液，每千克体重0.1ml，每日1次，连用3d。

[方案2] 人参多糖注射液，每千克体重0.1ml，加白细胞介素-4混合肌注，每日1次，连用3～4d；同时肌注复方三氮脒（三氮脒、咪唑苯脲、磺胺间甲氧嘧啶等）注射液，每千克体重0.1ml，重症加倍量，每日1次，连用3d。

临床治愈后，补注1次右旋糖苷铁注射液，仔猪每头肌注2ml，可减少僵猪的发生。

2.2.6 母猪产前与产后高热不食，皮肤发红，并出现繁殖障碍或产道疾病时的治疗方案

[方案1] 鱼腥草注射液，每千克体重0.2ml，加干扰素和转移因子混合肌注，每日1次，连用3～4d；同时肌注瑞可新（泰拉菌素）注射液，每2d1次，连用2次。

[方案2] 双黄连注射液，每千克体重0.2ml，加倍健和倍康肽混合肌注，每日1次，连用3～4d；同时肌注头孢噻呋钠注射液，每千克体重5mg，每日1次，连用3～4d。

不食者，下午加注复合维生素B或双胆黄注射液1次，每日1次，连用2d。饮用电解质多维（200g兑水1 000L）加葡萄糖粉（200g兑水1t）、溶菌酶或黄芪多糖粉（400g兑水1 000L），饮水7d。

2.2.7 喘气病的治疗方案

[方案1] 穿心莲注射液，每千克体重0.1ml，加转移因子和排疫肽混合肌

注，每日1次，连用4d；同时肌注长效土霉素注射液，每千克体重20mg，每2d1次，连用3次，或者林可霉素注射液，每千克体重15mg，每日1次，连用4d。

［方案2］银黄注射液，每千克体重0.2ml，加白细胞介素-4混合肌注，每日1次，连用4d；同时肌注支原净注射液，每千克体重20mg，每日1次，连用4d。

如病猪气喘咳嗽较严重，可加注冰蟾熊胆注射液，每千克体重0.2ml，每2d1次，连用2次即可。

2.2.8　猪腹泻性疾病治疗方案

［方案1］病毒性腹泻

黄芪多糖注射液（每千克体重0.15ml）加干扰素和排疫肽混合肌注，每日1次，连用2～3d；同时肌注恩诺沙星注射液，每千克体重2.5mg，每日1次，连用2～3d；口服溶菌酶（乳猪每头0.5～1ml）或杨树花口服液（乳猪每头0.5～1ml），每日2次，连用2～3d。

［方案2］细菌性腹泻

穿心莲注射液（每千克体重0.1ml）或双黄连注射液（每千克体重0.15ml），加倍康肽混合肌注，每日1次，连用3d；口服止痢宝（每头仔猪口服1ml）加口服补液盐，每日2次，连服3d。

抗生素药物在猪病防治中的正确使用

自20世纪应用抗生素药物以来，对预防和治疗动物疫病、保障畜牧业的发展与动物的健康起到了重要的作用。但与此同时也出现了抗生素药物耐药性、严重的药物不良反应及畜产品药物残留等不可忽视的严重问题，其根本原因就是滥用抗生素药物造成的。当前农村养猪户在防治猪病中滥用抗生素药物现象非常严重，应该引起高度重视。

1　坚持预防为主的方针

农村养猪户在猪场生产中普遍存在重治疗、轻预防、忽视管理的问题；对如何防控传染病认识不足，重视不够，这是十分有害的。在猪病防控中一定要坚持预防为主的方针，养重于防，防重于治，加强科学管理，重视生物安全，有计划地实施疫苗免疫预防与药物预防，防制猪病的发生与流行，避免使用大量的抗生素去实施治疗，只有这样才能真正保证猪的健康生长，保障食品安全，提高养猪业的社会效益和经济效益。

2 选购优质的抗生素药物

要想做好猪疫病的防治，首先就要选购好药品，这是关键性的一步。因此，选购抗生素药物时，一定要从国家批准生产的厂家购买，并认准其批准文号、生产许可证书、质量标准、适应症、生产日期与保存期等。严禁购买无批准文号、无生产许可证书、无生产厂家的“三无抗生素”，以免贻误疫病的防治，造成不必要的经济损失。

3 正确诊断，对症下药，严禁滥用抗生素药物

农村许多养猪户在猪病防治中普遍存在滥用抗生素药物现象，有的把青霉素和链霉素等当成万能兽药，只要猪有病就使用；有的常年在饲料中添加土霉素、金霉素及四环素等抗生素和磺胺类药物，长期饲喂；比如一牧业小区有 4 户新买进的保育仔猪发生高热综合征，未作出正确诊断，就大量肌注降温、退热药和地塞米松加青霉素，第 1 天用药后病猪体温下降，停止用药后体温又上升，反复二次后，第 3 天开始死亡，在前后 6d 的时间内，更换 8 种不同的抗生素药物用于治疗均无效，结果病情加重，死亡增多，死亡率高达 42%。长期滥用抗生素药物，可抑制猪体内的敏感细菌，使机体正常菌群和真菌乘机大量繁殖，诱发二重感染，并造成细菌产生抗药性和药物残留，其后果非常严重。

对疫病作出正确的诊断，这是正确使用抗生素药物进行防治的前提。当猪群发生疫病时，首先要立即进行诊断，找出原发病原与继发病原，并作药敏试验。然后针对病原选用敏感药物，结合临床症状对症下药，标本兼治，这样不仅可防止滥用抗生素药物，还可减少药物的浪费，降低成本，提高抗生素药物的防治效果，避免因使用抗生素不当而造成疫病防治的失败。

4 控制好抗生素药物的使用剂量

有的养猪户认为防治疫病用药剂量越大，治疗效果就越好，因而在临床上盲目加大抗生素药物的使用剂量。各种抗生素药物都规定有预防剂量、治疗剂量和中毒剂量。因此，在使用抗生素药物防治猪病时，一定要按照药物规定的剂量给予，不要随意改变药物的使用剂量。抗生素药物使用量过大，不仅造成药物的浪费，增大成本的支出，严重时可引起毒性反应、过敏反应和二重感染，甚至造成重大死亡。比如加大青霉素的用量，可干扰凝血机制而造成出血和中枢神经系统中毒，引起动物抽搐、大小便失禁，甚至出现瘫痪症状。如长

期大量使用链霉素、庆大霉素、卡那霉素、新霉素和大观霉素等氨基糖苷类抗生素药物，可在体内蓄积，损害第八对脑神经和肾脏，造成神经肌肉接头阻滞作用，引起猪呼吸麻痹而死亡。头孢类药物、青霉素、四环素类及磺胺类药物超量使用可引起肾脏毒性。用药剂量不足，用药时间过长，不仅达不到防治效果，而且易诱发细菌产生耐药性。当前耐药菌株以金黄色葡萄球菌、痢疾杆菌、大肠杆菌、结核杆菌、伤寒杆菌和绿脓杆菌为多。许多细菌对青霉素、链霉素、庆大霉素、四环素和红霉素等药物的耐菌性在不断提高，而且常诱发二重感染，应引起重视。针对细菌的耐药性，在临床上要做到：根据药敏试验有针对性地选用抗生素药物、合理地联合用药、治疗 2d 无效立即更换药品、正确诊断疫病、确保药物的使用剂量和足够的疗程、饲料与饮水中不要长期添加抗生素药物，以及加强耐药菌株的监测与控制等。从上述几个方面着手，就可预防细菌耐药性的产生。

5　一定要把握好合理的疗程

有的养猪户为了节省药费，治疗时见病有好转就停止用药，结果造成病情反复，甚至转为慢性病，从而增大了治疗的难度。用于治疗疫病的抗生素药物都有规定的疗程，治疗时一定要按药物规定的疗程实施。药物治疗的疗程不够，致使药物不能维持有效的抗菌浓度和作用时间，影响治疗效果。因为疗程过短，有的病原体只能暂时被抑制，并没有被杀灭；一旦停止用药，受到抑制的病原体会重新生长、繁殖，再一次发病，造成疫病反复，最终使药物治疗失败。比如磺胺类药物，首次治疗要加倍剂量，然后在 3～4d 的疗程中要坚持使用维持剂量，否则，治疗效果不理想。疗程也不能过长，因为用药时间长，可能浪费药物，还会造成药物残留，影响公共卫生的安全。兽医临床上一般感染性疾病疗程为 3～5d，临床症状消失后，还可考虑用药 2～3d，以巩固疗效，防止疫病复发，有的疫病由于动物感染的疾病和机体的状态不同，疗程亦有差异。比如猪传染性胸膜肺炎、气喘病及副猪嗜血杆菌病等，疗程较长，可达 2～4 周，如过早停止用药，1 周后疫病又可复发，不仅不能节省药费，而且会增大死亡率，造成更大的经济损失。一般慢性疾病疗程为 10～15d，药物预防多为 7～14d。

6　实施正确的给药途径

给药途径不同，药物效果不一样。一般来说，全身感染以注射给药为好，肠道感染以口服给药为好，呼吸道感染以饮水给药为好，皮肤感染以涂抹给药为好。猪以肌肉注射给药为好，饮水给药比拌料给药好。但有的抗生素，如红霉素、四环素、万古霉素和两性霉素等必须静脉注射给药，可减轻肌注刺激和口服吸收少的缺点。

7 要科学合理地联合用药

在兽医临床上根据抗生素药物的特性与药理作用，针对疫病的特征与病原体的特点，科学合理地联合使用抗生素药物，可扩大抗菌谱，充分发挥药物的协同作用，提高对病原菌的杀灭效果，减少或延缓耐药性的产生，以达到满意的防治效果。当临床上出现严重感染（如急性炎症、败血症和脓毒败血症等），多种病原菌混合感染或继发感染与出现耐药菌株感染时，可考虑联合使用抗生素药物，以减少用药剂量、降低药物的毒性作用和不良反应，发挥多种抗生素药物的协同作用，有利于提高防治效果。例如青霉素与链霉素、卡那霉素和四环素、庆大霉素与四环素、磺胺类药物与增效剂等联合用药，对多数革兰阳性菌和革兰阴性菌、支原体和螺旋体等均有良好的防治效果。红霉素与庆大霉素或卡那霉素；青霉素与庆大霉素或卡那霉素；青霉素与庆大霉素，或卡那霉素，或头孢素；链霉素、卡那霉素、庆大霉素与四环素类或头孢素；氨基糖苷类药物与广谱青霉素与头孢霉素类药物，与环丙沙星等；磺胺二甲嘧啶（SM_2）与三甲氧苄氨嘧啶（TMP）或二甲氧苄氨嘧啶（DVD）等联合使用，对金色葡萄球、大肠杆菌及变形杆菌等有很强的杀灭作用；多黏菌素 B 或多黏菌素 E 与四环素类药物或庆大霉素；青霉素或庆大霉素与四环素类药物；卡那霉素与环丙沙星等药物联合使用，对绿脓杆菌的杀灭作用加强。

如果抗生素药物联合使用不科学、不合理，则不仅不能提高防治效果，反而会降低疗效，增加不良反应，延误患病动物的病情，引发细菌产生耐药性，甚至出现二重感染。比如青霉素、头孢素类药物与替米考星、罗红霉素、多西环素、氟苯尼考等药物联合使用，会降低其疗效。大环内酯类药物（红霉素、泰乐菌素、替米考星、吉他霉素及螺旋霉素等）与林可霉素、链霉素联合使用，会降低其疗效；与磺胺类药物、卡那霉素、氨茶碱联合使用，则会使毒性增强，引起不良反应。喹诺酮类与四环素类、呋喃类、罗红霉素联合使用，会使疗效降低；磺胺类药物与头孢类药物联合使用，会使疗效降低；与氟苯尼考、罗红霉素联合使用，则使毒性增强。

许多养猪户，为了图方便、省事，实施治疗时常将多种抗生素药物混合注射，往往违反药物配伍禁忌。在兽医临床上，防治猪病时一般多限于 2 种抗生素药物联用，最多不宜超过 3 种，并不是抗生素药物联用种类越多，疗效就越高。据有关体外试验报道：2 种抗生素药物联合应用时约 25%发生协同作用，60%～70%为无关作用，发生拮抗作用者仅占 5%～10%。因此，在临床上使用抗生素药物治疗时不要长期固定几种联合用药的方式，而要根据疫病的严重程度，随时调整联合用药方案，并尽可能缩短用药的治疗时间，以减少耐药菌株的产生和药物治疗后出现的毒副作用。

8　不要盲目使用新兽药与进口兽药

少数厂家研发出一种新兽药上市后，或者老兽药改换一个新药名，往往将其说成能“治百病”、“一针见效”等，误导养猪户使用。当一种新兽药上市后，要认真阅读其使用说明书，特别是将其药物有效成分同过去的同类产品进行比较、分析，不要盲目使用，切不可为新的药名所误导。

进口兽药有的疗效很好，有的效果一般，不要盲目听其宣传，要看事实，其价格昂贵，不一定就比同类国产兽药好，且不可为“进口”二字所惑。

9　严格执行国家规定的兽用抗生素药物的休药期

国家先后颁布了《中华人民共和国兽药规范》、《兽药质量标准》和《兽药管理条例》等，规定了各种抗生素药物的休药期。目的是防止抗生素在动物体内残留，确保动物性食品的安全，以免影响公共卫生和人民的身体健康。大量使用抗生素药物，在动物体内产生药物残留，对人体有危害作用。如青霉素、卡那霉素、喹诺酮类及磺胺类药物可引起过敏性休克；青霉素、链霉素、氨苄西林及磺胺类药物可引起皮疹。药物残留对人体有致癌、致畸、致突变作用；如呋喃类药物、砷制剂、四环素类、卡那霉素、苯丙咪唑及磺胺二甲嘧啶等有致癌作用；氯霉素、磺胺类、呋喃类、两性霉素 B、万古霉素及链霉素等可导致再生障碍性贫血；孕妇食用含有过多的苯丙咪唑药物残留的动物性食品后，可引起胎儿畸形，出生脚短和兔唇等。因此，使用抗生素药物防治疫病时一定要严格执行国家规定的抗生素药物的休药期，为人民群众提供“放心肉”，保障公共卫生的安全。常用抗生素药物的休药期：青霉素类药物猪的休药期为6～28d；氨基糖苷类药物为 7～40d；四环素类药物为 28d；氯霉素类药物为 30d；大环内酯类药物为 7～14d；林可胺类药物为 7～28d；喹诺酮类药物为 10～25d；多肽类抗生素为 7d；磺胺类药物为 7～28d；抗寄生虫药物为14～28d。

如何正确使用疫苗对猪群进行免疫预防

由于缺少兽医技术指导，农村广大养猪专业户在给猪群进行免疫预防时对如何选购疫苗、保管与使用疫苗，发生疫苗免疫接种反应时应采取哪些措施等，都不十分了解。无选择地盲目乱用疫苗、免疫程序不科学、不合理、操作技术不规范，造成疫苗免疫预防达不到预期的效果，甚至出现免疫失败，严重影响了养猪业的健康发展。如何正确使用疫苗对猪群进行科学的免疫预防，使其达到最佳的免疫效果，笔者总结了相关的技术措施供广大养殖户参考。

1 当前猪常用疫苗的种类

兽用疫苗是指由病原微生物或其组分、代谢产物经过特殊处理所制成的，用于人工主动免疫，预防疫病的生物制品。兽用生物制品的动物疫苗种类很多，但当前猪常用的疫苗有以下几种。

1.1 弱毒活疫苗（live attenuated vaccines）

该类疫苗是指通过人工致弱或筛选的自然弱毒株，但仍保持良好的抗原性和遗传特性，用其制备的疫苗即弱毒活疫苗。如猪瘟兔化弱毒疫苗及猪蓝耳病弱毒疫苗等。弱毒活疫苗的特点：疫苗能在动物体内繁殖，接种较小的免疫剂量即可产生坚强的免疫力，接种次数少，不需要使用佐剂，免疫产生快，免疫期长。其缺点：稳定性较差，有的毒力可能发生突变，返祖、储存与运输不方便。

1.2 灭活疫苗（killed/inactivated vaccines）

此类疫苗是将病原微生物经理化方法灭活后，仍然保持免疫原性，接种动物后能使其产生自动免疫，这类疫苗称为灭活疫苗。如O型猪口蹄疫灭活疫苗和猪气喘病灭活疫苗等。本类疫苗的特点：疫苗性质稳定，使用安全，易于保存与运输，便于制备多价苗或多联苗。其缺点：疫苗接种后不能在动物体内繁殖，因此使用时接种剂量较大，接种次数较多，免疫期较短，不产生局部免疫力，并需要加入适当的佐剂以增强免疫效果。此类疫苗包括组织灭活疫苗和培养物灭活疫苗；加入佐剂后又称氢氧化铝胶灭活疫苗和油佐剂灭活疫苗等。

1.3 类毒素疫苗（toxoid vaccines）

本类疫苗是将细菌产生的外毒素经甲醛脱毒后，使其失去致病性而保留免疫原性所制成的生物制品。如破伤风类毒素和肉毒类毒素等。接种动物后可诱导机体产生抗毒素，获得主动免疫，还可用于免疫动物以制备抗毒素血清。

1.4 基因缺失疫苗（gene deleted vaccines）

本类疫苗是用基因工程技术将强毒株毒力相关基因缺失后构建的活疫苗。如伪狂犬病毒 *TK*、*gE*、*gG* 缺失疫苗等。本类疫苗的特点：安全性好，不易返祖；免疫原性好，产生免疫力坚实；免疫期长，尤其是适于局部接种，诱导产生黏膜免疫力。

1.5　亚单位疫苗（subunit vaccines）

本类疫苗是从细菌或病毒粗抗原中分离提取某一种或几种具有免疫原性的生物学活性物质，除去“杂质”后而制成的疫苗。如巴氏杆菌的荚膜抗原疫苗和大肠杆菌的菌毛疫苗等。本类疫苗的特点：疫苗不含有微生物的遗传物质，因而无不良反应，使用安全，免疫效果较好。缺点：生产工艺复杂，生产成本较高，不利于广泛应用。

1.6　多价血清疫苗

多价血清疫苗是指将同一种细菌或病毒的不同血清型混合而制成的疫苗，如猪链球菌病多价血清灭活疫苗、副猪嗜血杆菌多价血清灭活疫苗和猪传染性胸膜肺炎多价血清灭活疫苗等。其特点：对多血清型的微生物所致疫病的动物可获得完全的保护力，而且适于不同地区使用。

1.7　联合疫苗

联苗是指由 2 种以上的细菌或病毒联合制成的疫苗，如猪丹猪、猪巴氏杆菌二联灭活疫苗和猪瘟、猪丹毒、猪巴氏杆菌三联活疫苗等。其特点：接种动物后能产生相应疾病的免疫保护，减少接种次数，使用方便，打一针防多病。但当前在猪病的免疫预防上还是使用单苗免疫效果好，多联苗免疫效果不确实，尽可能少用。

此外，还有基因工程重组活载体疫苗、核酸疫苗、合成肽疫苗（猪 O 型口蹄疫合成肽疫苗）、抗独特型疫苗及转基因植物疫苗等，这些疫苗发展前景广阔，有待于进一步开发。

2　选购猪用疫苗的基本原则

要根据当地和本猪场疫病流行情况，拟订出所需疫苗的种类（疫苗毒株的血清型一定要与当地病原流行株相对应），根据种猪数量、每年产仔猪数、育肥猪出栏数和后备种猪补充数量，计划出各类疫苗的需要量。不可盲目购买，避免购多造成浪费，用不完造成过期。

要从当地动物疾病防控中心购买兽医 GMP 企业（生物制品厂）生产的疫苗，进口疫苗可到中外合资，或独资公司或指定代理商购买。这样不仅能买到高质量的产品，如在使用中出现问题时还易于查找原因，争取厂家的技术支持。

选择有国家主管部门批准生产文号或进口批准文号的疫苗，并认真检查疫苗的内外包装是否规范、精致，疫苗标识要清楚，说明书要通俗易懂，进口疫苗应有中英文两种说明书，否则不可购买。

严格检查疫苗生产厂家、生产日期、有效期；疫苗瓶有无裂纹，封口是否严密，瓶内有无异物、凝块、冻结、沉淀或出现混浊等，发现其中任何一项不合格的都不要购买。

详细了解拟购疫苗的性能、特点、使用方法及保存运输要求，以及生产厂家售后技术服务体系等。进货时要索要产品合格证、成品检验报告单，检验单上应有厂家质检部门的印章，以留备用。

严禁从私人或不法经销商手中购买疫苗，防止购入假冒伪劣产品，以免影响猪群的免疫预防，造成不必要的经济损失。同时要注意厂家利用一个批准生产文号，套号生产多种疫苗的产品。

3 正确使用疫苗进行免疫预防

3.1 疫苗的运输与保存

3.1.1 疫苗的运输

运送疫苗要严格执行冷链系统，防止高温和日光暴晒。夏季运送疫苗应采取保温设备，防止反复冻融；冬季运送灭活疫苗则要防止冻结。

3.1.2 疫苗的保存

冷冻真空干燥疫苗：病毒性冻干疫苗应在零下 15℃以下保存，一般保存期为 2 年。细菌性冻干疫苗在零下 15℃保存时，一般保存期为 2 年；于 2～8℃下保存，保存期为 9 个月。

油佐剂灭活疫苗：应在 2～8℃下保存，严禁冻结。

铝胶佐剂疫苗：大多数猪用细菌性灭活疫苗为铝胶佐剂疫苗，应在 2～8℃下保存，不宜冻结。

蜂胶佐剂灭活疫苗：应在 2～8℃下保存，不宜冻结，使用前要充分摇匀。

耐热保护剂活疫苗：可在常温下保存，不需冷藏。

3.2 制定科学合理的免疫程序

目前没有适用于各地区和所有养猪场的固定的免疫程序，应根据当地的实际情况制定。制订猪场的免疫程序时，要考虑当地和猪场疫病流行情况和规律，猪的种类、年龄和健康状况，猪场的生产实际与饲养管理水平，母源抗体的干扰以及疫苗的种类、性质、免疫途径等各种因素。免疫程序也不是固定不变的，应根据实际应用的效果随时进行合理的调整。血清学抗体监测和疫苗免疫效果的评价是重要的参考依据。

3.3 掌握正确的疫苗接种方法

使用疫苗时要注意免疫接种的方法，如疫苗的接种方法不当，有时会造成严重的后果。当前猪用疫苗无论是活疫苗，还是灭活疫苗，最常用的疫苗接种方法是肌肉或皮下注射法，如猪瘟兔化弱毒疫苗和猪蓝耳病灭活疫苗等为皮下或肌肉注射接种。其次是滴鼻免疫接种，如伪狂犬病疫苗和猪传染性萎缩性鼻炎灭活疫苗等可用于滴鼻接种。再就是口服免疫接种，如仔猪副伤寒活疫苗和多杀性巴氏杆菌活疫苗等可经口服免疫接种。有的疫苗也有经穴位注射接种的，如猪传染性胃肠炎和流行性腹泻疫苗采用猪后海穴接种，效果较好。

3.4 选择优质的疫苗稀释液

不同的疫苗，同一种接种方法，其使用的稀释液也不尽相同。病毒性活疫苗注射免疫时，应用灭菌的生理盐水或蒸馏水稀释；细菌性活疫苗必须使用铝胶生理盐水稀释；饮水免疫可用冷开水或井水稀释。某些特殊的疫苗，需使用厂家配用的专用稀释液。使用的稀释液要尽可能减少热原反应，质量不能出现问题，否则会造成免疫接种失败。

3.5 不要随意联合使用疫苗

从当前情况来看，灭活疫苗联合使用出现相互影响的现象比较少，有的还有促进免疫的作用。弱毒疫苗联合使用可出现相互促进或相互抑制和互不干扰等情况，故在没有科学的试验数据和研究结论时，不要随意将 2 种不同的疫苗联合免疫接种。动物机体对抗原的刺激反应性是有限度的，同时接种疫苗的种类和数量过多时，不仅妨碍动物机体针对主要疫病高水平免疫力的产生，而且还有可能出现不良反应而降低机体的抗病能力。因此，给猪群进行免疫预防时，尽可能使用单独的疫苗，少用联合疫苗与多联苗。

3.6 注射接种疫苗时，要做到一头猪一个针头，消毒后使用；注射部位先用碘酊消毒，后用酒精棉花擦干再注入疫苗，防止通过注射而发生交叉感染。免疫注射使用的针头长度要求：哺乳仔猪为 9×10（规格×毫米），断奶仔猪为 12×10、育肥猪（含后备种猪）为 16×38、生产种猪为 16×45 或 38。

4 疫苗免疫注意事项

疫苗接种前，要认真阅读标签及使用说明，严格按照规定稀释和使用疫苗，不得任意变更；仔细检查疫苗的外包装与瓶内容物，变质、发霉及过期的疫苗不能使用。

注射病毒性疫苗的前后各 4d 内不准使用抗病毒药物和干扰素等，2 种病毒性活疫苗一般不要同时接种，应间隔 7～10d，以免产生相互干扰。病毒性活疫苗和灭活疫苗可同时使用，分别肌注。注射活菌疫苗前后 7d 不要使用抗生素，2 种细菌性活疫苗可同时使用，分别肌注。抗生素对细菌性灭活疫苗一般没有影响，可以同时使用，分别肌注。

正在潜伏期的猪接种弱毒活疫苗后，可能会激发疫情，甚至引起猪发病死亡。妊娠母猪尽可能不要接种弱毒活疫苗，特别是病毒性活疫苗，避免经胎盘传播，造成仔猪带毒。体温升高、老弱、病残猪不要接种疫苗。

疫苗稀释后其效价会不断下降，在温度15℃以下4h失效、15～25℃2h失效、25℃以上1h内失效。因此，稀释后的疫苗要在规定的时间内用完，不能过夜，否则废弃。

抗体水平的高低与疫苗注射剂量有正相关性，但是免疫接种时一定要按规定的免疫剂量注射，不要人为随意增大剂量，超大剂量的接种会导致免疫麻痹，使免疫细胞不产生免疫应答。同时免疫接种的次数也不宜过多，一定要科学合理，接种次数过多，对猪的应激越大，有时当抗体水平高时再接种疫苗会发生中和反应，反而导致猪体免疫力下降。

注射完疫苗后，一切器械与用具都要严格消毒，疫苗瓶集中消毒废弃，以免散毒污染猪场与环境，造成可能存在的隐患。

接种疫苗后，要认真观察猪群的动态，发现问题及时处理。疫苗免疫接种反应如下。

一般反应：猪精神不振，减食，体温稍高，卧地嗜睡等。一般不需治疗，1～2d后可自行恢复。

急性反应：注射疫苗后20min发生急性过敏反应，猪表现呼吸加快、喘气、眼结膜潮红、发抖、皮肤红紫或苍白、口吐白沫、后肢不稳、倒地抽搐等。可立即肌注0.1%盐酸肾上腺素等，每头1ml或者肌注地塞米松10mg（妊娠猪不用），盐酸氯丙嗪，每千克体重1～3mg，必要时还可肌注安钠加强心。

最急性反应：与急性反应相似，只是发生快、反应更严重一些。治疗时除使用急性反应的抢救方法外，还应及时静脉注射5%葡萄糖溶液500ml、维生素C1g、维生素B_6 0.5g。使用疫苗接种时，可配合使用猪用转移因子或倍康肽（白细胞介素-4），仔猪每头每次0.25ml，中猪每头0.5ml，大猪每头1ml，用生理盐水、灭菌注射用水或疫苗稀释液稀释后，可与弱毒活疫苗混合肌注，与灭活苗则应分开肌注。可有效地提高疫苗的免疫效果，产生抗体快、抗体均匀度好、抗体在体内持续时间长；减少因免疫抑制引发的免疫麻痹与免疫耐受，并具有抗应激的功能；诱导机体产生细胞因子，增强机体的抗病力。

给猪群进行疫苗接种，一定要选择优质的疫苗、制定合理的免疫程序、采用正确的接种途径、注意操作技术、建立抗体监测制度、加强科学的饲养管理、健全生物安全体系等，才能真正确保猪群的健康生长，提高经济效益。

当前我国猪传染病流行新特点与防控技术

当前，我国猪群中危害严重的传染病仍以高致病性蓝耳病为主要元凶，猪高热病、呼吸道疾病、繁殖障碍疾病和腹泻性疾病最为多见。但在发病过程中，其表现的流行形式与临床症状均出现了新情况、新特点，应引起重视。

1　当前我国猪传染病流行新特点

1.1　多病原混合感染并继发感染，使病原体多元化，症状复杂化

多病原混合感染并继发感染已成为当前猪群疫病流行的主要形式与特点，单一病原引发的疫病很少见，两种或两种以上病原，甚至多种病原共同引发的疫病已为常见。其病原有病毒、细菌、寄生虫等。当前在临床上常见蓝耳病与猪瘟、蓝耳病与圆环病毒病、蓝耳病与猪流感、猪瘟与圆环病毒病、猪瘟与伪狂犬病、蓝耳病与伪狂犬病和圆环病毒病、猪瘟与蓝耳病和弓形虫病、蓝耳病与附红细胞体病、猪瘟与附红细胞体病等混合感染，同时常继发感染副猪嗜血杆菌病、链球菌病、猪肺疫、传染性胸膜肺炎、大肠杆菌病、喘气病、附红细胞体病等，呈现为病原体多元化、临床症状复杂化，给诊断与防控带来困难。据杨汉春教授报道，在猪疫病检疫中发现蓝耳病加圆环病毒病占54.4%，蓝耳病加伪狂犬病占10.5%，圆环病毒病加伪狂犬病占14%，蓝耳病、圆环病毒病加伪狂犬病占10.5%。

1.2　免疫抑制性疫病在猪群中广泛存在，危害甚大

蓝耳病、圆环病毒2型感染、伪狂犬病、细小病毒病、猪瘟、猪流感、喘气病、传染性胸膜肺炎、沙门菌病、弓形体病等均为免疫抑制性疫病。免疫抑制性疫病的病原作用于猪体的免疫器官与免疫细胞，损伤免疫系统的功能，造成细胞免疫与体液免疫抑制，导致机体免疫应答功能紊乱，致使猪体对各种病原体高度易感，易引发多种疫病。这是当前猪群中最为严重的一类疾病，应重点防控。

1.3　许多病原体在猪群中的持续性感染长期存在，很难根除

许多免疫抑制性病毒在猪群中持续性感染，使猪体长期带毒。在流行病学上以持续性感染、垂直传播与水平传播为特点；在临床上以免疫抑制、双重感染与多重感染为特征，导致了疫病的长期、持续存在，难于根除。

比如蓝耳病病毒在猪群中的感染率达到85%以上（母猪与后备母猪占92%），由于该病毒具有持续性感染的特点，因此，隐性感染、潜伏期感染的种猪长期带毒，带毒母猪妊娠后病毒可经胎盘传给胎儿，其产下的仔猪可带毒86d，并向外排毒。种公猪带毒可经精液传播，也可水平传播，引起健康猪发病。

丘惠深研究员报道，许多猪场猪群中猪瘟病毒的感染率约为30%，平均感染率为12.17%，最高的达50%。感染猪瘟病毒的种母猪（可带毒752d以上）不表现明显的症状，妊娠后可将病毒经胎盘传给胎儿，引起繁殖障碍，产下的活仔带毒，能存活6～11个月，并向外排毒，这些仔猪对猪瘟疫苗接种不出现免疫应答，产生免疫耐受。同时带毒猪还可水平传播给健康猪群，由于垂直传播与水平传播同在一个猪群或一个猪舍内反复、交替进行，形成了猪瘟感染的恶性循环链，造成猪瘟在猪群中持续性感染的长期存在。

1.4 病原体不断发生变异，变异后毒力增强，致病力增强

在疫病流行过程中，由于病原体受到外界环境变换、高度免疫接种以及滥用抗生素等因素的影响，使某些病原体的毒力发生改变，有的毒力变强，有的毒力变弱，出现新的变异毒株和新的血清型。例如蓝耳病变异毒株引起高致病性蓝耳病以及圆环病毒变异毒株的出现，多杀性巴氏杆菌A型和D型血清型的出现（B型减少）等造成猪病发生时出现高发病率与高死亡率。如高致病性蓝耳病可引起仔猪发病率达40%～80%、育肥猪发病率达30%，死亡率为30%～80%，引起母猪流产率高达50%左右，死亡率为10%～30%。

1.5 细菌继发性感染越来越严重，是导致疫病高发病率与高死亡率的重要原因

多种病原混合感染与免疫抑制，导致机体免疫力低下。滥用抗生素与多重耐药性菌株的出现等，致使外源的常在菌侵入机体，内源的常在菌发生内源性感染，导致临床上常见副猪嗜血杆菌、链球菌、喘气病支原体、多杀性巴氏杆菌、放线菌、附红细胞体、大肠杆菌以及弓形虫等继发感染，使病情加重、发病率与死亡率增高，造成重大的经济损失。据陈焕春院士报道，近5年来，他的研究室对湖北、湖南、河南、安徽、福建、广东等19个省市1 752个猪场送检的6 793份病料进行细菌学分离鉴定，分离出细菌6 328株，其中链球菌1 850株、副猪嗜血杆菌1 281株、致病性大肠杆菌782株、多杀性巴氏杆菌396株，此外还有胸膜肺炎放线杆菌、沙门菌和肺炎支原体等，这些病原菌在猪群中继发感染最多，严重威胁着猪群的健康。

1.6 病症非典型化，隐性感染、持续性感染病例增多

外界环境的改变、滥用抗生素、高度免疫、免疫水平高低不一，均可造成

病原体发生改变，出现新的毒株或血清型，使疫病不断地出现非典型化，如低毒力的猪瘟病毒可引起非典型猪瘟，症状不典型。多杀性巴氏杆菌引发的猪肺疫也出现了“温和型”猪肺疫，血清型也在发生改变。这些非典型的病例，由于没有特征性的临床症状和病理变化给诊断带来困难，易发生误诊，影响防控效果，造成不必要的经济损失。

2　猪疫病防控技术

2.1　依法防控，加大执法力度

兽医行政主管部门要按照国家颁布的《传染病防疫法》、《动物防疫法》、《畜牧法》、《重大动物疫病防控应急条例》、《兽药管理条例》与《食品安全法》等法律法规指导防控工作。加大执法力度与宣传力度，执法与技术服务分开管理；对动物疫病与动物产品加工要加大检疫与监测力度；对兽医药品、生物制品和饲料生产与经营要加大监管与检验的力度；坚决查办生产、销售与流通领域中的各种违法违规行为，把动物疫病防控工作纳入到规范化、科学化、法制化与常规化的管理轨道上来，与国际接轨，用科学发展观统领动物疫病的防控工作，开创我国动物疫病防控工作的新局面，在不断创新中保障畜牧业生产又好又快地持续发展，保障动物性食品的安全，为社会主义新农村建设作出新贡献。

2.2　慎重购猪，严格检疫

疫病的发生多数是养猪户购猪不慎，检疫不严而造成的。购买仔猪之前一定要的调查了解几个猪场，然后选择其中信誉高、生产管理科学、防疫好、猪群健康的一家购买。不要盲目购猪，不要从猪贩子手中购猪，不要同时从几家猪场或多家农户购猪混养，不要从疫区购猪，这样可以避免购猪时带入传染源和混群后发生交叉感染，造成仔猪发病而死亡。

同时要严格检疫，防止购入隐性感染和潜伏期带毒的仔猪。当前我国猪群中蓝耳病、圆环病毒 2 型感染、慢性猪瘟、猪伪狂犬病及猪喘气病等疾病隐性感染率很高，而且存在混合感染，购猪时要特别注意对上述疫病的严格检疫。

许多运猪专业户的车辆常年跨省、市、区运输猪，什么品种、类型的猪都运输，特别是运送淘汰猪与病猪后不进行彻底冲洗、消毒，又去运送猪，导致污染的交通工具通过运输猪过程传播病原体，造成疫病的发生与流行。因此，运输车辆和工具在装猪之前要彻底清扫干净，再用高压水冲洗，然后用1∶1 000卫康与 0.2% 过氧乙酸溶液交叉反复消毒 3 次，停留 30min 后可装猪运送。

长途运输仔猪易引起各种应激反应，甚至在运输途中发生死亡。因此，装猪运输之前，应在车上准备好干净的青饲料和饮水，并在水中加入 0.1%的高锰酸钾供仔猪饮用。同时，给每头仔猪肌肉注射 0.25 ml 的转移因子或

0.25ml的倍康肽（白细胞介素-4），可有效地使仔猪机体器官的各项生命活动保持平衡，提高抗应激的能力和免疫功能，防止因运输应激而引起仔猪死亡。

2.3 要全面落实各项生物安全措施，防止病原侵入猪场

首先要实行隔离饲养，“全进全出”的饲养管理制度，当一批猪出栏后，要清理好猪舍，安装好饮水器和料槽，修理好损坏的门窗、猪栏、猪圈、天棚、墙壁、地面通道及排污沟等，并进行彻底清扫干净，用高压水枪冲洗2次，干燥后再用1∶1000康卫、1∶800消毒威、1∶300菌毒敌、1∶200碘酸及0.2%过氧乙酸溶液等交叉反复消毒3次，空舍3d后可进入下一批猪。猪舍要保持清洁卫生、干燥通风、冬暖夏凉，最适温度为18～22℃，相对湿度为60%～70%。猪舍内只准养猪，不要混养其他动物，防止相互传染疫病，影响仔猪的健康。

猪舍周围环境要填平洼地，铲除杂草，清理杂物，杀灭各种吸血昆虫、老鼠等，并用2%火碱溶液进行消毒。猪舍进出门前设消毒池及消毒间，供人员与物品进出消毒之用。猪舍每周消毒1次；饲养管理用具与物品每天要清洗干净，定期消毒；外环境每月消毒1次；尽可能降低病原微生物的传入，对猪舍的污染。消毒药可选用康卫、消毒威、菌毒敌、强力消毒灵、碘酸、百毒杀、过氧乙酸等。

2.4 建立疫病监测监控制度

养猪场，特别是种猪场一定要建立疫病监测制度，每季度对猪群进行1次免疫抗体检测，每半年进行1次疫病监测，重点监测猪瘟、口蹄疫、蓝耳病、伪狂犬病、圆环病毒2型感染及猪流感等。通过对疫病的监测，检出隐性感染或潜伏感染猪，及时淘汰，净化猪群。通过疫病监测，可及时掌握疫情动态，利于做好预警预测工作，发现问题及时采取有力措施，把损失控制到最小限度，确保猪群健康。

2.5 严禁饲喂发霉变质的饲料

严禁饲喂发霉变质的饲料，保证饲料质量与全价优质。霉菌毒素可溶解淋巴细胞，使体液免疫和细胞免疫机能受到抑制。抗体产量减少，抗原递呈细胞和噬菌细胞功能受到损害。还可抑制免疫细胞的分裂和蛋白质的合成，影响核酸的复制，降低机体的免疫应答等，致使猪免疫力低下、抗病力下降。

当饲料发霉时可用清水反复冲洗3次，然后用0.1%漂白粉水浸泡3h，再用清水冲洗至中性，2h后烘干，能除去毒素60%～90%，粉碎后在每吨料中加古博士吸霉灵1.5～2kg，拌匀后喂猪；也可在每吨饲料中加霉菌脱1～3kg饲喂，这是一种新型的霉菌毒素消除剂，安全、效果好。也可使用复合型防霉剂，如万香保、克霉霸等。每天的喂量不得超过日粮总量的5%，哺乳仔猪与

妊娠母猪禁喂。平时可在饲料中添加微生态制剂，如金唯肽 C231（肥猪用）、金唯肽 C211（仔猪用）或唯泰 C231、唯泰 C211，可有效地抑制有害菌的生长繁殖，保持肠道菌群平衡，提高饲料的利用率、营养成分的吸收率，促生长，提前出栏；增加非特异性免疫力；减少氨、氮等有害气体的排出量，优化养猪的生态环境。

2.6　驱虫、灭鼠、杀虫

2.6.1　驱虫

引进后备种猪 20d 左右驱虫 1 次；配种前 14d 驱虫 1 次；生产母猪产仔断奶后驱虫 1 次；种公猪每年春、秋各驱虫 1 次；仔猪与育肥猪转群时驱虫 1 次。驱虫可选用：伊维菌素每千克体重 0.3mg，肌注；或用“通灭”或“全灭”，每 33kg 体重 1ml，肌注。也可在每吨饲料中加 2g 阿维菌素或伊维菌素粉，连续饲喂 1 周，间隔 10d 后再喂 1 周。

2.6.2　灭鼠

鼠类不仅能吃掉饲料，而且能传播炭疽、布鲁菌病、结核病、李氏杆菌病、土拉杆菌病、猪丹毒、猪肺疫、伪狂犬病、口蹄疫、钩端螺旋体病及立克次体病等 12 种疫病。应每季度用灭鼠药灭鼠 1 次，注意防止引发猪中毒。可选用立克命（拜耳），直接撒施，灭鼠彻底；杀鼠灵，取 2.5％药物母粉 1 份，加植物油 2 份、面粉 7 份、加水适量制成 1g 的面丸投放。

2.6.3　杀虫

吸血昆虫（如蚊、蝇、蜱等）可携带细菌 100 多种，病毒 20 多种，原虫 30 多种，可传播传染病和寄生虫病 20 多种。夏秋季节要特别注意杀虫，可于每吨饲料中添加诺蝇净，即 1％预混剂 500g，连续饲喂 7d，或者用 0.05％蚊蝇净喷洒猪舍和猪体，每周 2 次。还可用 0.05％蝇毒磷溶液、0.1％力高峰（拜耳）溶液或 1∶50 的拜虫杀溶液喷洒，可杀灭各种吸血昆虫和体外寄生虫。

2.7　免疫预防

根据免疫检测情况、传染病流行的规律，结合当地的动物疫情和疫苗的性质制定符合猪场实际的免疫程序，这是综合性防疫体系中的一个重要的环节和措施。免疫预防时不要盲目接种疫苗，并不是疫苗用得越多猪就越健康。疫苗接种种类过多、接种次数过多、超大剂量的长期使用都可造成猪体免疫麻痹、疫苗相互干扰，造成免疫失败。推荐参考免疫程序如下。

2.7.1　仔猪的免疫接种

2.7.1.1　猪瘟免疫

超前免疫：仔猪在哺乳阶段经常发生猪瘟时，可实施超前免疫。仔猪出生后吃初乳之前，每头仔猪肌注猪瘟细胞苗 2 头份，注苗后 2h 再吃初乳；35 日龄2免，65日龄时加强免疫1次，每头仔猪肌注脾淋苗2头份。

常规免疫：仔猪25～30日龄首免，每头肌注猪瘟细胞苗4头份；65日龄2免，每头肌注猪瘟脾淋苗2头份。

2.7.1.2 蓝耳病免疫

蓝耳病活疫苗：仔猪14日龄免疫，每头肌注1头份（1ml），2周后2免，每头肌注2头份，免疫保护期4个月。育肥期再免疫1次，每头肌注2头份，直至出栏上市不再注苗（灭活疫苗对仔猪免疫效果不佳，免疫保护率低）。

2.7.1.3 伪狂犬病免疫

猪伪狂犬病双基因缺失活疫苗：仔猪出生后2日龄，每头仔猪每个鼻孔滴鼻0.5ml；38日龄左右加强免疫1次，每头猪肌注1ml（1头份）。

2.7.1.4 猪口蹄疫免疫

O型高效灭活疫苗：仔猪40～45日龄首免，每头肌注1ml；100日龄2免，每头肌注2ml，直至育肥出栏可不再注射疫苗。

2.7.1.5 猪喘气病免疫

猪喘气病弱毒菌苗：仔猪8日龄每头肌注1ml，60日龄加强免疫1次，每头肌注1ml。国产苗要求于右侧肺内注射，免疫效果尚佳。喘气病弱毒菌苗不仅可预防喘气病的发生，而且能有效地提高呼吸道免疫细胞的功能，有利于预防呼吸道疫病。

2.7.1.6 链球菌病免疫

猪链球菌双价灭活菌苗（包括链球菌2型）：仔猪18日龄首免，每头肌注2ml；35～38日龄2免，每头肌注3ml。直至育肥出栏或作后备种猪使用，可不再注射疫苗。

2.7.1.7 副猪嗜血杆菌免疫

副猪嗜血杆菌多价灭活菌苗（本菌含有15个血清型，我国当前常发的有1、2、4、5、7、10、13等血清型）：仔猪3～7周龄首免，首免后3周加强免疫1次，每次每头仔猪肌注2ml。当前在猪群中继发该病较多见，一旦发病，各种抗生素药物治疗难以奏效，应重视疫苗免疫接种。

2.7.2 种猪的免疫接种

2.7.2.1 猪瘟的免疫

种母猪：后备种猪配种前10d免疫1次，产后10～15d免疫1次，以后每次免疫于产后进行，妊娠期不再免疫猪瘟，每头每次肌注猪瘟脾淋疫苗2头份。

种公猪：每年春、秋各免疫1次，每次每头肌注猪瘟脾淋苗2头份。

2.7.2.2 蓝耳病免疫

蓝耳病阴性猪场：可用蓝耳病灭活疫苗免疫种猪群，后备种猪于配种前

5～6 周和 2～3 周各免疫 1 次，每次每头肌注蓝耳病灭活疫苗 2 头份（4ml）；生产母猪于配种前 12d 免疫 1 次，每头肌注灭活疫苗 3 头份，以后每 4 个月免疫 1 次，每次肌注 3 头份。阴性猪场也可不用蓝耳病疫苗进行免疫接种。

蓝耳病阳性猪场：蓝耳病活疫苗，后备种猪于配种前 3 周、生产母猪于产仔后 3 周接种，每头肌注 2 头份，1 周产生抗体，2 周产生保护力，免疫保护期为 4 个月。

种公猪的免疫参照上述方案实施。

2.7.2.3　伪狂犬病免疫

伪狂犬双基因缺失活疫苗：后备种猪配种前 7d 免疫 1 次，以后每隔 4 个月免疫 1 次，可一刀切。每次每头种猪肌注 2 头份，妊娠猪与种公猪采精液时均可免疫，安全无影响。

2.7.2.4　细小病毒病免疫

细小病毒灭活疫苗：后备母猪配种前 1 个月首免，间隔 12d 后 2 免；产第 1 胎后 15d 免疫 1 次，每头肌注疫苗 2 头份。免疫 3 次后可不再进行免疫，能获得终生免疫。

2.7.2.5　猪乙型脑炎免疫

猪乙型脑炎弱毒疫苗：种猪和成年猪每年 4 月份免疫 1 次，每头肌注 2ml，免疫期为 9 个月。每年免疫 1 次即可。

2.7.2.6　猪口蹄疫免疫

猪 O 型口蹄灭活疫苗（高效苗）：种猪每 3 个月免疫 1 次，每次每头肌注 2ml。

2.7.3　育肥猪的免疫

主要是搞好从哺乳仔猪到育肥前期疫苗的免疫接种，一般不需要过多接种疫苗。自繁自养的后备种猪在配种前完成免疫接种，即可参加配种。从外地购进的仔猪，引入后要及时补注猪瘟、伪狂犬病、蓝耳病和口蹄疫等疫苗，才能确保猪的健康。

接种疫苗时，可使用如猪用转移因子或倍康肽（白细胞介素-4），仔猪每头每次 0.25ml，中猪每头 0.5ml，大猪每头 1ml，用生理盐水或灭菌注射用水稀释后，可与弱毒活疫苗混合肌注，与灭活疫苗（如油剂苗等）则分开肌注。能有效地提高免疫效果，产生抗体快，抗体均匀度好，抗体持续时间长；可减少因免疫抑制性疾病引发的免疫麻痹、免疫耐受的发生；可诱导机体产生细胞因子，增强机体的抗病力和降低应激反应等。

2.8　重视药物保健

通过饲料或饮水添加细胞因子产品、抗病毒中药与高效抗菌药物，进行药物保健，可有效地提高机体免疫力和抗病力，减少疫病的发生与流行，这是一项重要的防控技术。平时要对猪只在不同生长阶段有针对性地选用药物进行保健，可收到良好的预防效果。选用保健药物的原则是：药物对猪体没有毒副作用，不产生药物残留，不产生耐药性，具有抗病毒、抗细菌、抗应激及提高免疫力的功能。

笔者在实践中总结了一些实用的药物保健方案，推荐如下。

2.8.1 哺乳仔猪的药物保健

［方案 1］仔猪出生后，1 日龄与 4 日龄各肌注排疫肽（5 种高免球蛋白）每次每头 0.25ml，同时 1、2、3 日龄各口服 1 次“畜禽生命宝”（芽孢杆菌活菌），每次口服 0.5ml。也可肌注倍健（免疫核糖核酸）0.25ml，1、2 日龄分别口服止痢宝（嗜酸乳杆菌口服液），第 1 天 1ml，第 2 天 2ml，可有效预防红、黄、白痢和病毒性腹泻，增强免疫力，提高抗病力。

［方案 2］3 日龄每头仔猪肌注牲血素 1ml、0.1%亚硒酸钠-维生素 E 注射液 0.5ml，补铁、补硒，防止发生缺铁性贫血和腹泻。

2.8.2 保育仔猪的药物保健

仔猪断奶后（23～28 日龄断奶）母猪下产床，仔猪在产房停留 5d 后再转到保育舍饲养。因此，仔猪断奶前后各 7d 应进行药物保健。减少断奶应激、饲料应激、营养应激、温度应激及环境应激。因为应激易诱发保育仔猪腹泻、断奶后多系统衰竭综合征、蓝耳病、慢性猪瘟、水肿病、链球菌病及喘气病等。

［方案 1］喘束治（泰乐菌素、多西环素、微囊包被的干扰素与排疫肽）500g、溶菌酶 400g、黄芪多糖粉 800g，板蓝根粉 800g、拌入 1t 料中连续饲喂 14d。

［方案 2］清开灵粉 2 000g、抗菌肽 200g、排疫肽（口服球蛋白）400g，拌入 1t 料中连续饲喂 14d。

［方案 3］颗粒料不好添加药物，可改为饮水。电解质多维（200g 兑水 1 000L）加葡萄糖粉（200g 兑水 1 000L），黄芪多糖粉（400g 兑水 1 000L）、溶菌酶（400g 兑水 1 000L）、干扰肽 800g，连续饮水 12d。或者饮用电解质多维、葡萄糖粉、黄芪多糖粉、口服排疫肽、抗菌肽等。

［方案 4］保育仔猪转入育肥舍之前 7d 驱虫 1 次，丙硫苯咪唑，按每千克体重 10～20mg 给予，口服 1 次。

2.8.3 育肥猪与后备种猪的药物保健

保育猪转群到育肥舍开始保健 1 次，育肥中期再保健 1 次、驱虫 1 次，直至出栏上市不再用药。后备种猪配种前保健 7d，并驱虫 1 次。

［方案 1］福乐（10％氟苯尼考，微囊包被的干扰素，转移因子）600g、溶菌酶 400g、黄芪多糖粉 1 000g、板蓝根粉 1 000g，拌入 1t 料中连续饲喂7～12d。

［方案 2］氟康王（10％氟苯尼考，干扰素）600g，抗菌肽 200g，黄芪多糖粉 1 000g，板蓝根粉 1 000g，拌入 1t 料中连续饲喂 7～12d。

［方案 3］每吨水中加双黄连膏粉（金银花、黄芩、连翘等）400g，口服排疫肽 100g 兑水 300L，西尔康（多西环素、干扰素）100g 兑水 200L，连续饮水 12d。

2.8.4 生产母猪的药物保健

母猪妊娠中期与产仔前后各 7d 应进行药物保健，有利于母猪与胎儿的健康发育，以及产仔安全，减少子宫内膜炎、阴道炎、乳房炎及出生仔猪的多种疾病。

［方案 1］清开灵粉 2 000g、干扰肽（干扰素）1 000g、转移肽（转移因子）1 000g、溶菌酶 400g，拌入 1t 料中连续饲喂 14d。也可用喘束治方案进行保健。

［方案 2］鱼腥草粉 4kg、抗菌肽 220g、排疫肽（口服高免球蛋白）400g，拌入 1t 料中连续饲喂 14d。

［方案 3］5％爱乐新 800g，抗菌肽 220g、排疫肽 400g、黄芪多糖粉 1 000g，拌入 1t 料中连续饲喂 12～14d。

2.9 病猪的治疗

由于多为混合感染，临床治疗时难度很大，如果早发现、早诊断、早治疗，用药对路、方法科学、方案可行、药量足、疗程够，是可以治愈的。由于疫病是由多种病原混合感染与继发感染而引起的，在临床上多见因发生病毒血症和细菌性败血症而引起的急性死亡，发病率与死亡率很高。因此，临床上治疗用药要侧重提高机体的整体免疫力，采用细胞因子疗法（应用重组细胞因子作为药物用于疾病的治疗）与抗病毒疗法、抗细菌疗法和对症治疗相结合的综合方法进行治疗，笔者总结了一些行之有效的治疗方案，推荐如下。

2.9.1 猪高热病与呼吸道病的治疗

［方案 1］清开灵注射，小猪每次 10～15ml，中猪 15～20ml，大猪 20～30ml，加干扰素（每 40kg 体重 1ml，重症加量）、转移因子（每 50kg 体重 1ml，重症加量），混合肌注，每日 1 次，连用 3～4 d。同时肌注头孢噻呋钠（每千克体重 5mg）或头孢拉啶注射液，每日 1 次，连用 3～4d。饮用电解多维（200g 兑水 1 000L）加葡萄粉（200g 兑水 1 000L）、黄芪多糖粉（400g 兑水 1 000L）、溶菌酶（400g 兑水 1 000L），连续饮水 7d。下午肌注 1 次复合维

生素B注射液（每千克体重0.1ml），每日1次，连用2次。

［方案2］黄芪多糖注射液每千克体重0.2ml，加倍康肽（每30kg体重1ml，重症加量）加倍健（每75kg体重1ml，重症加量），混合肌注，每日1次，连用3～4 d。同时肌注30%氟苯尼考注射液（每千克体重0.1ml），每日1次，连用3～4次。饮用电解多维加葡萄糖粉、板蓝根粉、口服排疫肽，混合饮水7d，下午肌注复合维生素B，每日1次，连用2次。

2.9.2 猪高热不退（43℃）、不食、精神沉郁、皮肤发紫、粪干等治疗

［方案1］柴胡注射液（每千克体重0.2ml）加干扰素、加转移因子混合肌注，每日1次，连用3～4次。同时肌注长效多西环素注射液（每千克体重0.05ml），每2d 1次，连用2次。饮用电解多维加葡萄糖粉、板蓝根粉、溶菌酶，饮水7d，下午肌注双胆黄注射液（牛磺酸、金银花、胆汁、增食因子），每千克体重0.2ml，每日1次，连用2次。一般3d即可吃料。

［方案2］银黄注射液（金银花、黄芪、柴胡、连翘等），每千克体重0.2ml，加倍康肽和倍健混合肌注，每日1次，连用3～4次。同时肌注泰拉菌素，每40kg体重1ml，每2d 1次，连用2次，或者肌注施美芬（第四代头孢类），每25kg体重2ml，每日1次，连用3～4次。饮用电解多维，加葡萄糖粉，加西尔康（多西环素粉）100g兑水200L和口服排疫肽混合饮水7d，同时下午肌注复合维生素B注射液，每日1次，连用2次。

2.9.3 猪高热不退、呼吸道症状严重、流鼻液、咳嗽、喘气、腹式呼吸、不食等的治疗

［方案1］板蓝根注射液（每千克体重0.1ml）加干扰素、转移因子混合肌注，每日1次，连用3～4d。同时肌注泰乐菌素注射液或者头孢类药物，每日1次，连用3～4次。饮用电解多维加葡萄糖、黄芪多糖、溶菌酶，混合饮水7d。下午肌注双胆黄注射液，每日1次，连用2次。

［方案2］射干注射液（射干、茵陈、金银花、板蓝根、黄芪、蒲公英、灵芝多糖、党参等），每千克体重0.2ml，加倍康肽、倍健混合肌注，每日1次，连用3～4d。同时肌注头孢类药物，或林可霉素（每千克体重10mg），每日1次，连用3～4d。饮水用药同方案1。下午肌注复合维生素B注射液，每日1次，连用2次。

2.9.4 发生病毒混合感染后继发链球菌（有神经症状）和弓形虫病等的治疗

［方案1］清开灵注射液加干扰素、排疫肽混合肌注，每日1次，连用3～4d。同时肌注30%磺胺间甲氧嘧啶注射液（每千克体重0.1ml），每日1次，连用3～4d；饮用电解多维加葡萄糖粉、穿心莲粉、溶菌酶混合饮水7d。有神经症状者，加注氯丙嗪注射液（每千克体重1～3mg），每日1次，连用2次。

［方案 2］穿心莲注射液（每千克体重 0.1ml）加倍康肽、倍健混合肌注，每日 1 次，连用 3～4d。同时肌注磺胺六甲氧嘧啶（每千克体重 0.05g），每日 2 次，连用 3～4 次。饮用电解多维加葡萄糖粉、板蓝根粉、口服排疫肽混合饮水 7d，下午肌注双胆黄注射液，每日 1 次，连用 2 次。

2.9.5　发生病毒混合感染后继发副猪嗜血杆菌、传染性胸膜肺炎、猪肺疫、喘气病等治疗

［方案 1］清开灵注射液加干扰素、转移因子混合肌注，每日 1 次，连用 3～4 次。同时肌注泰乐菌素或 10%氟苯尼考（或林可霉素），每日 1 次，连用 3～4 次。饮水与开胃进食用药同高热病的治疗方案。

［方案 2］仙方活命三联注射液（板蓝根、大青叶、白芷、紫花地丁、蒲公英等每千克体重 0.2ml）加倍康肽、倍健混合肌注，每日 1 次，连用 3～4 次；同时肌注施美芬注射液或林可霉素注射液（每千克体重 10mg），每日 1 次，连用 3～4 次，饮水与开胃进食用药同高热病的治疗。

2.9.6　猪发生多病原感染后继发严重的附红细胞体病时的治疗

［方案 1］香菇多糖注射液（每千克体重 0.2ml）加干扰素、排疫肽混合肌注，每日 1 次，连用 3～4 次。同时肌注复方强力霉素（每千克体重 0.1ml），每日 1 次，连用 3～4 次或者肌注长效多西环素注射液，下午肌注血虫净（每千克体重 5～7mg），每日 1 次，连用 2 次。饮水：电解多维、葡萄糖粉、板蓝根粉、溶菌酶，连饮用 7d。

［方案 2］灵芝多糖注射液（每千克体重 0.1ml）＋倍健＋倍康肽混合肌注，每日 1 次，连用 3～4 次。同时肌注长效土霉素（每千克体重 10～20mg），每日 1 次，连用 3 次。或者肌注西尔康注射液，下午肌注复方三氮脒（每千克体重 0.1ml），每日 1 次，连用 3 次。饮水：电解多维、葡萄糖粉、排疫肽、黄芪多糖粉，连饮用 7d。

2.9.7　母猪产前高热不食、流产、产死胎或弱仔，产后高热不食，乳水不足等的治疗

［方案 1］鱼腥草注射液（每千克体重 0.2ml），干扰素，排疫肽混合肌注，每日 1 次，连用 3～4 次。同时肌注头孢噻呋钠注射液（每千克体重 5mg），每日 1 次，连用 3～4d，不食者下午加注复合维生素 B 或双胆黄注射液，每日 1 次，连用 2 次。饮水：电解多维、葡萄糖粉、黄芪多糖粉、溶菌酶，连饮 7d。

［方案 2］双黄连注射液（每千克体重 0.2ml）、倍健、倍康肽混合肌注，每日 1 次，连用 3～4 次。同时肌注复方阿齐霉素注射液（每千克体重 0.1ml），每日 1 次，连用 3～4 次。饮水：电解多维、葡萄糖粉、排疫肽、板蓝根粉，连饮 7d。开胃用双胆黄注射液，每日下午肌注 1 次，连用 2d。

2.9.8 猪病毒性腹泻（流行性腹泻、传染性胃肠炎与轮状病毒病）**的治疗**

［方案 1］黄芪多糖注射液、干扰素、排疫肽混合肌注，每日 1 次，连用 3d。同时肌注 2.5%恩诺沙星注射液（每千克体重 2～5mg），每日 1 次，连用 3d，口服杨树花溶液（中药制剂），每日 2 次，连用 3d。

［方案 2］香菇多糖注射液（每千克体重 0.2ml）、倍康肽、倍健混合肌注，每日 1 次，连用 3d。同时口服抗菌肽，每日 2 次，连用 3d。

2.9.9 猪细菌性腹泻

［方案 1］穿心莲注射液（每千克体重 0.1ml）、转移因子、排疫肽混合肌注，每日 1 次，连用 3d；同时口服溶菌酶，口服补盐液，每日 2 次，连用 3d。

［方案 2］双黄连注射液（每千克体重 0.1ml）、倍健、倍康肽混合肌注，每日 1 次，连用 3d；口服止痢宝，每日 2 次，每次 3～5ml；口服补盐液，连用 3d。

2.10 发病后的其他管理措施

死亡猪只不准出售，不准食用，一定要无害化处理；污染后的猪舍与场地要彻底清洗后反复消毒 3 次；污染的废物消毒后深埋，消灭传染源，切断传播途径，防止疫病扩散与蔓延。

防控猪免疫抑制的主要技术措施

免疫抑制是动物免疫功能异常的一种表现，是指动物机体在单一或多种致病因素的共同作用下，免疫系统受到损害，导致机体暂时性或持久性的免疫应答功能紊乱以及对疾病的高度易感。当前各种免疫抑制因素广泛存在于我国的猪群中，是造成疫苗免疫失败与诱发各种疾病的元凶。因此，当前在防控猪病中首先要消除猪群中存在的各种造成免疫抑制的因素，重点控制好免疫抑制性疾病的发生，提高猪体的特异性与非特异性免疫力，才能保障猪群的健康水平，减少由于疾病而造成的重大损失。当前造成猪免疫抑制的因素很多，危害很大，应引起高度重视。

1 造成猪免疫抑制的因素及其危害

1.1 传染性因素及其危害

1.1.1 猪蓝耳病病毒（PRRSV）

猪体感染蓝耳病病毒后，被巨噬细胞吞噬，病毒不但不会被杀死，反而在单核细胞与巨噬细胞内繁殖、复制，特别是在肺泡巨噬细胞内，其产生的抗体能促进巨噬细胞对蓝耳病病毒的吞噬作用，并导致蓝耳病病毒复制增强；病毒还能降低肺泡巨噬细胞的功能，诱导猪只肺细胞发生凋亡，包括肺巨噬细胞、血管内巨噬细胞和单核细胞等；同时肺泡巨噬细胞的非特异性杀菌功能也受到严重抑制，并引起外周淋巴细胞中 T 细胞亚群发生异常改变，对 B 细胞的功能和体内细胞因子的产生都会产生影响。然后，病毒再持续转移到局部淋巴组织，并扩散到全身组织的巨噬细胞和单核细胞中持续繁殖、复制，产生免疫抑制和免疫干扰，最终导致猪体免疫力降低，使其易继发感染其他病原。特别是侵害呼吸道系统的病原体，临床上最常见的是多杀性巴氏杆菌、肺炎支原体、链球菌、副猪嗜血杆菌、传染性胸膜肺炎放线杆菌、波氏杆菌和沙门菌等，造成高发病率与高死亡率。蓝耳病病毒在猪体内的持续性感染还可导致猪瘟疫苗的体液免疫受到明显的抑制，干扰猪瘟弱毒疫苗的免疫效果。

1.1.2　圆环病毒 2 型（PCV2）

病毒感染猪体后，在单核细胞、巨噬细胞、抗原递呈细胞以及肾小管、支气管的上皮细胞、内皮细胞、肝细胞和淋巴细胞内繁殖、复制，使病猪血液中单核细胞和未成熟粒细胞增加，T 淋巴细胞和 B 淋巴细胞数量减少，使 T 淋巴细胞和 B 淋巴细胞的免疫功能受到影响，不能产生有效的免疫应答。病毒还能引起淋巴细胞凋亡，抗原递呈细胞递呈抗原能力减弱，同时降低 B 淋巴细胞和 T 淋巴细胞功能，使病猪处于免疫抑制状态，抗病力下降。故在临床上常见隐性感染 PCV2 的猪群，易感染蓝耳病、猪瘟、伪狂犬病、猪流感等，并继发感染副猪嗜血杆菌、链球菌、附红细胞体、沙门菌、大肠杆菌及化脓性支气管肺炎等。

1.1.3　猪瘟病毒（HCV）

病毒感染猪体后，先在扁桃体内复制，然后转移到周围淋巴结，在局部淋巴结复制后再到达外周血液，从而在脾脏、骨髓、内脏淋巴结和小肠淋巴样组织中大量繁殖，破坏机体的白细胞和单核细胞，进而破坏机体的免疫应答，降低其抗病力，导致其他各种病原体的入侵。

1.1.4　猪伪狂犬病病毒（PRV）

PRV 感染猪体后，首先在鼻咽上皮和扁桃体内复制，然后随淋巴液扩散至附近淋巴结，并在单核细胞和肺泡巨噬细胞内复制，损害其杀灭病原和细胞毒的功能，导致机体免疫抑制与免疫力低下。

1.1.5　猪流感病毒（SIV）

SIV 感染猪体后，在呼吸道上皮细胞内大量繁殖，导致上皮细胞脱落、坏死，以及肺部中性粒细胞浸润，阻塞呼吸道并损伤肺组织，病毒在肺泡巨噬细胞内复制，对巨噬细胞有杀伤作用，由于呼吸器官受到严重的病理损伤，从而易引起其他病原体的入侵。在临床上常见与蓝耳病病毒、圆环病毒 2 型、猪瘟病毒和呼吸道冠状病毒混合感染，并可继发感染胸膜肺炎放线杆菌、副猪嗜血杆菌、支气管败血波氏杆菌、多杀性巴氏杆菌等。

1.1.6 猪细小病毒（PPV）

PPV 感染猪体后，主要在肺泡巨噬细胞和淋巴细胞内复制，损害巨噬细胞的吞噬功能和淋巴细胞的母细胞分化能力，导致猪的免疫抑制。

1.1.7 喘气病（肺炎支原体 MPS）

支原体侵入猪体后，主要侵害猪的呼吸道，损伤纤毛和上皮细胞，使呼吸道的纤毛系统凝结、脱落、削弱和抑制纤毛系统清除异物和病原体的能力，使病原体通过呼吸道下沉到肺脏；同时，肺炎支原体还能改变肺泡巨噬细胞功能，抑制肺脏的免疫应答，造成免疫抑制，使其对其他疫苗的免疫产生干扰作用，也为其他病原的入侵创造了有利条件，导致病猪易继发感染多杀性巴氏杆菌、传染性胸膜肺炎放线杆菌及副猪嗜血杆菌等，加重病情，增加发病率。

1.1.8 传染性胸膜肺炎（APP）

放线杆菌主要侵害于猪的扁桃体，并可黏附到肺泡上皮，被肺泡巨噬细胞吞噬或吸附并产生毒素，这些细胞毒素对肺泡巨噬细胞、肺内皮细胞及上皮细胞有潜在的毒性作用，导致猪产生免疫抑制。

1.1.9 弓形体病

弓形虫在宿主体内繁殖，使大量的免疫细胞受到损害。破坏机体的免疫系统功能，导致猪体免疫抑制，造成猪瘟等疫病的疫苗接种失败。

此外，副猪嗜血杆菌病、沙门菌病与附红细胞体病等也能造成猪的免疫抑制，降低其免疫力与抗病力。

1.2 非传染性因素及其危害

1.2.1 遗传因素

动物机体对病原体产生免疫应答的能力也受遗传影响，如发生先天性免疫缺陷、染色体异常、先天性胸腺发育不全症、先天性脾脏发育不全等引起的体液免疫缺陷，都可导致疫苗免疫失败。

1.2.2 中毒因素

真菌产生的各种毒素（如黄曲霉毒素、玉米赤霉烯酮、T-2 霉素、烟曲霉毒素、赭曲霉毒素等）不仅能引起肝细胞变性、坏死，还可溶解淋巴细胞，降低 T 淋巴细胞和 B 淋巴细胞的活性，使体液免疫和细胞免疫调节机能受到抑制。抗体产量减少，抗原递呈细胞与巨噬细胞功能受到损害。还能抑制细胞的分裂和蛋白质的合成，影响核酸的复制，降低免疫应答等。使机体抗病力低下，造成母猪不孕、流产、产弱仔；种公猪配种能力降低，消化机能紊乱，仔猪生长缓慢，诱发多种疾病，危害巨大。毒素还能减弱疫苗的效价与药物治疗的效果。

1.2.3　营养因素

复合维生素 B、维生素 A、维生素 C、维生素 E 等和微量元素铜、锰、锌、铁、硒等都是猪免疫器官发育，T 淋巴细胞和 B 淋巴细胞分化、增殖、受体表达、活化以及合成抗体和补体的必需营养物质。如果饲料中营养不平衡，缺少或过量，或各成分搭配不当，必然会造成猪免疫系统萎缩或麻痹，导致免疫抑制。

1.2.4　药物因素

氨基糖苷类（庆大霉素、卡那霉素等）、四环素类、链霉素、新霉素、氯霉素和痢特灵以及糖皮质激素等都具有免疫抑制作用。如卡那霉素对 T 淋巴细胞和 B 淋巴细胞的转化有明显的抑制作用；新霉素和土霉素对某些疫苗免疫也有抑制作用；四环素类对巴氏杆菌菌苗免疫产生抑制。长期大量使用磺胺类药物，可造成动物免疫系统抑制，免疫器官出血与萎缩等。地塞米松可减少淋巴细胞的产生，具有免疫抑制作用，并影响疫苗的免疫效果。

1.2.5　疫苗因素

不按科学合理的程序使用疫苗，造成疫苗免疫剂量不够、超大剂量注射疫苗或疫苗免疫次数过多、接种种类过多等，都会造成猪体免疫应答麻痹，导致免疫抑制。

1.2.6　理化因素

苯酚类、甲醛消毒剂、重金属（如汞与铅等）、工业化学物质（如过量的氟）等能毒害和干扰机体免疫系统正常的生理机能，降低免疫器官活性，抑制抗体生成。大量放射线辐射或大剂量紫外线照射动物均可杀伤骨髓干细胞而破坏其骨髓功能。由于造血干细胞受到严重损害，可导致造血功能和免疫功能的丧失。

1.2.7　应激因素

养猪生产实践证明，猪舍温度过热、过冷、猪群拥挤、转群、混群、分娩、断奶、去势、换料、免疫接种、噪音、长途运输、急促驱赶等各种应激因素，都可促进动物机体肾上腺皮质激素分泌增多，影响淋巴细胞的活性，引起猪出现免疫抑制。

2　防控猪免疫抑制的主要技术措施

引起猪免疫抑制的因素很多，各种因素都不是孤立存在的。他们往往相互作用，共同促进，互为因果，使疾病的发生与发展变得更加复杂化、多样化，给防控工作带来很大的麻烦。在预防猪免疫抑制时，要采取综合防制措施，重点是控制好猪的免疫抑制性疾病，因为传染性因素引起的免疫抑制危害性更大、更严重。当然，也不可忽视非传染性因素的存在。只有构筑起特异性免疫和非特异性免疫两道屏障，才能从根本上解决猪的免疫抑制问题，从而保障猪健康地生长。

2.1 做好猪群的免疫预防

按科学合理的免疫程序，选用经国家批准，通过GMP体系认证的厂家生产的安全、高效、优质的疫苗用于猪群的免疫预防，才能获得良好的免疫效果。参考免疫程序见上一节内容。

2.2 定期应用免疫增强剂或免疫调节剂预防免疫抑制

目前在兽药临床上使用效果好的产品有细胞因子制剂，如猪用转移因子、干扰素、白细胞介素以及免疫核糖核酸、高免球蛋白、胸腺肽等，这些产品不仅具有抗细菌、抑制病毒的功能，而且能激活和增强细胞免疫系统的功效，增加抗体的形成，消除体液免疫系统的抑制因素，消除体液免疫抑制，致使细胞免疫系统和体液免疫系统处于高效表达的状态，机体处于健康状态。还可用中药制剂，如人参多糖、灵芝多糖、黄芪多糖、猪苓多糖、党参多糖、香菇多糖等，以及清热解毒、抗菌、抗病毒的中药制剂，如清开灵、柴胡、板蓝根、双黄连、鱼腥草、大青叶、杜仲、穿心莲、连翘等，它们都具有激活免疫细胞、调节免疫功能、增强免疫力之功效。其他制剂还有左旋咪唑、维生素C等，也具有增强免疫的功能。

2.3 严禁饲喂发霉变质的饲料

饲料营养一定要全价，科学搭配，保证有足够的蛋白质、氨基酸、微量元素和各种维生素，确保猪各个生长阶段的营养需要。当前饲料中存在的霉菌毒素污染比较普遍，严重威胁养猪业的健康发展。妊娠母猪与仔猪对霉菌毒素特别敏感，要严禁饲喂发霉变质的饲料。在夏季多雨、潮湿的季节或饲料已有轻微的霉变时，应在饲料中添加霉菌毒素吸附剂，如大连三仪集团研发的生物脱霉素（包含产霉型益生菌代谢产物，纳米级凸凹石等，第四代脱霉技术，实现霉菌的“双向”清除），保育猪、育肥猪，每吨饲料中添加400g；种猪每吨饲料中添加400～600g，可长期饲喂，安全、效果好。还可选用霉毒脱-sp、霉卫宝、脱霉-100、腾俊“霉消安”、古博士吸霉灵、万香保与克霉霸等添加。平时，可在饲料中添加微生态制剂，如大连三仪集团研发的金唯肽C211和金唯肽C231或唯泰C211和唯泰C231（大猪用），可拌料长期使用，有利于改善饲养环境，提高饲料利用率与转化率，促进生长，提高免疫力和抗病力，减少免疫抑制的发生。

2.4　合理使用抗生素药物

预防与治疗用药，要避免使用易造成免疫抑制的各类抗生素药物，特别是不要滥用与长期使用劣质抗生素，这样不仅会造成免疫抑制，而且会延误病情，增大死亡率。一定要根据病情合理选用安全、优质、高效的抗生素，首先要对病情作出正确诊断，再有的放矢选择药物，最好是先做药敏试验，再根据药物的性质与作用选用敏感的抗生素进行对症治疗与有效预防，这是合理使用抗生素药物的基本要求。

2.5　坚持消毒制度

猪场要建立严格的消毒制度，并认真落实到位。生产区，平常要做到猪舍每周消毒1次，通道与排污沟每周消毒2次，人员与物品进入随时消毒；猪舍周围环境，每月清扫消毒1次。发生疫情时，产房每天消毒1次，保育舍每2d消毒1次，育肥舍每周消毒2次，外环境每周清扫消毒1次。尽可能使用无免疫抑制作用的消毒药，可选用复合有机碘和复合醛类消毒剂。常用的有5%碘伏，1∶500强效碘溶液；1∶150碘酸溶液或者1∶200消毒威溶液，1∶300菌毒灭溶液，1∶1000康卫溶液，1∶200农福及速可净等，消毒效果良好。使用消毒药时，要定期更换药剂，对人畜安全，消毒效果好，不要盲目乱用消毒药，以免造成免疫抑制与产生耐药性。

2.6　加强科学的饲养管理，减少各种应激

坚持自繁自养原则，慎重引种，严格检疫；实施“全进全出”和封闭管理的饲养模式；建立完善的兽医卫生消毒制度；粪尿与污水要无害化处理；灭鼠、杀虫、驱虫；猪场禁止饲养其他动物；全方位落实生物安全措施；保持猪舍清洁卫生、冬暖夏凉；保持猪场良好的生态环境等；最大限度地减少病原微生物对猪场的污染和侵害。采取有力措施减少各种应激对猪群的危害，特别是仔猪出生、断奶前后、分娩、接种、转群、混群等环节，要注意控制应激。特别是仔猪断奶时常发生断奶应激、温度应激、环境应激、饲料应激和营养应激等，诱发仔猪发生各种疫病，造成仔猪大批死亡。如果仔猪断奶前2d每头肌注猪用转移因子0.5ml或肌注倍康肽（白细胞介素-4）0.5ml，能降低各种应激反应，保持猪自身的稳定，可避免发生应激而诱发多种疫病。

2.7　建立疫病监测制度

养猪场，特别是种猪场一定要建立疫病监测制度，每季度对猪群进行1次免疫抗体监测，重点监测猪瘟、口蹄疫、蓝耳病、伪狂犬病、圆环病毒2型感染及猪流感等。通过对疫病的监测，检出隐性感染或潜伏感染猪，及时淘汰，净化猪群；通过疫病监测，可及时掌握疫情动态，以便做好预警预测工作，发现问题及时采取有力措施，可把损失控制到最小限度，确保猪群

健康。

2.8 药物预防

猪的免疫抑制，应选用具有免疫增强与免疫调节功能，又有抗病毒、抗细菌、抗应激作用的细胞因子制剂和中草药制剂及某些化学药物，通过保健或治疗的方法，可有效地预防与控制免疫抑制。

2.8.1 药物预防方案

2.8.1.1 仔猪预防方案

［方案1］仔猪出生后，1日龄与4日龄分别肌注1次，应用转移因子0.25ml，加排疫肽（高免球蛋白）0.25ml，或者肌注倍健（免疫核糖核酸）0.25ml，加倍康肽（白细胞介素-4）0.25ml，可有效地提高仔猪的免疫力，减少免疫抑制的发生。

［方案2］仔猪断奶前7d，于每吨料中加干扰肽（包被干扰素）800g，黄芪多糖粉800g，支原净150g，饲喂12d；或者于每吨料中加排疫肽（高免疫球蛋白）400g，抗菌肽200g，黄芪多糖粉800g，饲喂12d。可预防断奶应激、营养应激、环境应激及温度应激，而诱发各种疾病。

2.8.1.2 保育仔猪预防方案

［方案1］仔猪转入保育舍后，于每吨料中加清开灵粉2kg，转移肽（转移因子）400g，溶菌酶500g，饲喂7d。

［方案2］每吨料中加氟康王（氟苯尼考，包被干扰素）400g，抗菌肽200g、板蓝根粉2kg，饲喂7d。可预防保育阶段各种疾病的发生与流行。

2.8.1.3 后备种猪与育肥猪的预防方案

［方案1］保育仔猪转入育肥猪舍或后备种猪舍后，于每吨料中加喘束治（泰乐菌素、强力霉素、包被干扰素，排疫肽）600g，穿心莲粉3kg，溶菌酶500g，饲喂7d。

［方案2］每吨料中加柴胡粉3kg，抗菌肽220g，排疫肽（免疫球蛋白）400g，饲喂7d。

每月保健1次，直至配种或上市出栏。

2.8.1.4 种猪预防方案

［方案1］每吨料中加黄芪多糖原粉500g，板蓝根粉3kg，干扰肽（包被干扰素）1 000g，转移肽（包被转移因子）800g，溶菌酶500g，妊娠中期饲喂7d。能有效预防各种繁殖障碍性疾病的发生与流行。

［方案2］每吨料中加鱼腥草粉3kg，抗菌肽220g，排疫肽（免疫球蛋白）400g，饲喂12d。产仔前7d开始使用，能有效预防免疫抑制与产道疾病的发生。

2.8.2　药物治疗方案

2.8.2.1　仔猪、育肥猪、后备种猪治疗方案

［方案 1］灵芝多糖注射液，每千克体重 0.1ml，肌注，每日 1 次；干扰素，40kg 体重 1ml，重症加量，肌注，每日 1 次；排疫肽（免疫球蛋白），每 50kg 体重 1ml，重症加量，肌注，每日 1 次；3 个制剂可混合肌注，连用 3～4d。同时，肌注头孢噻呋钠，每千克体重 5ml，每日 1 次，连用 3～4d。

［方案 2］清开灵注射液，小猪每头每次 10～15ml，中猪 15～20ml，大猪 25～30ml，肌注，每日 1 次；倍健（免疫核糖核酸），每 75kg 体重 1ml，重症加量，肌注，每日 1 次；倍康肽（猪用白细胞介素-4）每 30kg 体重 1ml，重症加量，肌注，每日 1 次；3 个制剂可混合肌注，连用 3～4d。同时，肌注施美芬（第四代头孢菌素）注射液，每 25kg 体重 2ml，肌注，每日 1 次，连用 3～4d。

2.8.2.2　种猪的治疗方案

［方案 1］双黄连注射液（每千克体重 0.2ml），加干扰素和转移因子混合肌注，每日 1 次，连用 3～4d；同时配合肌注 2.5%恩诺沙星注射液，每千克体重 2.5mg，每日 1 次，连用 3～4d。

［方案 2］灵芝多糖注射液（每千克体重 0.1ml）或者香菇多糖注射液（每千克体重 0.2ml），加倍健与倍康肽混合肌注，每日 1 次，连用 3～4d；同时，配合肌注瑞可新（泰拉菌素），每 40kg 体重 1ml，每 2d 1 次，连用 2 次即可。

在实施上述治疗方案时，一定要配合饮用电解多维 200g、葡萄糖 200g、黄芪多糖粉 400g、口服排疫肽（免疫球蛋白）300g，混合兑水 500kg，饮用 7d。有利于提高机体的免疫力，控制免疫抑制，加快病猪的康复。

当前，在兽医临床上预防与治疗猪的免疫抑制的方法中，前景看好的还是黄芪多糖配合干扰素和转移因子、灵芝多糖配合白细胞介素与免疫核糖核酸、香菇多糖配合胸腺肽、左旋咪唑配合转移因子与免疫球蛋白等，对调节免疫作用，增强猪体的免疫功能，提高抗病力均具有明显的效果。

规模化猪场主要传染病药物预防与治疗

目前养猪场及广大农村养猪户的猪群发生传染病种类较多，有的可以用疫（菌）苗进行免疫预防，有的可选用特效药物进行治疗和药物预防，尽可能消

除传染源，挽救病猪，减少经济损失，这也是养猪场综合性防疫措施中的一个组成部分。当前养猪场主要传染病的药物治疗与药物预防如何实施？笔者提供一些猪主要传染病的药物治疗与药物预防技术措施，可结合猪群的实际状况选择使用。

1 以急性败血症为主症的猪传染病的药物治疗与药物预防

猪发生急性败血性传染病时，其共同特点是皮肤、黏膜、浆膜出血、淤血、体温升高，并出现呼吸道、消化道与神经系统等全身症状。发病急、死亡快、病程短。常见的疫病有高热综合征、猪瘟、口蹄疫、猪丹毒、猪肺疫、链球菌病、弓形虫病及附红细胞体病等。

1.1 药物治疗

1.1.1 治疗原则

用特异性疗法、细胞因子疗法、抗病毒疗法与抗菌疗法对原发病进行治疗，结合对症治疗，控制继发感染，以提高机体的自身抗病力和免疫力，同时辅以强心、补液、补盐、止血和维生素疗法等予以综合性治疗。

1.1.2 治疗方法

1.1.2.1 高热综合征（蓝耳病、猪瘟、伪狂犬病等）

发病时，淘汰严重病猪，并消毒，有条件时可用抗血清肌肉注射，按每千克体重1ml给药，每日1次，连用2次。黄芪多糖注射液或柴胡注射液与猪用转移因子加猪干扰素，或与倍健（每75kg体重1ml）加倍康肽（每30kg体重1ml），混合肌注，或与排疫肽加转移因子，混合肌注，每日1次，连用3～4d，可用头孢类药物或10%氟苯尼考或复方多西环素注射液等，配合对症治疗。未发病猪用猪瘟兔化弱毒疫苗紧急注射，每头肌注12～18头份，同时肌注猪转移因子0.5～1ml，可有效控制疫情。

1.1.2.2 口蹄疫

发生口蹄疫时，病猪予以扑杀，消毒，未发病猪紧急注射猪O型口蹄疫灭活疫苗，每头肌注高效苗3ml，15d后加强免疫1次。如有亚洲Ⅰ型口蹄疫混合感染，应改注猪O型口蹄疫与亚洲Ⅰ型口蹄疫双价灭活疫苗，仔猪每头肌注2ml，大猪每头肌注3ml，20d后再加强免疫1次。有条件时，可先注射高免血清，每头5～8ml，每日1次，连用2次，15d后再注射疫苗。病猪使用黄芪多糖注射液，加猪干扰素和转移因子，混合肌肉注射效果较好。仔猪每头肌注各1ml，大猪每头肌注2ml，每日1次，连用3d。同时口服洗心清毒散（柴胡、葛根、甘草、黄芩、羌活等），小猪每头10g、中大猪每头20g，每日1～2次，连用4d。治疗心肌炎，降低死亡率。

1.1.2.3　猪丹毒

青霉素，20kg体重以下用100万～200万单位，20kg体重以上用250万～300万单位，以地塞米松注射液稀释，肌注：每日2次，连用3d。或用四环素，每千克体重7～15mg，肌注，每日2次，连用3d。或头孢噻呋钠注射液（每千克体重5mg），每日1次，连用3d。有条件时，可同时皮下注射抗猪丹毒血清，仔猪每头每次10ml，3～10月龄猪30～50ml，成年猪50～70ml，每日1次，连用2次，疗效更佳。

1.1.2.4　猪肺疫

参照猪呼吸道病治疗方案实施。

1.1.2.5　猪链球菌病

红弓链注射液，肌注，每日1次，连用3次，使用剂量按说明书规定执行；同时配合肌注庆大霉素，每千克体重2mg，每日2次，连用3d。链球菌病注射液，每千克体重1ml，肌注，每日1次，连用3次；同时配合肌注制菌磺注射液，每千克体重0.15ml，第1天注射1次，第3天再注射1次即可。环丙沙星注射，每千克体重2.5～10mg，肌注，每日2次，连用3d；同时肌注磺胺嘧啶钠，每千克体重0.07g，每日2次，连用3d；同时配合肌注板蓝根注射液，加排疫肽（五种高免球蛋白，每50kg体重1ml），混合肌注，每次每头5～10ml，每日1次，连用3d。在实施治疗时，注意对症治疗，高热时肌注30%安乃近注射液，每千克体重0.2g，每日2次；维生素B_1，每千克体重0.2mg，每日肌注1次；有神经症状时，可每日肌注2次氯丙嗪注射液，每千克体重0.5～1mg；补充10%的糖盐水溶液，静注或腹腔注射，每天1～2次。

1.1.2.6　弓形虫病

磺胺-6-甲氧嘧啶，每千克体重60～80mg，肌注，每日2次，连用5d；同时配合肌注庆大霉素，每千克体重2mg，每日2次，连用5d。磺胺嘧啶（SD）每千克体重0.7g，加甲氧苄胺嘧啶（TMP），每千克体重0.014g，每日2次口服，连用4～6d。12%复方磺胺甲氧吡嗪注射液，每千克体重50～60mg，肌注，每日1次，连用4d；同时配合肌注卡那霉素，每头每次50万单位，每日2次，连用4d。

1.1.2.7　附红细胞体病

血虫净（贝尼尔），每千克体重5mg，用生理盐水稀释成5%溶液，肌肉注射，每日1次，连用2d；同时内服四环素片，每千克体重3万单位，每日2次，连服7d。或肌注复方多西环素注射液，每日1次，或得米先（长效土霉素），每千克体重5mg，肌注，每日1次，连用5d。在治疗中要注意强心、输液、补右旋糖酐铁和维生素C、维生素B_1等。

在上述疫病的治疗过程中，可根据病情的发展状况，轻重程度，选用猪干扰素配合治疗，每头猪肌注0.5～1ml，每日1次，连用3d；或用猪转移因子，每100kg体重1ml，每天肌注1次，连用3d；或用排疫肽肌注，每头0.5～1ml，每日1次，连用3d。对上述常见细菌性疾病都有良好的治疗效果。病猪一律改饮电解多维加葡萄糖粉、阿莫西林粉等，饮用7d。

1.2 药物预防

1.2.1 猪肺疫与猪丹毒的药物预防

可参照治疗用药与呼吸道病的药物预防方案实施。

1.2.2 猪链球菌病的药物预防

发生疫情时，每吨料中拌入强力霉素150g，阿莫西林200g，连续饲喂14d。或者于20L水中加2%恩诺沙星粉50g，连续饮水7d。

每吨料中加入土霉素精粉400～500g，连续饲喂7d。

红霉素粉1g加入50kg水中，溶解后连续饮用7d。

1.2.3 弓形虫病的药物预防

磺胺-6-甲氧嘧啶（SMM），以0.02%的浓度混料，连续饲喂12d。

SMM 5份加三甲氧苄氨嘧啶（TMP）1份（每千克体重内服量为8mg），混合后拌料，连续饲喂12d。

1.2.4 附红细胞体病的药物预防

种猪：每吨料中加入对氨基苯砷酸钠180g，连续饲喂7d，以后减半，再喂15d（临产前母猪不得超过90g/t的服药量）。

仔猪群：每吨料中入四环素150g，对氨基苯砷酸钠45g，连续饲喂10d；或土霉素精粉，每吨料中加入500g，对氨基苯砷酸钠45g，连续饲喂10d；或阿散酸（对氨基苯砷酸钠），每吨料中加入80g或按0.3%浓度拌入尼可苏，连续饲喂12d，仔猪最好补注1次补血针。

2 猪呼吸道传染病的药物治疗与药物预防

猪发生以呼吸道症状为主症的传染病，其特点是咳嗽、呼吸困难，有的体温升高等。常见的传染病有猪流感、猪肺疫、猪气喘病、蓝耳病、传染性胸膜肺炎、圆环病毒病（PCV-2）、副猪嗜血杆菌感染和传染性萎缩性鼻炎等。

2.1 药物治疗

2.1.1 治疗原则

以治疗原发病为主，结合对症治疗，控制继发感染，辅以支持疗法，增强机体抗病力和自身免疫力，施于综合治疗。

2.1.2 治疗方法

头孢噻呋注射液，每千克体重 5mg，肌肉注射，每日 1 次，连用3～5d。同时配合肌肉注射咳喘 1 号注射液，每 10kg 体重 1～2.5ml，每日 2 次，连用 3～5d。

替米考星注射液，每千克体重 10～20mg，皮下注射，每日 1 次，连用3～5d，同时配合肌肉注射冰蟾熊胆注射液，每千克体重 0.1mg，第 1 次注射后，隔日再注射 1 次，连用 3 次即可。

30％氟苯尼考注射液，每 20kg 体重 1ml，肌肉注射，每 2d 注射 1 次，连用 3 次即可。同时配合肌肉注射黄芪多糖注射液，每千克体重 0.1～0.2ml，每日 1 次，连用 3d。

麻保沙星注射液，每千克体重 2.5mg，肌肉注射，每日 1 次，连用 3～5d。同时配合肌肉注射菌磺注射液，每千克体重 0.15mg，第 1 次注射后，第 3 天再注射 1 次即可。

泰乐菌素注射液，每千克体重 12mg，肌肉注射，每日 2 次，连用3～5d。同时配合肌肉注射磺胺嘧啶钠注射液，每千克体重 0.12g，每日 2 次，连用3～5d。

强力泰妙仙注射液（穿心莲、麻黄碱、泰乐菌素），每千克体重 0.1ml，肌肉注射，每日 1 次，连用 3～5d，同时配合肌注地塞米松，加青霉素，每日 2 次，连用 3～5d。

在治疗过程中要根据病情选用对症治疗的药物，如止咳平喘药，强心补液药等配合治疗。提高免疫功能，增强机体抗病力可选用：干扰素，每头肌注 1ml，每日 1 次，连用 3d；排疫肽，第 1 次每头肌注 2ml，第 2、3 次各肌注 1ml，每日 1 次，连用 3d；猪转移因子，每 100kg 体重 1ml，每天肌注 1 次、连用 3 次即可。由于呼吸道感染的细菌多数易产生耐药性，因此，在实施治疗时，注意选用最敏感的抗菌药物进行治疗，并采用联合用药和定期轮换用药，尽可能减少细菌产生耐药性。吸吸道传染病易出现反复，临床治愈后，最好通过饲料拌药或饮水加药，使用 7d，以巩固治疗效果，防止疫病出现反复。

2.2　药物预防

2.2.1　后备母猪

20％替米考星粉，每吨料中加入 300～400g，于配种前 20d，连续饲喂 14d。

10％氟苯尼考，每吨料中加入 400g，同时加入强力霉素 150g，于配种前 20d，连续饲喂 14d。

种公猪的预防可参照上述方案实施。

2.2.2　妊娠母猪

80％支原净 150g，强力霉素 200g，阿莫西林 200g，拌入 1t 料中，于产前、后各饲喂 7d。

2.2.3 育肥猪（2 月龄以上）

10%氟苯尼考 400g，支原净 150g 或强力霉素 200g，拌入 1t 料中连续饲喂 7d。

强力霉素 200g、头孢拉啶 200g、阿莫西林 300g，拌入 1t 料中连续饲喂 7d。

2.2.4 断奶仔猪

80%支原净 100g，强力霉素 140g，拌入 1t 料中，于断奶前后各喂 7d。同时配合每吨水中加阿莫西林粉 150g，饮水 14d。

80%支原净 100g、10%氟苯尼考 80g，拌入 1 t 料中，于仔猪断奶前、后各喂 7d。

3 猪消化道传染病的药物治疗与药物预防

猪发生以消化道症状为主的传染病，其共同特点表现为腹泻、脱水、消化不良等。常见的传染病有仔猪黄痢、仔猪白痢、仔猪红痢、仔猪副伤寒、猪痢疾、猪增生性肠炎、猪传染性胃肠炎、猪流行性腹泻及轮状病毒感染等。

3.1 药物治疗

3.1.1 治疗原则

抗菌消炎、抗病毒、控制原发病病因，以止泻、补液与健胃消食疗法进行对症治疗和支持治疗，重点是纠正毒素中毒、防止脱水、酸中毒与心力衰竭。

3.1.2 治疗方法

对猪消化道传染病的治疗，要做到及时发现、及时治疗。在改善饲养管理、加强对环境的控制，消除各种应激因素的同时，采取特异性疗法、抗菌药物疗法、抗病毒疗法，对症疗法与支持疗法相结合。具体如注射抗菌药物与抗病毒药物，消除病因；强心补液，防止脱水与心力衰竭，纠正酸中毒；内服收敛止泻剂与健胃消食剂，调整胃肠机能；同时注意控制继发感染。

3.1.2.1 *病毒性腹泻的治疗*

发病初期，可按每千克体重注射高免血清 1ml 进行特异性治疗，每日 1 次，连用 2 次。同时，静脉注射 10%葡萄糖盐水与 5%碳酸氢钠注射液，或口服盐液（其配方：葡萄糖 20g，NaCl 3.5g、KCl 1.5g、$NaHCO_3$ 2.5g，蒸馏水 1 000ml，混合溶解后口服），可防止脱水、酸中毒、又可增强仔猪的抗病力。内服活性炭或鞣酸蛋白，补充维生素 C，肌肉注射盐酸黄连素 5～10ml，每日 2 次，连用 3～5d。或肌注盐酸环丙沙星注射液，每千克体重 2.5mg，每日 2 次，连用 3d。或肌注 2.5%恩诺沙星注射液，每 10kg 体重 1ml，每日 1

次，连用 3d。用黄芪多糖注射液或双黄连注射液与猪干扰素加转移因子，或与倍健加倍康肽，混合肌肉注射，每日 1 次，治疗 3d，同时配合口服补液盐，或电解质多维加抗菌肽，或溶菌酶，效果良好。

3.1.2.2　细菌性腹泻的治疗

大肠杆菌病的治疗：穿心莲注射液，每千克体重 0.1～0.2ml，加排疫肽，混合肌注，每日 1 次，连用 3d。同时配合使用庆大霉素，每千克体重 1～1.5mg，肌肉注射、每日 2 次，连用 3d。或恩诺沙星，每千克体重 10mg，肌肉注射，每日 2 次，连用 3d。齐鲁制菌磺，每千克体重 0.3ml，肌肉注射 1 次，病重者可于第 3 天再注射 1 次即可。此外，痢菌净、氟哌酸、土霉素、氟苯尼考、磺胺二甲嘧啶、磺胺-5-甲氧嘧啶、磺胺-6-甲氧嘧啶与磺胺增效剂（TMP）5∶1 配合治疗，疗效也很好。同时给予口服补液盐，每次每头口服 10～30ml，每日 3～5 次。口服补液盐配方：精制氯化钠 3.5g，碳酸氢钠（小苏打）2.5g、氯化钾 1.5g、葡萄糖 20g，常水 1 000ml，混合溶解后服用。电解质多维自由饮用。

严重时可用 10%葡萄糖盐水 20ml、地塞米松 2ml、10%维生素 C 2ml，配合卡那霉素等静注或腹腔注射，每日 2 次，连用 2d。

仔猪红痢的治疗：本病发病急、死亡快，选用抗梭菌性肠炎高免血清治疗效果好，每千克体重 2ml，每日肌注 1 次，连用 2～3 次。同时肌注排疫肽或倍康肽（白细胞介素-4），每日 1 次，连用 3d。其他的治疗方法参照猪大肠杆菌病的治疗方法实施。

猪痢疾的治疗：5%痢菌净，每千克体重 5mg（0.5ml），肌肉注射，每日 2 次，连用 5d。泰乐菌素，每千克体重 8mg，肌注，每日 1 次，连用 5d，或每千克水中加入泰乐菌素 60mg，饮水 7d。林可霉素，每千克体重 50mg，肌肉注射，每日 1 次，连用 5d。庆大霉素，每千克体重 2 000 国际单位，肌肉注射，每日 2 次，连用 5d。也可在每千克水中加庆大霉素 14mg，饮水 7d。二甲硝基咪唑配成 0.025% 水溶液饮水，连饮 7d。

仔猪副伤寒的治疗：参照猪大肠杆菌病的治疗方案实施。

增生性肠炎的治疗：可用泰乐菌素、新霉素、痢立清、痢菌净等药物治疗。

3.1.2.3　非传染性腹泻病的治疗

控制好仔猪断奶应激、断奶后的心理应激、环境应激与营养性应激。降低仔猪日粮中的蛋白质水平，实践证明，对于 5 周龄以上的仔猪，其饲料中蛋白含量从 21.4%～22%降到 16%～19%，另外添加赖氨酸，可使仔猪的腹泻发生率下降 40%。治疗方法可参照治疗腹泻病的方案实施。

3.2 药物预防

3.2.1 仔猪出生后至吃初乳前，预防腹泻的方法

1日龄、2日龄，每头仔猪口服止痢宝（嗜酸乳杆菌口服液），第1天每头1ml，第2天每头2ml；同时1、4日龄每头分别肌注倍健（免疫核糖核酸）1次，每次每头0.5ml。

1、2、3日龄，每头仔猪口服杆诺泰口服液（芽孢杆菌活菌），每日1次，每头每次0.5ml；同时1日龄与4日龄分别肌注排疫肽1次，每头0.5ml。

每头仔猪口服青霉素和链霉素各10万国际单位，每日1次，连用3d。

每头仔猪口服硫酸庆大霉素4万国际单位（1次），10日龄时每头再口服8万国际单位。

3.2.2 仔猪开食后预防腹泻的方法

敌菌净，每千克体重100mg，口服，每日2次，连服3d。

痢菌净，每吨料中拌入100g，饲喂7d。

杆菌肽，每吨料中拌入100g，饲喂7d。

氟哌酸，每吨料中拌入200g，饲喂7d。

3.2.3 猪痢疾的药物预防（断奶后使用）

磷酸泰乐菌素加磺胺二甲嘧啶（1∶1），每千克料中加100mg，饲喂7d。

痢菌净，每吨料中加60g，饲喂7d。

痢立清，每吨料中加50g，饲喂7d。

新霉素，每吨料中加140g，饲喂7d。

四环素族抗生素，每吨料中加200g，饲喂7d。

二甲硝基咪唑，0.025%水溶液，饮水7d。

4 以神经症状为主症的猪传染病的药物治疗与药物预防

猪发生以神经症状为主的传染病时，其共同特点是沉郁、兴奋、狂躁不安、强直、麻痹、四肢划水状及共济失调等。常见的此类疫病主要有猪乙型脑炎、猪水肿病、猪伪狂犬病、猪瘟、猪传染性脑脊髓炎、链球菌病、李氏杆菌病、先天性震颤和某些中毒病等（有机磷中毒、食盐中毒等）。

4.1 药物治疗

4.1.1 药物治疗原则

用抗病毒药物与抗菌药物控制原发病，制止神经症状的发展和继发感染，配合镇静解痉，清热止痛，强心补液，营养神经等疗法进行对症治疗，方可收到良好的疗效。

4.1.2 药物治疗方法

伪狂犬病的治疗：抗猪伪狂犬病高免血清，腹腔注射，每头注射 20～30ml，每日 1 次，连用 2 次，对断奶仔猪疗效很好。

猪链球菌病的药物治疗与药物预防前面已作了介绍，请参考此前章节。

猪乙型脑炎的药物治疗：20%磺胺嘧啶钠注射液 10～20ml，10%葡萄糖注射液 100ml，10%维生素 C 5ml、2.5%维生素 B_1 10～20ml 混合 1 次静注，每日 1 次，连用 3d；同时肌注青霉素 100 万～300 万单位，链霉素 100 万～200 万单位，地塞米松注射液 50～10ml 混合注射，每日 2 次，连用 3～5d；肌注板蓝根注射液 20～40ml，加干扰素和排疫肽或加倍健和倍康肽，混合肌注，每日 1 次，连用 3d。口服安宫牛黄丸，50kg 体重以上每次服 2 粒，50kg 体重以下每次服 1 粒，每日 1 次，连用 3 次。持续高温时肌注 3%安乃近 10～20ml，每日 2 次。镇静止痛可肌注氯丙嗪注射液，每千克体重 1～3mg，或者静脉注射安溴注射液 10～20ml。

猪水肿病的药物治疗：强力水肿消注射液，每千克体重 0.5ml，肌注，每日 2 次，连用 3～4d；同时用 20%磺胺嘧啶钠注射液 20～40ml，维生素 B_1 注射液 2～4ml，10%葡萄糖注射液 50ml，混合一次腹腔注射，每日 1 次，连用 3d。硫酸镁，每头 15g 加水适量，每天内服 1 次，连用 2 次，2.5%恩诺沙星注射液，每 10kg 体重 1ml，肌注，每日 2 次，连用 3d；链霉素 1g 加氢化可的松 50～100mg，1 次口服，每日 1 次；5%糖盐水 50ml 加维生素 C 10～20ml，1 次腹腔注射，每日 1 次，连用 3 次。20%磺胺嘧啶钠注射液 20～40ml，维生素 C 2ml、地塞米松 15mg，10%葡萄糖注射液 50ml，1 次静脉注射，每天 2 次，连用 3d；同时肌注庆大霉素注射液，每千克体重 2 000 单位，每日 2 次，连用 3d，水肿消注射液，每千克体重 0.4ml，肌注，每日 1 次，连用 3d；同时肌注亚硒酸钠、维生素 E，每千克体重 0.3ml，每日 2 次，连用 3d。

猪传染性脑脊髓炎药物治疗：肌注脑炎注射液，使用方法与剂量按说明书实施。解痉镇静，用盐酸氯丙嗪 1～2ml，肌肉注射；强心解毒，静脉注射 10%葡萄糖注射液 100ml，40%乌洛托品 10～20ml，25%硫酸镁 20ml，混合 1 次注射；防止并发症，用青霉素与链霉素混合肌注，每日 2 次，连用 5d。还可用磺胺类药物及广谱抗生素肌肉注射，进行对症治疗，控制疫病的发展。

仔猪先天性震颤的药物治疗：肌肉注射 25%硫酸镁 5ml，同时肌注 0.1%亚硒酸钠 2ml 和复合维生素 B 2ml，每日 1 次，连用 3d。或者肌注阿托品 5ml，10%樟脑磺酸钠 0.7ml，每日 2 次，连用 2d，口服补液盐或 50%的葡萄糖 20ml。

4.2 药物预防

4.2.1 猪水肿病的药物预防

仔猪 3 日龄时，每头肌注牲血素 1ml，0.1%亚硒酸钠 2ml，补充铁和硒，对本病有预防作用。

仔猪7日龄开食，按0.1%氟哌酸拌料，连喂7d。并防止饲料单一，保证有足够的矿物质和维生素，蛋白质不要超过19%。

仔猪断奶前1周和断奶后2周，每头肌注组织胺球蛋白2ml，每周1次；或者于断奶前1周和断奶后3周，每天服1次磺胺二甲嘧啶1.5g，连服1周。

发生疫情时，可全群用痢立清，按每千克体重50mg拌入料中，连续饲喂5d。

4.2.2 其他的神经症状为主症的传染病的药物预防

以神经症状为主症的其他传染病，当前没有治疗与预防的特效药物，只有坚持按科学合理的免疫程序进行免疫接种，加强饲养管理，落实各项生物安全措施，方可有效控制疫病，以减少生产中的经济损失。大连三仪动物药品公司研发的生物制剂（如干扰素、猪转移因子、排疫肽、猪白细胞介素-4和白细胞介素2），配合各种对症治疗药物在临床上应用，具有良好的治疗效果，开辟了新的治疗途径。可试用干扰素加转移肽，加大青叶粉混合拌料，饲喂7～12d，具有预防效果。

5 以繁殖障碍为主症的猪传染病的药物治疗和药物预防

猪发生以繁殖障碍为主症的传染病时，其共同特点是妊娠母猪流产、早产、木乃伊胎和产弱仔等。常见的疫病有猪瘟、伪狂犬病、细小病毒病、蓝耳病、圆环病毒感染、乙型脑炎、布鲁菌病、弓形虫病和衣原体病等。

5.1 药物治疗

5.1.1 药物治疗原则

用抗病毒药物和抗菌药物控制原发病和继发感染，结合对症治疗，配合支持疗法，以防止疫病的扩散，降低其发病率与病死率，尽可能减少疫病造成的损失。

5.1.2 常用治疗药物

病毒引起的繁殖障碍可用抗病毒药物、干扰素、免疫核糖核酸、排疫肽、转移因子，白细胞介素，中药制剂（黄芪多糖注射液、柴胡注射液、板蓝根注射液、鱼腥草注射液、穿心莲注射液）、抗菌药物（头孢类药物）、蓝耳康等进行治疗。细菌引起繁殖障碍可用庆大霉素、多西环素、四环素、土霉素、泰乐菌素和磺胺类药物与抗菌增效剂等进行治疗。在实施治疗时应注意使用维生素A、维生素E及黄体酮等进行辅助治疗。抗病毒中药制剂与干扰素或倍健联合使用，治疗效果更好。

5.2 药物预防

鱼腥草粉3kg、抗菌肽220g、口服排疫肽400g、5%爱乐新800g，拌入1t料中，连续饲喂14d。

黄芪多糖粉 2 000g、转移肽 1 000g、干扰肽 1 000g、溶菌酶 400g，拌入 1t 料中，连续饲喂 14d，可有效地预防母猪繁殖障碍疾病。

猪场的药物保健措施

当前猪群中发生的疫病种类越来越多，病情越来越复杂，造成重大的经济损失，严重影响了养猪业的持续发展。要想防控这些疫病的发生与传播，除了做好疫苗免疫预防、搞好疫病检疫与检测、加强科学的饲养管理、落实好各项生物安全措施和控制好养猪的生态环境等工作之外，还应根据猪不同生长阶段易发疫病的特点，有针对性地选用药物进行保健（预防），这也是动物疫病防控中贯彻“预防为主”方针的一项重要的具体措施，应予以重视。

1　药物保健选用药物的基本原则

要选用无毒副作用、无药物残留、无耐药性的药物。

要选用能调节动物机体免疫功能、增强免疫力；能调理机体内各器官机能，解除免疫抑制；能激活细胞再生系统的药物。

要选用具有抗病毒、抗细菌、抗衣原体、支原体、螺旋体、真菌与立克次体等功能，以及能清除毒素作用的药物。

要选用保健与治疗效果好，作用确切与使用方便的药物。

药物保健尽可能少用抗生素，特别是不要滥用抗生素。可使用天然植物保健药品、中药制剂与生物基因工程制剂（细胞因子产品）等。当前在兽医临床上使用的黄芪素、金黄素、银黄素、板蓝根、大青叶、双黄连、鱼腥草、柴胡、金银花、穿心莲、连翘、灵芝多糖、香菇多糖以及干扰素、免疫核糖核酸、转移肽、排疫肽、抗菌肽、白细胞介素、溶菌酶、胸腺肽等，用于猪的药物保健已取得十分满意的保健效果，越来越受到广大用户的青睐。

2　药物保健措施

2.1　哺乳仔猪的药物保健

2.1.1　哺乳仔猪常见多发的疫病种类

哺乳仔猪主要的疫病有仔猪红痢、仔猪黄痢、仔猪白痢、传染性胃肠炎、流行性腹泻、轮状病毒病、伪狂犬病、慢性猪瘟、葡萄球菌病及猪球虫病等。但发病最多、死亡率高的还是大肠杆菌病与伪狂犬病（农村多发生，因其母猪未免疫）。

2.1.2 哺乳仔猪的药物保健方案

仔猪出生后1日龄与4日龄，每头各肌注排疫肽（高免球蛋白）1次，每次每头0.5ml；或者肌注倍康肽（猪白细胞介素-4），每次每头0.5ml，可增强免疫力，提高抗病力。同时1、2、3日龄各口服杆诺泰（蜡样芽孢杆菌活菌）1次，每次每头0.5ml；或于仔猪出生后，吃初乳之前用“止痢宝”（嗜酸乳杆菌口服液），每头喷嘴1ml，第2天每头再喷嘴2ml。

仔猪出生后，吃初乳之前，每头口服庆大霉素6万国际单位，8日龄时再口服8万国际单位。

三针保健，1日龄、7日龄、21日龄时，每次每头肌注长效土霉素0.5ml；或者用头孢类药物实施三针保健也可以。

仔猪3日龄时，每头肌注牲血素1ml及0.1%亚硒酸钠-维生素E注射液0.5ml；或者肌注铁制剂1～2ml，可防治缺铁性贫血、缺硒及预防腹泻。

仔猪7日龄补料开食，可于1t饲料中添加金唯肽C211或益生肽C211（乳猪专用微生态制剂）500g，饲喂10d，可促进消化机能，调节菌群平衡，提高饲料吸收、利用率，促进生长，增强免疫力，提高抗病力，改善饲养生态环境。

仔猪断奶前3d，每头肌注转移因子或倍健（免疫核糖核酸）0.25ml，可有效地防止断奶时可能发生的断奶应激、营养应激、饲料应激及环境应激等。

仔猪断奶前后各7d，于1吨饲料中添加喘束治（泰乐菌素、强力霉素、微囊包被的干扰素、排疫肽，大连三仪公司研发）500g，或氟康王（氟苯尼考，微囊包被的细胞因子）400g，加黄芪多糖粉500g，连续饲喂14d；或于1t饲料中添加80%支原净120g，强力霉素150g，阿莫西林200g，黄芪多糖粉500g，连续饲喂14d。可有效预防断奶应激诱发断奶后仔猪发生的多种疫病。

如饲料中无法加药，可改为饮水给药，饮用电解质多维加葡萄糖（200g兑水1t），加黄芪多糖（400g兑水1t），加溶菌酶（400g兑水1t），饮用12d。

2.2 保育仔猪的药物保健

2.2.1 保育仔猪常见多发疫病的种类

断奶后的仔猪进到保育舍后，由于断奶而发生各种应激，易诱发多种疫病，常见多发的疫病有断奶后腹泻、蓝耳病、圆环病毒2型感染（断奶后多系统衰竭综合征）、伪狂犬病、猪瘟、呼吸道病综合征、链球菌病、副猪嗜血杆菌病、气喘病、水肿病、猪痢疾、回肠结肠炎等。这段时间的仔猪发病率高，死亡率也高，占猪只全程死亡率的40%，应高度重视疾病防控。

2.2.2 保育仔猪的药物保健方案

由于当前保育仔猪发病多表现为多种病原混合感染与继发感染，使病情复杂化。因此，进行药物保健时要侧重提高其机体的免疫力和抗病力，做到抗病毒、抗细菌和抗应激同时并举，方可收到良好的预防效果。

2.2.2.1　上述哺乳仔猪断奶前后的药物预防方案可延续于保育期间实施，并能获得良好的预防效果。

2.2.2.2　于每吨饲料中添加猪用抗菌肽（抗菌活性肽）200g，加板蓝根粉1 000g，加口服排疫肽400g，连续饲喂12d。

2.2.2.3　于每吨饲料中添加6%替米考星1 000g、强力霉素200g、黄芪多糖粉1 000g、干扰肽800g、连续饲喂7d。

2.2.2.4　保育仔猪转群前口服丙硫苯咪唑，按体重以10～20mg/kg给药，驱除体内寄生虫1次。

2.3　育肥猪的药物保健

2.3.1　育肥猪常见多发疫病的种类

育肥阶段的猪发生疫病较少，一旦发病则会造成很大的经济损失，当前在临床上生长育肥猪发生的疫病主要有呼吸道病综合征、猪流感、猪瘟、蓝耳病、猪皮炎肾病综合征、猪肺疫、支气管败血波氏杆菌病、传染性胸膜肺炎、沙门菌病、附红细胞体病、弓形体病等。如果在育肥前免疫接种工作到位，育肥前阶段药物保健搞得好，一般育肥猪都能健康生长，按期出栏。

2.3.2　育肥猪的药物保健方案

于每吨饲料中添加福乐（氟苯尼考、微囊包被的细胞因子）600g、黄芪多糖粉1 500g，连续饲喂7d。

于每吨饲料中添加利高霉素800g、阿莫西林200g、板蓝根粉1 500g，口服排疫肽400g，连续饲喂7d。

于每吨饲料中添加抗菌肽200g、强力霉素300g、黄芪多糖粉1 500g，连续饲喂7d。

于每吨饲料中添加抗菌肽200g、黄芪2kg、板蓝根2kg，防风300g、甘草200g，连续饲喂7d。

育肥中期，于每吨饲料中添加2g阿维菌素或伊维菌素，连喂7d，间隔10d后再喂7d，驱虫。

药物保健每月进行1次，每次7d，肥猪出栏前30d停止用药，在药物保健的间隔时间内可在饲料中加益生肽C231或唯泰C231（产酶芽孢杆菌，肠球菌、乳酸菌及促生长因子等），每吨饲料中加200g，可连续饲喂。

2.4　后备母猪的药物保健

后备母猪在整个饲养过程中常见多发的疫病与育肥猪基本相似，因此，后备母猪平时的药物保健可每月进行1次，每次7d，其保健方案可参照育肥猪的药物保健方案实施。

后备母猪配种前30d驱虫1次，用“通灭”或“全灭”，每33kg体重肌注1ml。

配种前25d开始进行药物保健，有利于净化后备母猪体内的病原体，确保初配受胎率、妊娠期母猪健康和胎儿正常发育生长。可于1t饲料中添加喘束治500g、黄芪多糖粉2 000g、板蓝根粉2 000g、溶菌酶400g，连续饲喂7d。

2.5 生产母猪的药物保健

2.5.1 母猪妊娠期常见多发的疫病种类

母猪妊娠期间主要出现繁殖障碍，胚胎死亡，妊娠1个月发生胚胎死亡占总死亡率的60%～70%，妊娠后60～70d，胚胎死亡率占30%～40%。引起繁殖障碍，发生胚胎死亡或流产的主要疫病有：蓝耳病、伪狂犬病、细小病毒病、猪瘟、圆环病毒2型感染、乙型脑炎、支原体病及布鲁菌病等。这期间的药物保健的重点是控制好病毒性疫病的侵害，确保母子的健康。

2.5.2 妊娠母猪的药物保健方案

母猪妊娠期间尽可能少用或在短时间内应用化学药物进行保健，因为多数化学药物（抗病毒与抗细菌的药物）都存在抗药性与药物残留，对母猪及其胎儿的免疫细胞有损害作用，严重影响母猪的健康及胎儿的发育。如果使用生物工程制剂及其某些中药制剂可能比较安全，不会出现上述问题。

于每吨饲料中添加抗菌肽（抗菌活性肽）220g，加黄芪多糖粉2 000g、口服排疫肽400g，连续饲喂7d，每月1次即可。

母猪产前、后各7d，于每吨饲料中添加喘束治600g或者氟康王500g，加黄芪多糖粉2 000g，板蓝根粉2 000g，连续饲喂14d；也可于每吨饲料中加5%爱乐新800g、强力霉素280g、黄芪多糖粉2 000g，溶菌酶400g，连续饲喂14d。

生产母猪产前与产后进行药物保健后，临产时可免用其他药物。药物保健净化了母猪体内的病原体，母猪产仔后很少发生子宫内膜炎、阴道炎及乳房炎、乳水充足，产下的仔猪健康，成活率高。

3 药物保健注意事项

根据当地与本场猪病发生、流行的规律、特点，有针对性地选择高效、安全性好，抗病毒与抗菌谱广的药物用于药物保健，才能收到良好的保健效果。注意定期更换用药，不要长期使用一个方案，以免细菌对药物产生耐药性，影响药物保健的效果。

按药物规定的有效剂量添加药物，严禁盲目随意加大用药剂量。用药剂量过大，不但造成药物浪费，增加成本支出，而且还会引起毒副作用，引发猪意外死亡；而用药剂量不够，易诱发细菌对药物产生耐药性，降低药物的保健作用。

科学的联合用药，注意药物配伍。药物配伍既有药物之间的协同作用，又有拮抗作用。用药之前，要根据药品的理化性质及配伍禁忌，科学合理地搭配，这样不仅能增强药物的预防效果，扩大抗菌谱，又可减少药物的毒副作用。如青霉素类药物不要与磺胺类、四环素类药物合用；酸性药物不要与碱性药物合用等。

认真鉴别真假兽药。购买兽用药品时一定要认真查看批准文号、产品质量标准、生产许可证、生产日期、保存期及其药品包装物和说明书等。严禁购买无批准文号、无生产许可证、无产品质量标准的“三无”产品，以免贻误药物对疫病的预防。

要按国家规定的兽用药品休药期停止用药。目前国家对兽用药品都规定了休药期，如用于猪的青霉素休药期为6～15d；氨基糖苷类抗生素为7～40d；四环素类为28d；氯霉素类为30d；大环内酯类为7～14d；林可胺类为7d；多肽类为7d；喹诺酮类为14～28d。一般猪场可于猪出栏上市前一个月停止实施药物保健，以免影响公共卫生的安全。

实施药物保健时要避开给猪进行弱毒活疫苗的免疫接种，最好二者间隔3～5d，否则会影响弱毒活疫苗的免疫效果。

规模化猪场的免疫预防与药物保健技术实施程序

当前在养猪生产中实施免疫预防与药物保健时，在技术实施程序上存在不科学、不合理的问题，严重地影响到猪病的防控与猪的健康生长，也阻碍了养猪业的持续发展。作者根据当前全国各地养猪场的实际情况，结合各地的实际工作经验，就养猪场生产过程中如何科学合理地实施免疫预防与药物保健进行探讨，欲使之达到最佳效果，并使之相互协调，促进养猪业的发展。

1　哺乳仔猪免疫与保健的实施程序

据有关文献报道：仔猪从出生至断奶平均损失率达25%左右，这些损失多数（占65%）发生在1～7日龄，如果发生腹泻，仔猪的死亡率还可高达

40%左右。因此，仔猪出生后要重视保健，加强科学管理，才能有效地提高仔猪的成活率。

做好仔猪出生后的护理工作。仔猪出生后要用消过毒（可选用0.1%新洁尔灭或0.1%高锰酸钾溶液）的纱布或毛巾将身体上的各种黏液性分泌物擦洗干净，放入32～35℃的保温箱中20min，再剪牙、断尾、打耳号等，然后吃初乳，做好护理工作。注意防止仔猪被压死、饿死、咬死，以及发生腹泻等。

发生慢性猪瘟的猪场，新生仔猪应实施超前免疫。仔猪出生后吃初乳之前，每头肌注优质的猪瘟细胞弱毒疫苗 2 头份，接种后 2h 吃初乳。35 日龄 2 免，接种细胞苗，每头 4 头份，60 日龄时 3 免，每头肌注猪瘟细胞弱毒苗 6 头份。正常生产的猪场不需要实施超前免疫，长期实施超前免疫，会诱发仔猪产生免疫耐受，2 免时易造成免疫失败，按常规免疫进行接种即可。

仔猪 2 日龄，每头使用猪伪狂犬病双基因缺失活疫苗滴鼻，每个鼻孔滴 0.5ml，35～38 日龄每头再肌注疫苗 1 头份，加强免疫 1 次。

仔猪 3 日龄每头肌注牲血素 1ml，0.1%亚硒酸钠-维生素 E 注射液 0.5ml 补铁、补硒，防止发生缺铁性贫血和缺硒性腹泻。

仔猪出生后，1 日龄与 4 日龄各肌注 1 次排疫肽（五种高免球蛋白），每次每头 0.25ml；同时 1、2、3 日龄各口服 1 次“杆诺肽口服液”（芽胞杆菌活菌，含有变形内毒素），每次口服 0.5ml；或者肌注倍健（免疫核糖核酸），每次每头 0.25ml，同时 1、2 日龄分别口服止痢宝（嗜酸乳杆菌口服液），第 1 天每头口服 1ml，第 2 天 2ml。可有效地预防红、黄、白痢和病毒性腹泻，增强免疫力，提高抗病力。

仔猪 7 日龄开食，补料，以训练仔猪的消化机能。料中可添加金唯肽 C211（乳酸菌、芽孢菌、肠球菌活菌、促生长因子等），每 500g 拌料 1t，连续饲喂 12d；或者添加唯泰 C211（乳酸菌、芽孢菌和肠球菌、促生长因子等），每 50 克拌料 250kg，连续饲喂 12d。使得仔猪对饲料消化吸收好，可提高利用率，促生长，成活率高，增强免疫力，减少消化道疾病的发生。

公仔猪 10 日龄去势，注意消毒，减少应激，防止发生事故。

仔猪 8 日龄每头肌注肺炎支原体弱毒菌苗 1 头份；12 日龄每头肌注副猪嗜血杆菌灭活菌苗 1 头份；16 日龄每头肌注蓝耳病弱毒活疫苗 1 头份；18 日龄肌注猪链球菌多价灭活菌苗 2ml；常规免疫的仔猪 23～25 日龄首免猪瘟，每头肌注优质猪瘟细胞弱毒疫苗 4 头份（猪瘟脾淋疫苗 1 头份），60 日龄 2 免，每头肌注猪细胞苗 8 头份（猪瘟脾淋疫苗 2 头份）。

仔猪 25～28 日龄断奶，断奶时母猪先下床离开产房，仔猪在产房停留 5d 后再转到保育舍饲养。这时可在饮水中加药进行保健，如添加电解质多维

(200g 兑水 500L)、葡萄糖粉（200g 兑水 500L)、黄芪多糖原粉（400g 兑水 1 000L)、转移肽（500g 兑水 1 500L）与干扰肽（1 000g 兑水 1.5t）混合饮水 5d。或者添加电解质多维加葡萄糖粉，加黄芪多糖粉，加西尔康（多西环素、干扰素、转移因子，100g 兑水 200L）混合饮水 5d。可有效防止仔猪因断奶应激、营养应激、饲料应激、温度应激与环境应激等诱发的多种疫病。5d 后转入保育舍饲养，用上述方案连续饮水 7d，可防止转群后诱发疾病。

2　保育仔猪免疫与保健的实施程序

断奶后的仔猪进到保育舍后，由于多种应激因素的存在，易诱发仔猪发生腹泻、多系统衰竭综合征、蓝耳病、猪瘟、副猪嗜血杆菌病、链球菌病、水肿病及气喘病等。造成保育仔猪的发病死亡。如采取下列方案进行保健，可有效的防止上述疫病的发生。

2.1　药物保健

[方案 1] 喘束治（泰乐菌素、多西环素、微囊包被的干扰素与排疫肽）400g，溶菌酶 400g、黄芪多糖粉 800g，板蓝根粉 800g，拌入 1t 料中，连续饲喂 7～10d。

[方案 2] 清开灵粉 2 000g、抗菌肽（抗菌活性肽）300g、口服排疫肽 400g，拌入 1t 料中，连续饲喂 7～10d。

[方案 3] 保育仔猪 60 日龄转入育肥舍前 7d 驱虫，丙硫苯咪唑，按每千克体重 10～20mg 剂量 1 次口服；或者用“通灭”，每 33kg 体重 1ml；也可使用伊维菌素或帝诺玢驱虫（按说明书规定量投药）。

2.2　免疫预防

保育仔猪于 32 日龄每头肌注链球菌双价灭活菌苗 3ml；36 日龄每头肌注伪狂犬病双基因缺失活疫苗 2 头份；40 日龄每头肌注 O 型口蹄疫高效灭活疫苗 1 头份；45 日龄每头肌注副猪嗜血杆菌多价灭活菌苗 2ml；48 日龄每头肌注蓝耳病弱毒活疫苗 2 头份；55～60 日龄猪瘟 2 免，每头肌注猪瘟细胞苗 8 头份（猪瘟脾淋疫苗 2 头份）。注射疫苗时可加入转移因子，或倍康肽（白细胞介素-4）同时使用，每头每次用 0.25ml，用生理盐水、注射用水或疫苗稀释液稀释后，与活疫苗混合肌注，与灭活苗则分开肌注。这些生物制剂可有效提高免疫力与抗体水平，降低免疫抑制，保证疫苗的免疫质量。

3　育肥期与后备种猪期免疫与保健的实施程序

60 日龄后的保育仔猪转入育肥舍饲养，100 日龄时补注 O 型口蹄疫高效灭活疫苗 1 次，每头肌注 2 头份。其他疫苗在保育期已注射完毕，育肥期可以不再注射疫苗，直至上市出栏。后备种猪在第1次发情配种前再注射疫苗，然后参与配种。

非自繁自养的猪群，从异地购入的育肥猪或后备种猪，购入后，一入猪舍应通过饮水加药进行保健，可添加服而舒（多西环素，包被的干扰素，转移因子，每瓶100g，兑水1 200L）、黄芪多糖原粉（400g兑水1 000L）、电解质多维（200g兑水500L）、葡萄糖粉（200g兑水500L），混合饮用5d；或者西尔康（多西环素，干扰素、转移因子，100g兑水200L）、口服排疫肽（100g兑水300L）、黄芪多糖粉、电解质多维和葡萄糖粉等，连续混饮5d。

外购仔猪隔离观察5d后，如一切均正常，停止饮水加药，立即补注疫苗，如猪瘟细胞疫苗、伪狂犬病双基因缺失活疫苗、蓝耳病弱毒活疫苗与口蹄疫高效灭活疫苗，每间隔4d肌注1种疫苗，直至接种完毕。

自繁自养的仔猪转入育肥舍后（包括购入的育肥猪），都要进行药物保健，育肥初期与中期各保健1次，每次7～12d，可有效地预防高热综合征与呼吸道病综合征等病。保健方案推荐如下：

[方案1] 福乐（10%氟苯尼考，包被的干扰素，转移因子）600g，溶菌酶400g，黄芪多糖粉1 500g，板蓝根粉1 500g，拌入1t料中连续饲喂7～12d。

[方案2] 氟康王（10%氟苯尼考，干扰素、转移因子）600g，抗菌肽300g，清开灵粉1 500g，拌入1t料中连续饲喂7～12d。

[方案3] 西尔康（多西环素、干扰素、转移因子）1 000g，抗菌肽300g、清开灵粉1 500g，拌入1t料中连续饲喂7～12d。

[方案4] 5%爱乐新800g，干扰肽1 000g、转移肽500g，大青叶粉（或穿心莲粉）2kg，拌入1t料中连续饲喂7～12d。

[方案5] 每吨水中加双黄连膏粉（金银花、黄芩、连翘等）400g，西尔康（多西环素、干扰素）100g兑水200L，口服排疫肽100g兑水300L，连续饮水12d。

育肥中期保健一次之后，要驱虫1次。可选用伊维菌素以每千克体重0.3mg肌注；或于每吨饲料中加2g阿维菌素或伊维菌素粉，连续饲喂1周，间隔10d后再喂1周。此时育肥猪直至出栏上市不再使用任何药物，特别是出栏上市前40d要停止使用抗生素，以免产生药物残留。但可以在饲料中添加微生态制剂（没有耐药性和药物残留）。如唯泰C231，每50g拌料250kg或金唯肽C231，每500g拌料1t，连续饲喂即可。

4 后备种猪免疫与保健的实施程序

后备种猪第1次发情配种前40d，每头肌注O型口蹄疫高效灭活疫苗

2ml；配种前一个月每头肌注细小病毒疫苗 2 头份；配种前 22d 每头肌注蓝耳病弱毒活疫苗 2 头份；配种前 16d 每头肌注细小病毒疫苗 2 头份；配种前 12d 每头肌注猪瘟细胞苗 8 头份（猪瘟脾淋疫苗 2 头份）；配种前 8d 每头肌注伪狂犬病双基因缺失活疫苗 2 头份；注射疫苗时可使用转移因子或倍康肽，用生理盐水、灭菌注射用水或疫苗稀释液稀释转移因子或倍康肽（白细胞介素-4），小猪每头每次 0.25ml，中猪 0.5ml，大猪 1ml，可与弱毒活疫苗混合肌注，灭活疫苗则需分别肌注，可有效地提高机体免疫力，使抗体产生快、抗体水平高、抗体均匀度好，减少免疫抑制、免疫麻痹。

后备种猪在第 1 次发情前 7d，应进行药物保健 1 次，可选用育肥期使用的方案，保健 5d 即可，然后配种。药物保健有利于帮助后备种猪清除体内的病原，净化猪群，使后备种猪正常发情配种，以保证妊娠后胎猪的健康发育与母猪的安全妊娠。

5　妊娠母猪免疫与保健的实施程序

母猪妊娠后 1 个月内禁止注射疫苗或使用药物，否则不利于受精卵着床，对胚胎的初期发育不利。

妊娠母猪在妊娠中期与产仔前后各 7d 进行药物保健。保健方案推荐如下：

［方案 1］喘速治加溶菌酶，加黄芪多糖粉、板蓝根粉方案参照本文前面所述方法实施，连续保健 10～14d。

［方案 2］清开灵粉 2 000g，抗菌肽 300g，口服排疫肽 400g，西尔康（多西环素、干扰素）1 000g，拌入 1t 料中连续饲喂 10～14d。

［方案 3］5%爱乐新 800g，干扰肽 1 000g，转移肽 1 000g，溶菌酶 400g，黄芪多糖粉 2 000g，拌入 1t 料中连续饲喂 10～14d。

母猪产仔前后的保健非常重要，通过保健可清除母体携带的病原体，净化母体；使母猪产仔顺利，不易发生难产、胎衣不下、子宫内膜炎、阴道炎及乳房炎等。由于母体所带病原少，产下的仔猪不仅健康，而且仔猪发病也很少。

6　哺乳母猪免疫与保健的实施程序

母猪产后药物保健 7d，与产前 7d 的药物保健连接进行。

母猪产后 10d，每头肌注猪瘟细胞疫苗 8 头份（脾淋疫苗 2 头份）；产后 15d，每头肌注细小病毒疫苗 2ml，可获得终身免疫，此后不再接种细小病毒疫苗；产后 22d，每头肌注 O 型口蹄疫高效灭活疫苗，每头 3ml；产仔 25d 后每头肌注蓝耳病弱毒活疫苗 2 头份；伪狂犬病双基因缺失活疫苗，每 4 个月免疫 1 次，每次每头肌注 2 头份；乙型脑炎弱毒疫苗，每年的 4 月份接种 1 次，每头肌注 2 头份。接种疫苗时，可与转移因子或白细胞介素-4 配合注射，以提高免疫力，增强抗病力，保证疫苗的免疫质量。

母猪接种完疫苗后，即可断奶，经 7～10d 就会发情，应在母猪发情配种前实施药物保健 5d，方案可参照妊娠母猪的保健方案。

母猪断奶后还应驱虫 1 次，驱虫可选用伊维菌素、阿维菌素或帝诺玢等驱虫药实施，然后待发情后即可配种。

7 种公猪免疫与保健的实施程序

可参照种母猪的实施程序进行。

8 免疫与保健实施程序中的注意事项

上述技术实施程序，基本上避免了免疫过程中不同疫苗之间的相互干扰，也避免了药物保健对免疫的影响。灭活疫苗一般不会因用药而产生干扰作用。但在注射弱毒活疫苗时，前后各 3d 要禁止使用抗病毒、抗细菌与诱发免疫抑制的药物，以避免对活疫苗的免疫干扰。

实施程序要结合当地的疫情、猪场生产的实际与免疫监测结果灵活应用，不要完全照搬，一切从实际出发，方能达到满意的效果。

药物保健选用的药物必须具有提高免疫力、抗病毒、抗细菌、抗应激的功能，这样才能收到保健的效果。在当前猪群中存在严重的多病原混合感染、免疫抑制与病原体发生变异的状态下，使用大量的抗生素药物是不妥当的，应尽可能使用中药制剂与细胞因子制剂，这些产品不存在药物残留和耐药性问题，对动物机体安全，这是今后的用药方向。药物保健一定要根据猪发育生长的不同阶段，有针对性地、有计划地实施投药，不要长期、过多的滥用药物，否则会引起不良后果。

所使用的疫苗与保健药物必须是兽药 GMP 验收通过企业生产的有批准文号、有生产许可证与产品质量标准的产品。严禁使用无批准文号、无生产许可证、无产品质量标准的“三无产品”，否则会贻误疫病的防控，造成严重的不良后果。

要针对猪只发生的主要疫病选用优质的疫苗实施免疫接种，接种疫苗的种类不要过多，也不要盲目以超大剂量注射疫苗。不是疫苗接种的种类越多越好，也不是注射的剂量越大产生的抗体就越多，保护率力就高，这都是非常错误的。疫苗接种过多、注射剂量过大，会降低猪的免疫应答，导致猪体产生免疫麻痹和免疫耐受。因此，接种疫苗一定要按照说明书的规定使用，不要任意加大或减少使用剂量。

谈谈猪瘟的防控问题

在发生猪高热综合征的猪群中，许多临床实践证实高致病性蓝耳病病毒是罪魁祸首，但不是唯一的病原，猪瘟病毒也是该病的主要原发病原之一。在发病的疫区有的规模猪场由于猪瘟与伪狂犬病免疫和综合防控措施搞得好，猪群并没有发生高热病，即使有的猪场发生了疫情，其发病率与病死率都很低，未造成太大的损失。这些事实提示我们，当前要想完全控制好猪高热病的发生与流行，除控制好蓝耳病之外，必须首先要把猪瘟控制好。当前猪瘟在全国各地猪场都有发生，疫情呈全国性分布，并呈上升态势。面对严峻的防疫形势，作者从如何做好猪瘟的防控工作角度提出如下意见。

1　防控猪瘟需要认真思考的几个问题

1.1　猪瘟仍然是危害养猪业最严重的疫病

2004年至2007年在广东、广西、湖南及福建等省许多猪场先后多次发生免疫猪群暴发猪瘟，造成很大的经济损失。2007年陈涛等对河南省周口地区牧业小区27户散养猪户和3个规模猪场进行猪高热病调查，检查样品65份，检出猪瘟病毒阳性率为70%，蓝耳病病毒阳性率为80%，巴氏杆菌阳性率为30%，副猪嗜血杆菌阳性率为50%，传染性胸膜肺炎放线杆菌阳性率为50%，猪链球菌阳性率为20%。温州市有关兽医技术部门，2007年3月对9个规模猪场采取的275份样品进行实验室检验，检出猪瘟病毒抗原阳性率为25.45%，伪狂犬病野毒感染率为4.73%，2种病毒同时存在于同一样品中占11.43%。上述检验结果证实，这些地区的猪场发病严重、死亡率高主要原因仍然是猪瘟与其他病毒混合感染，并继发感染多种细菌所造成的。因此在发生猪高热病时，千万不要忽视了另一个罪魁祸首——猪瘟。

1.2　带毒种猪和野猪是引发猪瘟的主要根源

当前我国猪瘟持续性感染（又称隐性感染）是繁殖母猪发生猪瘟的一种主要方式，这种持续性感染在全国猪群中较为普遍。妊娠母猪自然感染低毒力毒株或中等毒力的猪瘟病毒就可引发持续性感染，造成妊娠母猪带毒综合征的发生，使母猪发生流产、产死胎和弱仔。据有关报道，带毒母猪综合征在妊娠母猪的感染率可达43%。由于带毒种猪表现为隐性感染，不呈现临床症状和肉眼可见的病理变化，易被人们忽视。这种带毒的种公猪经配种可通过精液感染母猪；带毒的母猪妊娠后可将猪瘟病毒通过胎盘感染胎儿，造成垂直传播，使其所产下的仔猪发生先天性感染，出现免疫耐受。同时，带毒种猪也能经水平传播将病毒传染给其他的健康猪。这样，由于垂直传播和水平传播同时在一个猪群中或一个猪舍内反复、交替的进行，形成了猪瘟感染的恶性循环链，造成猪场猪瘟的持续性感染长期存在，必将严重危害猪群的健康生长，困扰着养猪业的可持续发展。

猪瘟病毒能在野猪中传播，带毒的野猪可经食物链或直接接触传播病毒，对家养的猪具有潜在的危险性。

1.3 先天性感染猪瘟病毒的仔猪产生免疫耐受

妊娠母猪感染猪瘟病毒后，可经胎盘将病毒传染给胎儿，造成先天性感染猪瘟病毒的仔猪产生先天性免疫耐受。据有关报道：经广东、福建、吉林等5个规模猪场检测带毒母猪所产下的仔猪带毒情况，发现其带毒率为96.7%，带毒窝数率为60%～100%。一般情况下，母猪妊娠早期（40日龄）感染猪瘟病毒多数会发生流产、产死胎和木乃伊胎；妊娠70日龄感染病毒可产下弱仔猪，表现为先天性震颤（抖抖病），皮肤发绀等，病后多于2周内死亡；妊娠80～90日龄感染病毒时，产出的仔猪，除少数仔猪发生死亡外，多数仔猪能成活6～11个月，但呈现先天性免疫耐受，形成持续性感染的带毒猪，终生带毒并长期向外排毒。据有关报道，仔猪持续性感染带毒实验室数据为持续750d，田间数据为持续399d。仔猪并不表现出临诊症状，而对猪瘟疫苗的免疫不产生免疫应答，表现出免疫耐受，最终造成疫苗免疫失败。这些持续性感染的带毒仔猪，如果当作后备种猪进行培育，则会形成新的带毒种猪群，同样会经垂直传播和水平传播散布病原，使猪瘟病毒一代一代在猪群中传播下去，诱发猪瘟不间断地一年一年地发生，给猪瘟的防控工作带来重大的困难。

1.4 混合感染与继发感染造成的免疫抑制危害甚大

由于猪群中存在持续性感染，仔猪发生先天性免疫耐受，对疫苗接种免疫应答低下；加之疫苗质量不稳定，保管使用不当以及各种应激因素的影响，会造成许多免疫猪群仍然不断地发生猪瘟。在临床上常见猪瘟与蓝耳病或伪狂犬病、圆环病毒2型感染、猪流感等混合感染，并常继发感染猪肺疫或链球菌病、气喘病、副伤寒、大肠杆菌病、副猪嗜血杆菌病、弓形虫病和附红细胞体病等。使病情复杂化，不仅增加发病率和死亡率，而且也增加了防控的难度。

在混合感染和继发感染的疫病中，蓝耳病、圆环病毒2型感染、伪狂犬病、猪流感及气喘病等都是严重的免疫抑制性疾病。这些疾病都能严重地损害肺部的巨噬细胞和淋巴细胞，引起T淋巴细胞和B淋巴细胞数量和功能发生改变，造成机体免疫抑制，干扰猪瘟疫苗的免疫应答，导致免疫失败，抗病力低下。由此可见，免疫抑制对当前防控猪瘟的发生与流行已构成最大的威胁，应引起高度重视。

1.5　猪瘟病毒毒力不断增强，典型猪瘟有抬头趋势

当前我国流行的猪瘟病毒株没有发生变异，持续感染毒株与致病毒株之间基因组没有太大的区别，病毒只有1个血清型，但其毒力有强弱之分，而且毒力有不断增强的趋势。据Garbre等报道：强毒力株占45%、低毒力株占27%、无毒力株占22%、持续感染毒株占6%。强毒力株引起典型猪瘟，死亡率高；中等毒力株引起持续感染，引发部分死亡；低毒力株引发非典型、温和型和慢性型猪瘟，不引发死亡。当前在发生猪高热病的病例中检出的猪瘟，多数病例为典型猪瘟，而且临床特征与病理变化也非常明显。可能猪瘟病毒毒力在不断增强，致使典型猪瘟又有所抬头。因此，在诊断猪高热病时，不要把典型猪瘟也归结为猪蓝耳病。

1.6　免疫猪群发生猪瘟越来越多见

黑龙江某规模猪场和温州市规模猪场，发生免疫猪群产下的仔猪发生猪瘟，造成重大的经济损失。经用Dot-ELISA检测生产母猪，发现其猪瘟抗体水平比较高，新生仔猪吃初乳前未检测到猪瘟抗体，出生2d后检测仔猪猪瘟母源抗体水平不均匀，高的在160倍以上，低的在40倍以下。160倍以上的仔猪表现为健康状态，40倍以下的仔猪表现为虚弱状态。生产母猪虽然猪瘟抗体水平比较高，临床上表现为健康状态，但有的妊娠母猪仍产出死胎和弱仔，出现母猪繁殖障碍。当母猪感染猪瘟弱毒或母猪免疫水平低下时，感染强毒能引起亚临床感染，病毒可通过胎盘感染仔猪，导致母猪繁殖障碍。猪瘟带毒种猪妊娠后，病毒在母猪体内垂直感染仔猪，这种仔猪不能免疫识别猪瘟病毒与猪瘟疫苗，用猪瘟弱毒疫苗给猪瘟带毒仔猪进行免疫接种不会产生免疫效果。当猪瘟混合感染与继发感染其他免疫抑制性疾病时，会侵害和损伤免疫系统，也会影响猪瘟的免疫效果。这些就是造成猪瘟免疫失败，导致免疫猪群仍然发生猪瘟的主要原因。

1.7　猪瘟疫苗使用中出现的新问题

我国的猪瘟兔化弱毒疫苗（C株）是公认的世界上最优秀的猪瘟疫苗，防控猪瘟的作用应当肯定。但是目前重要的是如何进一步提高疫苗的质量和采用什么方法评价疫苗的使用效果。长期反复的接种猪瘟弱毒疫苗，猪只不断地受到疫苗弱毒的刺激，易导致产生免疫麻痹，抗体性反应迟钝。在免疫麻痹的情况下，疫苗弱毒会不断地通过机体，在猪场内反复循环，可引起病毒毒力逐渐返强，出现严重后果。广西伍思钦等的试验证实，长期实施乳前超前免疫，也会导致仔猪产生免疫耐受。当超前免疫的仔猪断奶后进行二免时，仔猪对猪瘟

疫苗的免疫反应性会大大降低，抗体水平下降快；再次接种疫苗后，抗体水平上升缓慢。这些不可避免的现实问题，我们应当认真思考，严肃对待。当前我国停止使用猪瘟疫苗接种的条件还不成熟，但应作出规划对猪瘟进行净化，进而在全国范围内消灭猪瘟。

2 猪瘟的防控措施

2.1 慎重引种，严格检疫

据涂长春研究员报道：调查发现 50%的猪场发生猪瘟疫情都是由购入的后备种猪和商品猪而引发的，因为引猪时不严格检疫，引进了隐性感染和持续感染的带毒猪，带入了传染源，导致猪瘟的发生与流行。因此，引种时不要盲目购猪，不要从疫区购猪，不要从猪贩子手中购猪，不要从几个不同的猪场同时购猪（各个猪场的猪健康水平不一样），这样可以避免引种时带入传染源，混群饲养后发生交叉感染，诱发猪瘟的发生。引入种猪一定要严格做好产地检疫，使用消毒后的专车运输，到场后要隔离饲养，检疫 1 个月。在隔离饲养期间，要进行必要的药物保健，并做 1 次血清学检验，补注猪瘟、伪狂犬病、蓝耳病、口蹄疫与链球菌疫苗 1 次，驱虫 1 次，确认为健康者方可进入生产区饲养。

2.2 加强疫病监测，严格控制种猪

在猪瘟传播中，带毒种猪占有十分重要的地位。防控猪瘟首先要严格控制好种猪，加强疫病监测，淘汰带毒的种猪，特别是带毒的种母猪。因为带毒的种母猪可通过垂直传播和水平传播传染猪瘟病毒，这是造成一个猪场猪瘟病毒持续感染的总祸根。同时，带毒母猪妊娠后可将病毒垂直感染胎猪，被感染的小猪出生后不能免疫识别猪瘟病毒或猪瘟疫苗，对猪瘟疫苗的免疫不产生免疫效果，这是造成当前猪瘟免疫失败的主要原因。因此，种猪场一定要加强对猪瘟的监测，每季度检测 1 次猪瘟免疫抗体，以了解猪瘟群体的免疫水平和抗体水平的整齐度，进而评估疫苗的免疫效果和辅助诊断。每半年监测 1 次猪瘟病毒抗原，用商品化的 ELISA 试剂盒进行血清学检测，以鉴别猪瘟感染与疫苗免疫；应用荧光抗体技术（HCFA）和 RT - PCR 技术进行病原学检测。检出 HCFA 阳性猪（带猪瘟病毒猪），立即淘汰，然后清圈消毒，结合其他的综合防控措施净化猪场，以建立新的健康种猪群，一般经 3 个月便可初见成效。每 6 个月 1 次，大致经过 4 次净化后，可使猪瘟得到完全控制。

2.3 实行“全进全出”的饲养制度

配种妊娠、产仔哺乳、保育与育肥 4 个阶段应实行“全进全出”的饲养制度。每批猪全部离开猪舍后要对猪舍进行彻底的清扫，用高压水冲洗，反复消

毒3次，空舍3d后再进入新的猪群。猪群在进洁净舍之前，应进行7～10d的药物保健，清除体内的病原微生物，以免将病原体带入消毒舍，造成持续性传播。同时要避免不同日龄和不同生长阶段的猪混群饲养，以减少交叉感染和持续性感染的发生。

2.4 科学管理，建立健全生物安全体系

首先要加强科学的饲养管理，降低各种应激因素的影响；建立兽医卫生防疫与消毒制度，最大限度地减少病原微生物对猪场的污染，防止疫病的传播；猪场严禁饲养犬、猫、牛、羊及禽类等，应驱赶鸟类；定期灭鼠、杀虫、驱虫；严禁饲喂发霉变质的饲料，防止霉菌毒素中毒，降低免疫力；适当增加蛋白质、氨基酸、维生素和微量元素的水平，提高饲料质量；在饲料中定期添加微生态制剂，提高饲料利用率与吸收率，保持菌群平衡，防止消化道疾病的发生；饮用清洁干净的水；实行人工授精；猪舍保持清洁卫生，通风干燥，冬暖夏凉；改善空气质量，降低氨气浓度；饲养密度要适中；粪尿及污水要无害化处理；进入生产区的人员要淋浴后更换工作服，物品要经消毒后进入，人流和物流要定向流动，外地车辆不得进入场区；实行早期隔离断奶，防止发生断奶应激、饲料应激、营养应激、环境应激和温度应激等。

2.5 免疫预防

2.5.1 猪瘟的免疫接种

仔猪：3～4周龄仔猪的免疫系统发育趋于完善，母源抗体可维持至30日龄左右，可选在25日龄进行首免，每头仔猪肌注细胞苗4ml；65～70日龄进行二免，每头肌注脾淋苗2ml。

后备种猪：购入后备种猪后立即补注疫苗1次，每头肌注脾淋苗2ml；配种前15d每头肌注脾淋苗2ml，加强免疫1次。

生产母猪：产仔后7～10d免疫1次，每头肌注脾淋苗2ml。

种公猪：每年春、秋各免疫1次，每头肌注脾淋苗2ml。

2.5.2 做好免疫抑制性疾病的免疫接种

免疫抑制性疾病能损害猪体的免疫系统，干扰猪瘟弱毒疫苗的免疫效果。因此，在防控猪瘟时也要同时把免疫抑制性疾病控制好。主要是做好蓝耳病、伪狂犬病、细小病毒病、乙型脑炎与口蹄疫的免疫接种，确保猪瘟的免疫效果与稳定，避免猪瘟的发生与流行。

2.6 药物预防

平时在仔猪、保育、育肥、妊娠及产仔哺乳等几个生长阶段，适当选用一些能提高机体非特异性免疫力的细胞因子产品，结合抗病毒的中药制剂和某些优质的广谱抗生素，通过饲料添加或饮水进行药物预防，可有效地防控多种疫

病，这也是防控猪瘟的一项重要的技术措施。

2.6.1 仔猪的药物预防

仔猪出生后1日龄与4日龄分别肌注排疫肽（免疫球蛋白）0.25ml；或倍健（免疫核糖核酸）0.25ml，每日1次；8日龄每头肌注干扰素0.5ml，1、2、3日龄每天各口服1次黄健（黄芪多糖口服液），每次每头1.5ml。

仔猪断奶前后各7d，于每吨饲料中加“喘束治”（泰乐菌素、强力霉素、微囊包被干扰素）400g，溶菌酶（水解酶）200g，板蓝根粉800g，连续饲喂14d；或者于1t饲料中加80%支原净120g，口服排疫肽300g，抗菌肽（抗菌活性肽，具有抗菌抗病毒的双重功能）160g，黄芪多糖粉800g，连续饲喂14d。

2.6.2 后备种猪与育肥猪的药物预防

保育猪转群前7d开始用药，于每吨饲料中加氟康王（氟苯尼考、微囊包被的干扰素，转移因子）500g，抗菌肽200g，黄芪多糖粉1 500g，连续饲喂12d。或于每吨饲料中添加利高霉素800g，干扰肽800g，板蓝根粉1 500g，黄芪多糖粉1 500g，连续饲喂12d，每月添加1次。

2.6.3 生产母猪的药物预防

母猪产前、产后各7d，可应用上述药物预防方案保健，或于每吨饲料中添加5%爱乐新800g，干扰肽1 000g，黄芪多糖粉2 000g，板蓝根粉2 000g，甘草200g，连续饲喂14d。

饮水可用电解多维200g、葡萄糖粉200g、黄芪多糖粉200g、溶菌酶200g，混合兑水500kg，饮用7～10d，也可达到预防之目的。

2.7 发生猪瘟时应采取的措施

隔离病猪，立即进行实验室诊断，找出原发病原与继发病原（因当前临床上发病多见混合感染与继发感染），以便采取对症措施。

封锁发病猪舍，进行全面彻底的消毒；与病猪接触的同舍猪，未表现出临床症状者，可立即添加药物进行预防，用药方案参照本节药物预防方案选用；等疫情基本稳定后，再补注1次疫苗。未与病猪接触的非发病猪舍先立即注射疫苗（细胞苗），仔猪每头12ml，中猪每头16ml，大猪每头20ml；注射时按量加入猪用转移因子（或倍康肽）一同使用效果更好。注苗后5d，仍应添加药物进行7d的保健，以防疫病反复。

病猪的治疗：临床治疗用药要着眼于提高机体的非特异性免疫力，采取细胞因子疗法（应用重组细胞因子作为药物用于疾病治疗的一种方法）与抗病毒疗法、抗细菌疗法和对症治疗相结合的综合方法进行治疗，方可收到良好的疗效。作者在此推荐几种治疗方案。

[方案 1] 抗猪瘟高免血清，小猪每头每次 40～60ml，中猪 80～120ml，大猪 120～160ml，加排疫肽（每 50kg 体重 1ml，重症加量），肌肉注射，每日 1 次，连用 2d；黄芪多糖注射液（每千克体重 0.1～0.2ml）加干扰素（每 40kg 体重 1ml，重症加量）混合肌注，每日 1 次，连用 4d；同时配合肌注头孢噻呋钠注射液等，每千克体重 5mg，每日 1 次，连用 4d。

[方案 2] 倍健（每 60kg 体重 1ml，重症加量），加倍康肽（每 60kg 体重 1ml，重症加量），加黄芪多糖射注液（每千克体重 0.1～0.2ml）混合肌注，每日 1 次，连用 4d；同时配合肌注施美芬（第 4 代头孢菌素），每 25kg 体重 2ml，重病加量，每日 1 次，连用 4d。

病猪饮水可用电解多维，加葡萄糖粉，加板蓝根粉，加抗菌肽，饮用 7d。

病死猪及粪便和污染杂物一律无害化处理，环境彻底消毒，可用消毒药卫康，或菌毒敌，或强力消毒灵等进行消毒。严禁倒卖病猪及食用死亡猪只。

关于猪瘟牛睾丸细胞弱毒活疫苗的免疫问题

近几年来，许多养猪场使用猪瘟牛睾丸细胞弱毒活疫苗给健康猪只正常免疫接种，接种后猪群仍然发生猪瘟，造成免疫失败。原因何在？谈点个人意见，仅供参考。

1　当前猪瘟细胞疫苗存在的问题

1.1　牛睾丸细胞弱毒活疫苗的质量问题

牛睾丸细胞弱毒活疫苗即猪瘟兔化弱毒细胞疫苗，是将猪瘟兔化弱毒 C 株通过敏感的牛睾丸细胞增殖培养制成的一种冻干疫苗。当前在该疫苗生产实践中证实用牛睾丸细胞生产猪瘟疫苗，其病毒滴度不高，生产工艺不稳定，疫苗批次之间的差异很大，严重影响了疫苗的质量。欧洲药典规定用猪瘟 C 株疫苗免疫时，肌肉注射剂量为 $100PD_{50}$（400RID），完全可以控制猪瘟（HC）的亚临床感染。我国生产的牛睾丸细胞疫苗出厂检验以 5 万倍稀释能致兔体热反应为合格，即每毫升原液含 5 万 RID，规定的免疫剂量为 150RID，折算为 $37PD_{50}$，这一剂量远远低于国际标准。由于猪瘟细胞疫苗病毒含量低，免疫剂量不足，免疫接种后不足以阻断猪瘟的亚临床感染引起的猪瘟恶性循环链。这是造成猪瘟免疫失败，导致猪瘟在猪群中常年发生与流行的主要原因。

1.2 牛睾丸细胞疫苗的污染问题

牛病毒性腹泻病毒（BVDV）与猪瘟病毒（HCV）同属于黄病毒科，瘟病毒属。2种病毒之间有较密切的抗原性与血清学关系。2种病毒的同源性很高，能互相诱导一定程度的同源病毒抗体。我国牛群中病毒性腹泻病毒（BVDV）的阳性率很高，几乎达100%，很难找到非感染牛。2010年据中国农业大学黄凯等报道，对北京地区30个规模牛场进行BVDV抗体抽检，其阳性率高达80%以上，表明北京地区牛群中普遍存在BVDV感染和流行。BVDV主要引起牛发生腹泻，消化道黏膜坏死，糜烂或溃疡，发生率约5%，死亡率可达90%～100%。使用无BVDV污染，并且无BVDV抗体的牛的睾丸细胞，这是生产猪瘟细胞疫苗的关键。如果用于生产的睾丸细胞已感染BVDV或已有BVDV抗体，由于瘟病毒在体外细胞上培养大多数不产生细胞病变（CPE），故在疫苗生产中不易引起检验人员的注意，易造成污染疫苗出厂；或者在细胞培养中使用的犊牛血清含有先天感染的BVDV抗原和抗体，由于感染有瘟病毒的犊牛血清经常规的热灭活方法不能保证完全灭活瘟病毒，这样就会通过使用的牛血清污染疫苗。所以，使用这样的猪瘟细胞疫苗给猪免疫接种，往往造成免疫失败，引起严重的后果。

1.3 使用污染BVDV的牛睾丸细胞疫苗免疫接种造成的危害

2009年中国兽医药品监察所用PCR方法先后对23个批次的猪瘟牛睾丸细胞疫苗进行了检测，发现有5批疫苗污染有BVDV，污染率为21.74%；用ELISA方法检测22批次猪瘟脾淋疫苗，发现其中有5批脾淋疫苗中掺有猪瘟牛睾丸细胞疫苗。用这些污染的猪瘟疫苗给猪免疫接种，会造成严重的后果，其表现如下。

BVDV感染猪后，对猪瘟疫苗的免疫有干扰作用，能抑制猪瘟抗体的产生，抗体量低下，导致免疫失败。

BVDV感染妊娠母猪后可引起母猪繁殖障碍，诱发母猪流产，产死胎和弱仔。还可以通过胎盘将病毒传给胎儿，使其产下的仔猪发生先天性感染。

BVDV可引发2～4周龄的仔猪发病，发病率为50%左右。临床上表现为贫血，被毛粗乱，吃料少，消瘦，生长缓慢，结膜炎、关节炎、腹泻、多数仔猪发生死亡，少数成为僵猪。剖检可见心外膜、肾脏及淋巴结有多量的出血点，胃、结肠、盲肠黏膜溃疡，有多量的扣状肿，与慢性猪瘟在临床症状和病理变化方面十分相似，鉴别与检测非常困难。

牛病毒性腹泻病毒（BVDV）在西欧国家猪群中的感染率很高，达20%～

40%。绵羊、山羊、鹿、水牛及牦牛等动物 BVDV 隐性感染率也很高，猪与这些动物接触也可自然感染 BVDV，同样可引发母猪繁殖障碍和仔猪发病，并造成死亡。

2　解决方法

停止生产、使用猪瘟牛睾丸细胞疫苗，或者保留少数生产设备条件好、技术力量强、生产工艺水平高、有生产经验的厂家继续生产，关闭达不到《兽药管理条例》规定标准的厂家。生产企业要进一步改进疫苗生产工艺和细胞培养技术；提高疫苗病毒含量，增大免疫剂量；对产品进行严格检验，严禁低劣或污染疫苗出厂，以确保猪瘟的实际免疫效果，减少疫病的发生与流行。

建议推广使用 ST 猪瘟传代细胞活疫苗，因为该疫苗是采用国际认证的同源传代 ST 细胞培养的，其具有以下优点：培养液中的病毒滴度很高；生产工艺稳定；质量易控制；批间的差异很小；免疫效力高；安全，无外源病毒污染，可减少其他病毒的干扰作用。

使用猪瘟兔脾淋组织疫苗，免疫效果比牛睾丸细胞疫苗好，但要注意货真价实。因为当前不少厂家在生产中除了利用兔的脾脏和淋巴结之外，还混入了兔的肝脏和睾丸等其他组织，有的还掺入了细胞苗，造成 BVDV 的污染；用兔出血性病毒疫苗免疫的兔生产猪瘟脾淋疫苗，也影响猪瘟病毒（HCV）的增殖。这些因素对脾淋疫苗的质量和稳定性都有很大的影响。因此，选用脾淋疫苗给猪群免疫，一定要注意疫苗的质量与生产厂家的诚信度，不要盲目购苗。

有好的疫苗，用户也要结合当地的疫情和猪场的生产实际，制定出科学合理的免疫程序，按照免疫程序进行有计划的免疫接种，才能收到良好的免疫效果。千万不要过多地乱用疫苗；盲目地超大剂量注射疫苗，否则会引起猪出现免疫麻痹和免疫耐受，也能造成免疫失败。

要认真执行“预防为主，养重于防，防重于治”的方针，落实各项生物安全措施，实行分群隔离饲养，做到“全进全出”，综合防控，加强免疫预防与药物保健，方可取得动物重大疫病防控的全面胜利。

猪蓝耳病的流行特点与防控技术

“猪蓝耳病”是猪繁殖与呼吸综合征（PRRS）的俗称，1996 年以来在我国许多规模化猪场引起“流产风暴”，当前该病仍然是规模化猪场高热综合征、繁殖障碍和呼吸道疾病的首要疫病，危害甚大，应予以高度重视。

1 当前猪蓝耳病流行的新特点

1.1 感染率居高不下

据上海市奉贤区畜牧兽医站卫秀余等《2005 年猪病诊断回顾》报告：对全国各地 60 个猪场送检的 226 份死胎样品应用 PCR 方法进行 PRRSV 抗原检测，结果 13 个猪场检出阳性样品，阳性率为 21.7%。宋云义等（2005）对河南省 5 个规模化猪场进行 PRRS 血清学调查，结果 5 个猪场都检测出 PRRS 阳性猪群，阳性率达 100%。四川农业大学罗宗刚等（2006）应用 ELISA 方法对 7 个未进行猪蓝耳病疫苗免疫的规模化猪场进行 PRRS 抗体检测，结果检出抗体阳性猪场 6 个，阳性率为 85.7%，共检测血清 244 份，检出阳性血清 150 份，阳性率达 61.5%。虽然不同的地区和不同的猪场，血清学阳性率有所差异，但仍然表明全国各地规模化猪场广泛存在 PRRSV 的感染，蓝耳病仍然是目前引起种猪繁殖障碍和仔猪呼吸道病以及高热综合征的首要疫病。

1.2 隐性感染病例增多

初产母猪感染 PRRSV 后其流产率可达 50%～70%，以早产和产死胎为特点。但自 2000 年以来，生产母猪发生流产、产死胎、木乃伊胎的少了，流产率约为 10%，而大多数母猪表现为滞后产、产后不发情、屡配不孕等，受胎率下降 10%～15%。多数种猪和成年猪表现为隐性感染，管理水平与生物安全好的猪群一般不表现出临床症状，只有在混合感染或继发感染其他病原时，猪群才会出现呼吸道病症状，发生死亡。由于隐性感染的种猪长期带毒，既可垂直传播，又能水平传播，其危害性更大，这样的猪群随时都有发生种猪繁殖障碍和呼吸道病的问题。

1.3 持续性感染长期存在

PRRSV 具有持续感染的特性，因此，持续性感染是猪蓝耳病在流行病学上的一个重要特征。PRRSV 可在带毒母猪的血液、淋巴结、脾脏及肺脏等组织中存在很长时间，向外排毒达 112d 之久。病毒可通过胎盘和精液传播，带毒妊娠母猪产下的仔猪有的可成活，但长期带毒，在猪群中表现出持续性感染，并将长期存在。

1.4 免疫抑制导致猪群出现免疫麻痹和免疫耐受

有研究表明 PRRSV 感染可降低肺泡巨噬细胞的功能，诱导感染细胞的凋亡，引起 T 淋巴细胞亚群发生改变，对 B 淋巴细胞的功能和体内的细胞因子的分泌都会产生一定的影响，造成猪体免疫抑制，产生免疫麻痹和免疫耐受。

PRRSV 感染后引起猪体免疫功能下降，特别是在感染的早期，对免疫功能的抑制十分明显。近年来研究结果证实，PRRSV 对猪瘟弱毒疫苗和气喘病活菌苗的免疫应答能产生干扰作用，其抗体水平明显低于对照猪群。

1.5　仔猪的发病率与死亡率增高

当前感染猪群母猪发生急性流产的已不多见，发病已由过去以母猪繁殖障碍为主转为以仔猪的呼吸道病综合征与高热综合征为主。阴性猪场引进蓝耳病阳性种猪，表现为高热综合征引发哺乳仔猪大批发病死亡，死亡率高达80%～100%。阳性猪场由于母猪康复后可产生免疫力，对于再次感染 PRRSV 均有抵抗力，其产出的仔猪吃初乳后可获得中和抗体，但当仔猪断奶后母源抗体下降，加之断奶应激、营养应激及环境应激等，易诱发保育猪发病，表现为严重的呼吸道病症状，发病死亡率高达 20%～50%。哺乳仔猪多在哺乳期（20 日龄左右）发病，保育猪多于 30～60 日龄发病，呈现常年发生态势。

1.6　混合感染与继发感染病例增多

由于 PRRSV 损伤和破坏肺部巨噬细胞和单核淋巴细胞，使其数量减少，功能减弱，导致肺部抵抗外来病原感染的能力明显下降。加之免疫抑制产生免疫麻痹和免疫耐受，猪体对疫苗的免疫不产生免疫应答，使猪体整体免疫力低下，特别是仔猪表现更为明显，使呼吸道和肺部容易遭受各种病原的混合感染或继发感染，使病情复杂化，增大发病率和病死率。在临床上常见蓝耳病与圆环病毒 2 型、猪瘟病毒、伪狂犬病毒、流感病毒及肺炎支原体等混合感染。常继发的病原有副猪嗜血杆菌、链球菌、大肠杆菌、放线杆菌，巴氏杆菌、沙门菌和附红细胞体等，呈现双重感染或多重感染。有关资料显示，目前由单一病原引起的疫病仅占畜禽发病的 17%，而 83%的疫病都是由双重感染或多重感染而引发的。

1.7　我国的流行株仍为欧洲型和美洲型

依据血清学试验及结构基因序列分析可将 PRRSV 分为 2 个血清型，即欧洲型和美洲型，二者来源于同一祖先，但二者之间存在显著的抗原差异性。前者主要流行于欧洲地区，后者主要流行于美洲和亚太地区。欧洲型代表株为 LV 株，美洲型代表株为 VR-2332 株，两者的核苷酸序列同源性约为 60%。分子生物学研究表明欧洲和美洲两地区的分离株存在广泛的基因变异，美洲型毒株之间的差异性较大，而欧洲型毒株之间则相对保守。通过对我国各地分离的 PRRSV 毒株的基因组分析表明，目前我国流行的毒株仍为美洲型。据邓雨修等（2005）对分离于华东地区和广西等地的 50 株 PRRSV 进行 RT-PCR-RFLP 分析，发现了 3 种不同基因亚型，其中一群与美国的分离株 VR2332 及其疫苗毒株相近，另外 2 个亚群可能是我国流行毒株的变异株。

2 防控技术

2.1 坚持自繁自养的原则，慎重引种

自繁自养，建立健康稳定的种猪群，不轻易引种，严防引入隐性感染的种猪。如必须引种，要从信誉好、品种良、生产管理水平高、没有疫情的种猪场引种，并严格检疫。种猪引入后要隔离检疫1个月，进行1次血清学检测，驱虫1次，并及时补注猪瘟、口蹄疫、伪狂犬病等疫苗，确认为健康者方可进入生产区饲养。

2.2 实行全进全出的饲养制度

规模化猪场应以周制为生产节律，将全年生产量均匀分布于每周内。以周一为始，周日为末。并在配种妊娠、产仔哺乳、保育与育肥四个阶段实行全进全出。每批猪全部出舍后，要彻底清扫、冲洗，反复消毒3次，空舍2d后再进新猪。这样可以避免不同日龄的猪及不同生长阶段的猪混群饲养，减少猪群之间的直接接触，防止发生交叉感染与连续感染。这是一项能降低猪群疫病发生的有效措施，也是提高生产水平的关键技术。

2.3 建立健全猪场的生物安全体系

坚持消毒制度与兽医卫生防疫制度，这是生物安全体系的中心。猪舍与猪圈每天要清扫干净，粪尿及污水进行无害化处理，每周消毒1次。生产用具及工具每天清洗干净，并定期进行消毒。猪舍外环境要彻底清除杂草和污物，填平水沟和洼地，人员进入生产区要淋浴后更换工作服和鞋帽，并定向流动，不准串舍。进入生产区的物品消毒后再发放使用。生产区固定专车运送饲料与运输猪，每用一次后彻底消毒。外来人员与车辆一律不准进入生产区。场外的动物及动物产品一律不准带入场区，场内严禁饲养牛、羊、鸡、犬、猫等动物，并注意驱赶鸟类。饲养人员封闭工作3个月，集中休假，返场后在生活区隔离3d，洗浴后进入生产区。尽最大限度防止外源病原微生物的传入，降低病原微生物对猪场的污染，以控制PRRSV感染猪群的继发感染和疫病传播。

2.4 加强科学管理，提高猪群的抗病力

发病猪场存在的许多应激因素都可诱发和促进蓝耳病的发生，并造成病情的加重，致使死亡率增高。因此，要加强对猪群的科学管理，尽可能避免各种应激因素。特别是断奶猪一定要控制好断奶时的饲料应激、营养应激、环境应激及温度应激等。猪舍要注意通风保温，改善空气质量，降低氨气浓度，猪圈与产床要保持清洁干燥，饲养密度适中，给予电解质多维，可明显地降低仔猪因PRRSV引发的呼吸道病的发病率。严禁饲喂发霉变质的饲料，提高母猪和仔猪的蛋白质、氨基酸、维生素和微量元素的水平，保证饲料质量。可在饲料中添加微生态制剂，如大连三仪集团研发的金唯肽C231（大猪用）、金唯肽

C211（小猪用）、唯泰 C231 和唯泰 C211，按 0.02%的比例拌料，可以增强猪体自身的抗病力，有利于提高免疫功能和降低蓝耳病的发病率。每季度灭鼠 1 次，定期驱虫与杀虫。

2.5　药物预防

由于 PRRSV 能降低猪体免疫细胞的免疫功能，造成免疫抑制，而引起一些细菌性的继发感染，使发生蓝耳病的猪群死亡率增加，造成更大的经济损失。因此，在种猪后备期，妊娠母猪产仔前后，仔猪断奶前后和转群等 4 个阶段在饲料中或饮水中有针对性地适当添加一些广谱抗菌素或中药可有效地预防蓝耳病猪群细菌性的继发感染，避免双重感染或多重感染。

后备种猪：配种前 20d，于每吨料中加入氟康王（10%氟苯尼考、包被干扰素）500g，抗菌肽 200g、黄芪多糖粉 1 000g，连续饲喂 12d。

妊娠母猪：产仔前后各 7d，于每吨饲料中加入喘束治 500g 和溶菌酶 400g，连续饲喂 14d。

仔猪：仔猪出生后 1、3、7 日龄分别肌注 1 次排疫肽（0.25ml）。排疫肽（大连三仪动物药品公司研发）为免疫球蛋白，含有高浓度的 IgG、IgA、IgE、1gM、1gD，具有抗病毒、抗细菌外毒素等多种生物活性，有增强免疫功能的作用，可用于多种疫病的预防与治疗。断奶前后各 7d，于每吨饲料中加入干扰肽 500g、转移肽 500g、板蓝根粉 1 000g、阿莫西林 140g，连续饲喂 14d，同时饮用电解质多维 10d。或者于断奶前 3d 每头仔猪肌注倍健（免疫核糖核酸）0.5ml，加倍康肽 0.5ml（猪白细胞介素-4），可有效地降低断奶仔猪发生应激而诱发疫病。

育肥猪：转群时于 200kg 水中加头孢拉啶粉 100g、口服排疫肽 100g，连续饮用 10d；或于每吨饲料中加转移肽 800g、干扰肽 800g、蓝环康粉（含黄芪、柴胡、当参、白术、甘草等）500g，连续饲喂 7d。

2.6　免疫预防

2.6.1　蓝耳病的免疫预防

当前用于预防蓝耳病的疫苗有灭活疫苗与弱毒疫苗 2 种。灭活疫苗使用安全，不存在散毒和疫苗病毒病力返强的危险；缺点是注射剂量大，免疫次数多，抗体产生慢，免疫效果不太理想。尽管灭活疫苗不能阻止强毒的感染，但在生产实践中用于种猪和生产母猪的免疫，对减少 PRRSV 在猪群中传播，改善种猪群的繁殖障碍，提高产仔率和成活率，降低流产率和死胎数都起到了良好的效果，在蓝耳病的防治中发挥了重要作用。弱毒疫苗免疫效果好，产生免疫快。美国有 53%的猪群接种疫苗，大型猪场接种疫苗达 70%，其中使用弱毒苗的占 65.5%。据 Gorcyaca 等报道，尽管接种 PRRS 弱毒疫苗后引起病毒血症，但对妊娠后期的母猪是安全的，也不会向未接种猪传播疫苗病毒，架子猪接种 7d 后就可激发保护性免疫应答，并可持续 16 周以上。我国有不少猪场已使用弱毒疫苗免疫猪群，实践证明不仅有效地控制了蓝耳病的发生与传播，减少了经济损失，而且未见发生疫苗病毒毒力返强和基因重组。

鉴于目前我国猪场蓝耳病感染率较高，洁净猪场很少，结合国外防治该病的经验，作者特建议如下。

发生过蓝耳病，疫情稳定，管理水平与生物安全体系搞得好的猪场，可在后备种猪、生产母猪和公猪群中使用灭活疫苗。一般于配种前 2 个月首免，间隔 20d 后二免，以后每半年免疫 1 次，每头每次肌注 4ml，加倍康肽或猪用转移因子 1ml，用灭菌生理盐水或注射用水稀释，分别肌肉注射。仔猪使用弱毒疫苗，5 周龄左右每头肌注 1ml，加倍康肽 0.5ml 或转移因子 0.5ml 分别稀释，可与弱毒疫苗混合后一同肌注。

转移因子为一种低分子多核苷酸与多肽的复合物，属淋巴因子的一种。它具有传递免疫信息，致敏淋巴细胞，促进抗体形成，提高机体免疫功能，减少免疫抑制、免疫麻痹和降低应激的作用等。

蓝耳病暴发猪场，管理水平一般，生物安全保障不力，周围环境疫情不断，可考虑全场使用弱毒疫苗。大猪每头 2ml，加转移因子 1ml；小猪每头 1ml，加转移因子 0.5ml，分别稀释，可混合后同时肌肉注射。

虽然不能完全靠使用疫苗来消灭疫病，但从目前我国猪群中蓝耳病流行与发生现状来看，不使用疫苗，特别是弱毒疫苗，很难控制疫情，可能会造成更大的经济损失。

2.6.2 做好其他疫病的免疫接种

蓝耳病阳性猪场一定要做好猪瘟、伪狂犬病、细小病毒病、乙脑及气喘病的免疫接种工作。为避免蓝耳病弱毒疫苗的干扰作用，成年猪应先免疫猪瘟，间隔 7～10d 后再接种蓝耳病弱毒疫苗；仔猪可于 25 日龄首免猪瘟，8 日龄接种气喘病菌苗，14 日龄接种蓝耳病弱毒疫苗，这样不仅可有效地避免蓝耳病病毒对猪瘟弱毒疫苗和气喘病菌苗免疫应答的干扰，而且能提高猪群对呼吸道病原体感染的抵抗力，有利于减少呼吸道疾病综合征与高热综合征的发生。伪狂犬病每 4 个月免疫 1 次，每年 3 次，可一刀切；乙脑每年 4 月份免疫 1 次；细小病毒病后备母猪配种前 30d 首免，12d 后二免，产第 1 胎仔猪后 15d 再免 1 次，可获得终生免疫。

2.7 建立疫病监测制度

定期对猪群进行疫病监测，以了解该病在猪场的活动情况。每季度监测 1 次，对各个阶段的猪群进行采样，用 ELISA 试剂盒进行抗体监测，如果 4 次监测抗体阳性率没有明显变化，则表明该病在猪场处于稳定状态。如果在某一季度抗体阳性率有所升高，说明猪场在生物安全体系和防疫制度方面存在问题，应查找原因，加以改进。

近年来科技工作者在构建表达 PRRSV GP5 重组伪狂犬病病毒基因工程疫苗的同时，利用原核表达的 PRV gE 蛋白和 PRRSV N 蛋白为抗原，建立了间接 GE - ELISA 和 N - ELISA 检测方法，用于监测可鉴别疫苗病毒和强毒（野毒）感染，便于对猪群进行净化。因此，猪场每半年应进行 1 次病毒抗原检测，淘汰强毒感染猪，净化猪群。

2.8　发生疫情时应采取的措施

发生疫情时立即隔离病猪，进行治疗，流产胎儿、胎衣及死亡猪一律无害化处理。

发病猪舍严密封锁，猪群暂时不准出售。猪舍、猪栏、用具及环境用卫康、百毒杀或强力消毒灵等药物进行全面彻底的消毒，每天 1 次。

未出现症状的猪群立即通过饲料或饮水添加药物进行控制。比如福芪粉（含黄芪多糖、胸腺素、免疫增强因子等），每 100kg 饲料中加药 100g，连续饲喂 7d；或者用毒力克粉（含黄芪多糖、甘草、阿莫西林、胸腺素、解热因子等），每 100kg 饲料中加药 100g，连续饲喂 7d。

病猪的治疗：猪用干扰素，每 40kg 体重 1ml，肌肉注射，每日 1 次，连用 3d，重症可用倍量；猪用转移因子，用法与用量与干扰素相同，二者同时使用，分别稀释，混合肌肉注射；同时配合复方灵芝多糖注射液（含灵芝多糖、左旋氧氟沙星、免疫增强剂、体温调节因子），每千克体重 0.1ml，肌注，每日 1 次，连用 4d；或者配合复方黄芪多糖注射液（含黄芪多糖、板蓝根、鱼腥草），每千克体重 0.2ml，肌注，每日 1 次，连用 4d。为控制继发性细菌感染，可肌注头孢类药物，每日 2 次，连用 3d。不食者应静脉注射 10%的葡萄糖溶液 300～500ml，加维生素 C 和维生素 B_1，每日 1～2 次。病猪改饮电解多维水加葡萄糖粉 1 周。

康复猪群可推迟 1 个发情期（21d 内）配种，并改为人工授精。仔猪实行早期隔离断奶，21d 或 28d 为好，注意控制断奶应激。

对猪高热综合征有关问题的一点看法

自 2006 年 5 月以来，在全国各地先后暴发流行猪高热病，引起大批猪发病死亡，造成重大的经济损失。直至目前，高热病仍在全国各地的猪群中发生、流行，称之为猪高热综合征，危害猪的健康生长，威胁着养猪业的发展。如何看待猪高热综合征的发生与流行？作者在此谈一点不成熟的看法，供同仁参考、指正。

1 关于高热综合征的病原体

1.1 蓝耳病病毒变异毒株

中国动物疫病防控中心从全国19个省、市、自治区的148个猪场送检的170批次病料中的701份样品中，检出蓝耳病阳性样品250份，阳性率为35.7%，其中有172份样品为蓝耳病病毒变异毒株（占69%）。变异毒株与美洲型毒株（VR-2332株）的同源性为93.2%～94.2%；而与欧洲型毒株的同源性只有63.4%～64.5%。用变异毒株接种77日龄的健康猪，第2天开始发病，体温升高，第4～5天开始死亡，病情持续7～8d，死亡率为57%左右，临床上具有典型的高热综合征症状。病猪表现出明显的前肢跪卧，后肢麻痹不能站立或共济失调等神经症状，以及出现眼睑高度水肿等。病理组织学检查发现脊髓中央管、中脑导水管及单核细胞胞质呈蓝耳病病毒强阳性反应，说明分离的变异毒株对脑组织有较强的亲嗜性。

哈尔滨兽医研究所从江西和湖南等六个省送检的不同病料中分离到了3株蓝耳病变异毒株，并发现来自不同省份发病猪场的病料检出的变异毒株基因高度同源，但与1996年的分离株ORF5基因核苷酸同源性仅为87.9%～98.3%，氨基酸同源性为85.6%～96.5%。证实分离的3株变异毒株与以往流行的蓝耳病病毒株有较大的差异。接种健康猪只时发现新分离的毒株对猪有明显的致病作用，特别是对仔猪的致病力很强。研究还发现新分离的3株变异毒株的主要中和抗原（即囊膜糖蛋白）在不同的毒株间存在高度的变异性。在进化树中，中国的分离株集中为两簇，分别位于北美洲型（VR-2332株）进化树的两极，分别称为亚群1和亚群2，二者氨基酸同源性为85%～89.5%。亚群1所有的毒株在病毒的主要中和抗原表位的抗体结合位点都发生变异，而亚群2则在此处高度保守。在2个潜在的毒力相关氨基酸（R13和R15）处，亚群1所有毒株均与标准的美洲强毒株（VR-2332株）一致。而亚群2所有毒株则与疫苗毒株（Respp PRRS/REPVO）一致。从地理分布位置来看，亚群1主要集中在我国的东南沿海地区。

1.2 不同地区的病原学检查

江西省动物疫病防控中心检查26个发病猪场送检的病料，检出蓝耳病与猪瘟混合感染占54%，蓝耳病与猪瘟和传染性胸膜肺炎混合感染占23%，蓝耳病与圆环病毒 2 型感染和伪狂犬病混合感染占 15%。

湖北省动物疫病防控中心检查 31 批发病猪场送检的病料，检出蓝耳病占 80%、猪瘟占 42%、圆环病毒 2 型感染占 19%、多病毒与多细菌混合感染占 87%。

河南省动物疫病防控中心从发病猪场送检的病料中，检出蓝耳病占 40%、猪瘟占 7.9%、伪狂犬病占 25%、圆环病毒 2 型感染占 11%、弓形虫病占 59%、附红细胞体病占 18%，少数病料中检出有细小病毒和链球菌等。

华中农业大学从送检的 121 份病料中检出大肠杆菌占 30.6%、链球菌占 14.9%、副猪嗜血杆菌占 7.4%、巴氏杆菌占 1.7%、沙门菌占 2%、大肠杆菌与巴氏杆菌混合感染占 1.7%。

另据报道，从 256 份病料中检出大肠杆菌占 59.5%、链球菌占 29.1%、副猪嗜血杆菌占 6%、巴氏杆菌占 2.7%、沙门菌占 2%。

从上述检验报告来看，全国各地送检的高热病病料中，蓝耳病阳性率检出最高，如湖北占 80%，河南占 40%。由此可见，引发猪高热病的主要病原为蓝耳病病毒，但不是唯一元凶。因为不同地区的病料检验结果显示出多病原的混合感染与继发感染，如湖北省检出多病毒与多细菌混合感染占 87%，江西省的病料检出结果也证明了这一事实。在临床上也常见蓝耳病与猪瘟、圆环病毒 2 型感染、伪狂犬病、猪流感等混合感染，并继发链球菌 2 型、多杀性巴氏杆菌、副猪嗜血杆菌、支原体、胸膜肺炎放线杆菌、沙门菌、大肠杆菌以及附红细胞体病或弓形体病等。此外，有的地区在发生典型高热病的病猪群中没有检测到蓝耳病病毒，而检出了其他病毒与细菌或寄生虫等，这就有力地表明猪高热综合征是由多种病原混合感染与继发感染而引起的一种急性热性传染性疾病。作者认为病名定为猪高热综合征较为科学。既然高热病是由多种病原所引发，蓝耳病病毒不是唯一病原，并且在已检出的蓝耳病病毒中有相当一部分不是变异毒株，故将猪高热病定名为高致病性猪蓝耳病不太科学，即蓝耳病并不等于猪高热病。

2　关于高热综合征的免疫预防

2.1　疫苗

种猪免疫：预防猪高热综合征，种猪群一定要接种好蓝耳病变异毒株活疫苗、猪瘟脾淋苗、伪狂犬病双基因缺失活疫苗、O 型口蹄疫高效灭活疫苗和副猪嗜血杆菌灭活菌苗等。

仔猪免疫：除免疫好上述疫苗外，还应接种链球菌多价血清菌苗（包括链球菌 2 型）、猪肺疫双价血清灭活苗（包括巴氏杆菌 A 型和 B 型血清型）、副猪嗜血杆菌灭活菌苗和喘气病活菌苗等。

2.2 蓝耳病的免疫

2.2.1 猪蓝耳病变异毒株活疫苗

仔猪：14日龄首免，每头肌注1头份，2周后2免，每头肌注2头份（肥猪出栏前不再注苗），后备种猪初配前20d加强免疫1次，每头肌注2头份。

生产母猪：配种前20d免疫1次，每头肌注2头份，以后每4个月免疫1次，每次肌注2头份。

种公猪：每4个月免疫1次，每次肌注2头份。

接种疫苗时，配合使用细胞因子产品——猪用转移因子或白细胞介素-4效果更好，仔猪每头每次0.25ml，中猪每头0.5ml，大猪每头1ml，用生理盐水或灭菌注射用水稀释后，可与弱毒活疫苗混合肌注，与灭活疫苗（如油剂苗等）则需分开肌注。这种联合用药能有效地提高免疫效果，抗体产生快，抗体均匀度好，抗体持续时间长；能减少因免疫抑制性疾病而引发的免疫麻痹、免疫耐受；能诱导机体产生细胞因子，增强机体的抗病力和降低应激反应等。

2.2.2 免疫注意事项

蓝耳病活疫苗可干扰猪瘟疫苗的免疫效果，因此，实施免疫接种时，注射猪瘟疫苗后，间隔7d再接种蓝耳病活疫苗，可避免发生干扰现象。蓝耳病灭活疫苗对猪瘟疫苗的免疫不会产生干扰作用，2个疫苗可先后使用，间隔3d即可。另外，猪群接种蓝耳病活疫苗之前2周，如果猪已感染圆环病毒2型，可降低其免疫保护力，对蓝耳病活疫苗的免疫产生不良影响；使用蓝耳病灭活疫苗时不存在此问题。

在猪肺炎支原体和猪流感疫苗免疫期间感染蓝耳病病毒，疫苗的免疫效力会明显降低。

不少地区有猪场出现注射蓝耳病活疫苗时引发猪只发病而死亡的现象，原因可能有3个：一是注射疫苗前已经隐性感染了病毒或处于感染的潜伏期，但尚未表现出临床症状，当接种活疫苗时引发应激反应，造成猪只发病，甚至死亡；二是蓝耳病病毒缺乏体液免疫记忆反应，无论是体液免疫还是细胞免疫都具有延迟的特征。因此，蓝耳病疫苗免疫应答比较迟缓，一般需要3～4周才能获得保护，在此段时间内猪也可因感染病毒引起发病、死亡。因此发病时，体温升高，最好不要注射疫苗，此时不仅免疫效果不好，而且造成猪只死亡。三是使用的蓝耳病疫苗的基因序列与当地或猪场存在的蓝耳病病毒基因序列如果不同，则意味着会有一场新的蓝耳病到来。这也是导致免疫失败并加速病毒变异的主要原因。

3　关于猪高热综合征的药物预防

作者多年来防控猪高热病的临床实践证明，使用抗病毒、抗细菌、增强免疫力，清热解毒、保肝利胆、开胃润肠和泻火通便的中草药，并配合细胞因子制剂与某些广谱抗生素，通过饲料或饮水添药，定期进行药物保健，可以有效地预防猪高热综合征与呼吸道病综合征的发生。现介绍药物预防方案如下，供参考选用。

［方案 1］每吨饲料中加喘束治（含泰乐菌素、强力霉素，微囊包被的细胞因子）500g（发病时可增至 700g），黄芪多糖粉 1 000～2 000g，溶菌酶（水解酶）300～400g，连续饲喂 12d。

［方案 2］每吨饲料中加氟康王（含 10％氟苯尼考、微囊包被的细胞因子）400g（发病时可增至 600g），抗菌肽 200g，黄芪多糖粉 1 000～2 000g，板蓝根粉 1 000～2 000g，连续饲喂 12d。

［方案 3］每吨饲料中加 5％爱乐新 800g，干扰肽 800～1 000g，转移肽 800～1 000g，黄芪多糖粉 1 000～2 000g 与板蓝根粉 600g，连续饲喂 12d。

药物保健正常情况下可每月进行 1 次，病的高发季节或有疫情时，每月应进行 2 次，每次 12d，中间停药 7d。

4　关于猪高热综合征的治疗

临床上治疗此病的难度很大，但不是不治之症。如果早发现、早诊断、早用药、早治疗；用药对路、方案可行，药量足，疗程够，此病是可以治愈的。由于本病是由多种病原混合感染与继发感染而引起的，在临床上多见因发生病毒血症和细菌性败血症而引起急性死亡，故发病率与死亡率很高。因此，临床上治疗时用药要侧重提高机体的整体免疫力，采用细胞因子疗法与抗病毒疗法、抗细菌疗法和对症治疗相结合的综合方法进行治疗，方可收到满意的疗效。治疗方案推荐如下。

［方案 1］以柴胡注射液，或板蓝根注射液，或穿心莲注射液（每千克体重 0.2ml），加干扰素（每 40kg 体重 1ml），加排疫肽（每 50kg 体重 1ml），混合肌注，每日 1 次，连用 3～4d；同时，配合肌注抗生素，防止细菌继发感染而造成高发病率与高死亡率。如果继发感染主要为链球菌病与弓形虫病，可肌注红弓链康注射液，每千克体重 0.1ml，重症加量，每日 1 次，连用 4d。如有附红细胞体感染，可改注复方三氮脒注射液，每千克体重 0.1ml，每日 1 次，连用 3d。或肌注二次血虫净，每千克体重 5～7mg，用生理盐水稀释成 5％溶液，分点肌注，每日 1 次，连用 2 次即可。同时配合肌注长效多西环素注射液

（每千克体重0.1ml），每日1次，连用4d；或者肌注复方强力霉素注射液（每千克体重0.1ml），每日1次，连用4d。其他细菌继发可改用头孢噻呋钠注射液或3%氟苯尼考注射液（每千克体重0.1ml）。

［方案2］清开灵注射液，小猪15ml，中猪20ml，大猪25ml，加倍健（每75kg体重1ml），加倍康肽（每30kg体重1ml），混合肌注，每日1次，连用4d；同时配合肌注头孢噻呋（或头孢拉啶或30%氟苯尼考注射等），每千克体重5mg，每日1次，连用4d。对继发感染巴氏杆菌、放线杆菌和副猪嗜血杆菌及链球菌的病例疗效上佳。

［方案3］灵芝多糖注射液（每千克体重0.2ml），或者射干注射液（射干、佩兰、茵陈、蒲公英、金银花、板蓝根、灵芝多糖、黄芪、党参等），每千克体重0.2ml，加干扰素，加转移因子（每100kg体重1ml），混合肌注，每日1次，连用3～4d。同时，肌注双胆黄注射液（牛磺酸、金银花、胆汁、增食因子等），亦可用于溶解头孢类药物，混合1次注射，每千克体重0.2ml，每日1次，连用3d。用于治疗多种病毒与多种细菌混合感染，高热不食病例，效果上佳。

5 治疗中注意事项

5.1 所有的发病猪不吃料时，应改饮电解质多维，加葡萄糖粉，加黄芪多糖粉和溶菌酶，饮用7d。

5.2 发病初期，体温升高时不要盲目地大量注射退热药物，如阿斯匹林、安乃近及安痛定等。退热药物使病猪体温下降过快，可引起应激而造成突然死亡；同时退热药物能降低猪体自身的非特异性抵抗力，也可影响抗菌药物的敏感性，因为病原体未消除而使疾病出现反复。

5.3 发病猪先用药物进行治疗，临床治愈7d后，根据情况可补注1次缺注的疫苗，防止疾病反复；没有发病的猪群，（假定健康群）用高倍量疫苗紧急接种后7d，还应有针对性地使用预防药物进行1周的药物保健 。

6 关于发病猪病愈后的管理

农村养猪户发生高热病时，幸存下来的或者治愈后的生产母猪都予以处理，认为没有种用价值，害怕再次发病，造成更大的损失。实践证明这种做法是不可取的，2007年有不少猪场发生高热病，病愈后留下做种用的母猪，2008年不但没有再次发病，而且生产性能较好。说明病愈后的母猪可以留作种用，但要做好以下几项工作。

首先要加强对病愈后的生产母猪的科学管理，特别要保证饲料优质与全价，使其尽快恢复体况，恢复生产性能。

病愈后的猪只一般都可获得较长时间的免疫保护力，只要每隔5个月加强1次蓝耳病变异毒株灭活疫苗免疫，即可使生产母猪常年保持高水平的免疫抗体，并获得坚强的抗病能力。

每个月选用上述药物预防方案进行保健1次，并坚持下去，就可使生产母猪常年保持稳定的健康状态。

当妊娠母猪发病发生流产时，应肌注干扰素3d，每日1次；同时配合使用双黄连注射液溶解头孢噻呋钠肌注，每日1次，连用3d。可有效地消除病原，减少子宫内膜炎、阴道炎及乳房炎的发生，保持产道机能正常，有利于后期发情，配种与妊娠。

病愈后的母猪发情时推迟1个发情期配种，有利于提高配种受孕率，保持母猪良好的生产性能。

猪高热综合征的药物预防与药物治疗

猪高热综合征是由多种病原体混合感染与继发感染而引发的一种传染性疾病，一年四季均可发生，但在不同的地区，不同的季节，不同的猪群，不同的饲养环境条件下，致病的病原体与疾病的严重程度会有所不同。虽然猪高热综合征的发生与流行近期内不会停息，但也不要过于害怕该病，只要采取综合措施，是完全可防可控的。笔者就当前猪高热综合征的发病情况，以及药物预防和药物治疗等有关问题，提供一些参考意见。

1　当前猪高热综合征流行形势与特点

2008年4月份以来，南方6省部分地区的一些猪群先后不断发生高热综合征，其特点表现在：①发病多见于中小型猪场和散养户，这些猪群饲养环境恶劣，滥用抗菌素和乱用疫苗现象严重；部分常发生蓝耳病的规模猪场也有发生，只是疫情较为缓和一些；②发病猪主要为保育猪与育肥猪，部分哺乳仔猪与母猪也有发病；发病后7d之内死亡较少，多数于第10天左右开始死亡，以保育猪死亡率为高；③发病猪一般体温升高至41℃左右，很少有高达43℃的；发病猪初期可采食，第3～4天开始减食，部分猪不食；病猪的皮肤有的发红；先红后紫，有的先红后变为黄白；有的皮肤上有红色小点或红紫色斑块；有的眼结膜潮红；有的眼睑浮肿；流浆液性鼻涕，呼吸急促，有的呼吸道症状轻微；发病后 5～6d 耳朵发绀，有的耳朵水肿，皮毛粗乱无光泽；有的腹泻，粪呈酱油色，尿色黄白，体表淋巴结肿大；有的关节肿大，两后肢站立困难；④剖检变化可见：淋巴结出血、水肿，有的发白；心包积液，胸腔有乳白色纤维素性渗出物，有的心内外膜有散在的出血点；肺脏出血、淤血，间质增宽，心叶和尖叶边缘呈胰样变；腹腔有的有积液，呈淡黄色，肝脏肿大呈暗黑色，有的呈黄棕色；胆囊肿大，胆汁呈黑绿色，黏稠；脾脏肿大，边缘有锯齿状出血点，有的有梗死灶、肾肿大，有的发白，有的有散在的针尖大小出血点；有的有胃溃疡，黏膜出血，肠出血，膀胱黏膜出血等。⑤用头孢噻呋、氟苯尼考及解热镇痛等药物治疗效果不明显。

在临床发病中以蓝耳病病毒与圆环病毒 2 型、蓝耳病病毒与猪瘟病毒、猪瘟病毒与圆环病毒 2 型混合感染为多见，少数猪群也存在蓝耳病病毒与伪狂犬病毒（或与流感病毒），猪瘟病毒与伪狂犬病毒混合感染；继发感染最为常见的病原是副猪嗜血杆菌、肺炎支原体、猪链球菌和附红细胞体，其次为多杀性巴氏杆菌和传染性胸膜肺炎放线杆菌等。1 头病猪体内最少存在 3 种或 3 种以上病原体，病原体感染呈现多样化，病情表现出复杂化，给诊断和防治工作带来很大的麻烦。

2 防治猪高热综合征选用药物的原则

要选用无毒副作用、无耐药性、无药物残留的药物。

要选用能调节动物机体免疫功能，增强免疫力；能调理动物机体内各器官机能活动，保持平衡，解除免疫抑制；能有效激活细胞再生系统的药物。

要选用具有抗病毒、抗细菌、衣原体、支原体、螺旋体，立克次体及真菌等以及抗应激的药物。

要选用具有中和与清除机体内毒素功能的药物。

3 猪高热综合征药物预防方案

3.1 在药物预防中不要乱用抗生素

使用药物预防猪高热综合征，要着力提高猪的非特异性免疫力，这是猪体抵抗疾病的基础。重点要防控好免疫抑制性疾病的发生，比如蓝耳病、猪瘟、圆环病毒 2 型感染、猪伪狂犬病、细小病毒病、猪流感、气喘病及传染性胸膜肺炎等。在药物选择上要做到提高免疫力、抗病毒、抗细菌与抗应激并举，选用新型的细胞因子产品（生物工程制剂）、中草药制剂和安全广谱、有效的抗生素等联合用药。严禁长期不合理使用抗生素，特别是不要乱用抗生素。当前，在兽医临床上由于乱用抗生素，引起不良反应增多，导致药源性疾病的发生；许多细菌对多种抗生素产生耐药性，即多重耐药增多，致使药物预防和药物治疗效果降低或无效；药物在动物体内残留影响食品质量和公共卫生安全等方面的危胁应高度关注。

3.2　药物预防方案

3.2.1　仔猪的药物预防方案

［方案1］每吨饲料中加喘束治（泰乐菌素、强力霉素、包被的干扰素与排疫肽）500g，黄芪多糖粉1 000g，板蓝根粉1 000g，甘草粉160g，混合饲喂7d。

［方案2］每吨饲料中加排疫肽（免疫球蛋白粉，含有IgG、IgA、IgE、IgM、IgD）400g、抗菌肽250g、黄芪多糖粉1 000g、板蓝根粉1 000g，甘草粉160g，混合饲喂7d。

［方案3］每吨饲料中加80%支原净150g，强力霉素180g，转移肽（微囊包被的转移因子）500g，干扰肽800g，柴胡粉2 000g，混合饲喂7d。

仔猪断奶前5d使用，可有效地增强免疫力，控制断奶应激，防止诱发病毒混合感染与继发细菌感染。

3.2.2　保育猪的药物预防方案

［方案1］每吨饲料中加清开灵粉1 500g，转移肽500g，干扰肽800g，溶菌酶500g，混合饲喂7d。

［方案2］每吨饲料中加氟康王（氟苯尼考、包被的干扰素、转移因子）400g，抗菌肽300g，板蓝根粉1 200g，黄芪多糖粉1 200g，混合饲喂7d。

［方案3］每吨饲料中加腾骏“加康”500g，干扰肽800g，转移肽500g，混合饲喂7d。

仔猪断奶即用上述方案，同时配合饮用电解多维，加葡萄糖粉和排疫肽（免疫球蛋白粉，100g兑水300L），饮用7d。可有效预防仔猪高热综合征与呼吸道病综合征。

3.2.3　后备种猪与育肥猪的药物预防方案

［方案1］每吨饲料中加服而舒（含有多西环素、细胞因子）500g，柴胡粉2 000g，鱼腥草料2 000g，混合饲喂7d。

［方案2］每吨饲料中加西尔康（多西环素、细胞因子）800g，抗菌肽200g，穿心莲粉2 000g，混合饲喂7d。

［方案3］每吨饲料中加利高霉素800g，干扰肽1 000g，转移肽800g，大青叶粉2 000g，混合饲喂7d。

每月保健2次，间隔7d，直至配种或出栏。夏秋季节高发病期，使用效果良好。

3.2.4　生产种猪的药物预防方案

［方案 1］每吨饲料中加清开灵粉 2 000g，干扰肽 1 000g，转移肽 600g，溶菌酶 600g，混合饲喂 7d。

［方案 2］每吨饲料中加抗菌肽 200g，排疫肽（免疫球蛋白粉）400g，5%爱乐新 800g，板蓝根粉 2 000g，混合饲喂 7d。

［方案 3］每吨饲料中加滕骏“加康”（含免疫增强剂）500g，抗菌肽 300g，黄芪粉 1kg，混合饲喂 7d。

平常每月保健 1 次，高热症多发期每月保健 2 次。这些预防方案对妊娠母猪安全，使用效果良好。

4 猪高热综合征的治疗方案

当前，猪群发病主要表现为多种病原体混合感染和继发感染，由单纯一种病原引起发病的很少见。由于在临床上呈现出病原体多样化，症状复杂化，而且存在免疫抑制性疾病，这给疾病的诊断和治疗带来很大的困难。如果能做到早发现、早诊断、早用药、早治疗，采用细胞因子疗法、抗病毒疗法、抗细菌疗法和对症治疗相结合的综合方法进行治疗，可收到满意的疗效。

4.1 猪高热综合征参考治疗方案

［方案 1］清开灵注射液，小猪每头每次 10～15ml，中猪 15～20ml，大猪 25～30ml，肌注，每日 1 次；干扰素，每 40kg 体重 1ml，重症倍量，肌注，每日 1 次；排疫肽，每 50kg 体重 1ml，重症倍量，肌注，每日 1 次；用清开灵注射液稀释干扰素和排疫肽混合肌注，连用 3～4d。此方案具有增强免疫力、降低应激、中和毒素、清热解毒、泻火凉血，抗病毒与抗细菌之功能。同时，肌注头孢噻呋钠（或头孢拉啶），每千克体重 5mg，每日 1 次，连用 3～4d；可有效地控制多种细菌继发感染，防止发生败血症而增大发病率和死亡率。

［方案 2］柴胡注射液，每千克体重 0.2ml，肌注，每日 1 次；倍健（免疫核糖核酸），每 25kg 体重 1ml，重症加量，肌注，每日 1 次；倍康肽（猪用白介素-4），每 30kg 体重 1ml，重症倍量，肌注，每日 1 次；用柴胡注射液稀释倍健和倍康肽混合肌注，连用 3～4d。此方案具有增强机体免疫力，降低应激，清热解毒，镇痛镇咳，抗病毒与抗细菌之功效。同时，肌注瑞可新（泰拉菌素），每 40kg 体重 1ml，每 2d 肌注 1 次，连用 2 次即可。本品对大多数常见多发的病原菌有强大的杀灭作用，可有效地控制多种细菌的继发感染，降低发病率和死亡率。

［方案 3］当高热综合征病猪呼吸道症状明显，高热不退时，改用板蓝根注射液（每千克体重 0.1ml）或大青叶注射液（每千克体重 0.1ml），加干扰

素和转移因子（每 40kg 体重 1ml）混合肌注，或加倍健和倍康肽混合肌注，每日 1 次，连用 3～4d；若出现附红细胞体感染，应加注血虫净，每千克体重 5～7mg，用生理盐水稀释成 5%溶液，分点肌注，每日 1 次，连用 2d；或加注复方三氮脒注射液，每日 1 次，连用 3d；下午加注强力霉素注射液，每千克体重 0.1ml，每日 1 次，连用 3～4d。或用复方多西环素注射液，每千克体重 0.1ml，连用 3～4d。临床治愈停药后，立即补血，补铁、补硒 1 次，可减少病后僵猪的发生，促进猪尽快康复。

[方案 4] 当高热综合征病猪出现链球菌或弓形体感染时，可改用穿心莲注射液（每千克体重 0.2ml，也可用清开灵注射液或香菇多糖注射液），加干扰素和排疫肽混合肌注，或加倍健和倍康肽混合肌注；同时肌注 30%磺胺间甲氧嘧啶注射液，每千克体重 0.1ml，每日 1 次，连用 3～4d。

[方案 5] 当高热综合征病猪发生多种病原菌混合感染，特别是副猪嗜血杆菌、多杀性巴氏杆菌、链球菌、肺炎支原体及放线杆菌等，出现多重耐药性时，治疗除了使用清开灵注射液（或穿心莲注射液、大青叶注射液）加细胞因子制剂控制病毒感染，提高非特异性免疫力，抗应激之外，还要选择优质广谱、安全无耐药性的抗生素进行治疗，尽可能降低其发病率和死亡率。当前在临床上用于治疗上述病菌疗效良好的抗生素有泰拉菌素、施美芬（第四代头孢菌素，2.5%头孢喹诺混悬液）注射液，每 25kg 体重 2ml，肌注，每日 1 次，连用 3d；头孢噻呋、头孢拉啶、氟苯尼考、林可霉素、泰乐菌素等也可用于治疗。

[方案 6] 当发病时间较长，病猪免疫力低下时，改用黄芪多糖注射液（每千克体重 0.2ml）或灵芝多糖注射液（每千克体重 0.1ml）或香菇多糖注射液（每千克体重 0.2ml），加上述细胞因子制剂（干扰素、免疫核糖核酸、白细胞介素-4、转移因子等）混合肌注，每日 1 次，连用 3～4d；同时肌注 30%氟苯尼考注射液（也可肌注施美芬），每千克体重 0.1ml，每日 1 次，连用 3～4d。

[方案 7] 母猪产死胎、弱仔，分娩后体温升高，不食，产道等有炎症，改用鱼腥草注射液（每千克体重 0.2ml）或双黄连注射液（每千克体重 0.2ml），加上述细胞因子制剂混合肌注，每日 1 次，连用 3～4d；同时肌注 2.5%恩诺沙星注射液，每千克体重 2.5mg，每日 1 次，连用 3～4d。

在实施上述各个方案时，一定要从猪群发病实际情况出发，有针对性地选用合适方案，同时要注意调整胃肠机能，在治疗中可肌注复合维生素 B 注射液，每日 1 次，连用 2d。同时饮用电解质多维加葡萄糖粉、黄芪多糖原粉（每 100g 兑水 2 000L），加排疫肽（包被的免疫球蛋白粉，每 100g 兑水 300L），饮用 7d。

4.2 药物治疗中注意的问题

发病初期病猪发热是自体一种保护性的反应，不要盲目注射退热药物，如阿斯匹林、安乃近等。退热药物使病猪体温下降过快，可引发应激而造成猪只突然死亡；同时退热药物也能降低猪体自身的非特异性免疫力，影响抗菌药物的敏感性，至使疫病出现反复，因为退热药对病原体毫无作用，只要病原体未消除，疫病仍将存在。

治疗时不要乱用抗生素，最好是先做药敏试验，然后用药，否则会引起不良后果。当前，在临床上出现的副猪嗜血杆菌、链球菌、多杀性巴氏杆菌A型与D型血清型菌、肺炎支原体、传染性胸膜肺炎放线杆菌等，产生了严重的多重耐药性，许多常用的抗生素用于治疗无效。只有泰拉菌素、施美芬（第四代头孢类药）、头孢噻呋、头孢拉啶、氟苯尼考、泰乐菌素及林可霉素等对上述病原菌高度敏感，可选择用于治疗。其他抗生素尽可能少用，更不要滥用。

发病期间不要使用青霉素加地塞米松，因为青霉素对高热综合征没有治疗效果，地塞米松具有免疫抑制作用，尤其当存在病毒感染时使用地塞米松可降低机体的防御机能，导致病毒在体内复制与增殖，造成严重的后果。

5 认真做好常规疫苗的免疫预防

在综合防控猪高热综合征时，除了药物预防外，一定还要做好常规疫苗的免疫接种，提高机体的特异性免疫力。建议按照科学合理的免疫程序，对后备种猪（在配种前）和生产种猪应做好猪瘟弱毒苗、伪狂犬病双基因缺失活疫苗、猪口蹄疫灭活疫苗、细小病毒活疫苗、乙型脑炎活疫苗等的免疫接种，蓝耳病疫苗是选用弱毒苗还是灭活苗，应根据猪场和当地的疫情而定。仔猪与保育猪要免疫接种好猪瘟弱毒苗、伪狂犬病双基因缺失活疫苗、蓝耳病活疫苗、猪口蹄疫灭活疫苗、气喘病活疫苗、副猪嗜血杆菌多价灭活苗、猪链球菌双价灭活苗等，其他疫苗尽可能少用。育肥猪，如自繁自养，在保育阶段已接种好各种疫苗，育肥阶段可以不再接种疫苗。如果外购仔猪育肥，应购入仔猪后立即补注猪瘟脾淋苗、蓝耳病弱毒苗、伪狂犬病双基因缺失活疫苗1次。接种疫苗不是越多越好，过多的接种疫苗易造成疫苗接种应激，各疫苗之间相互发生干扰，甚至产生免疫麻痹，导致免疫失败。

接种疫苗时，配合使用大连三仪集团研发的特福（猪用转移因子）或倍康肽（猪白细胞介素-4）效果良好，仔猪每头0.25ml，中猪每头0.5ml，大猪每头1ml。这些制剂用生理盐水或灭菌注射用水或疫苗稀释液稀释后，可与弱毒疫苗混合肌注，与灭活疫苗（油乳剂苗）则需分开肌注。可有效地提高疫苗的免疫效果，产生抗体快，抗体水平高，抗体均匀度好，抗体持续时间长；能有效地控制由于免疫抑制和免疫麻痹而导致的免疫失败；能诱导机体产生细胞因子，降低应激反应，增强猪体的抗病能力。

此外，还应加强科学的饲养管理，落实好各项生物安全措施，坚持消毒制度，定期驱虫，按计划进行免疫检测与疫病监控，严禁饲喂发霉变质的饲料等。只要综合防控措施有力，猪高热综合征是完全可以防控的。

2009年防控猪高热综合征的回顾

2009年我国部分地区猪场的猪群先后发生以高致病性蓝耳病为主要元凶的猪高热综合征，造成不少猪死亡、母猪流产与淘汰等，给养猪生产带来较大的损失。作者在此回顾总结疫病流行的概况与防控技术，为养猪生产防控本病提一点对策，以保障我国养猪业的健康持续发展。

1　2009年猪高热综合征流行概况

1.1　流行特点

2009年发生的猪高热综合征与2008年以前发病相比较，其感染强度降低，流行速度减慢，发病率与死亡率下降，呈现局部地区散发流行的特点。疫情主要见于农村散养户和中、小型养猪场，规模猪场发病很少。一般保育猪发病率为20%～40%，病死率为30%～50%；生产母猪发病率为20%左右，病死率为10%～15%，流产率为20%～30%；育肥猪发病率为15%左右，病死率为10%～20%；哺乳仔猪很少发病，个别发病的猪群死亡率高达80%。病的发生没有明显的季节性，常年散在发生，只是夏、秋季节，南方天气炎热潮湿，发病较为多见。

1.2　临床特征

1.2.1　保育猪

断奶后10d左右发病，体温达40～41.5℃，精神沉郁，不食，结膜潮红，眼睑肿胀。有的皮肤先红后紫，耳尖及胸腹下有蓝紫色斑点。有的皮肤发白，被毛粗乱，无光泽。多数病猪呼吸加快，呈腹式呼吸；有的咳嗽，流鼻涕；后肢关节肿大，不能站立；有的腹泻；有的出现抽搐、痉挛、磨牙、转圈等神经症状，死亡率较高。耐过猪生长缓慢，成为僵猪。

1.2.2 妊娠母猪

突然不食，体温升高至40～41℃，精神沉郁，眼睑发绀，有呼吸道症状。有的皮肤发红，背部及胸部有出血点，耳及四肢末端发绀，粪干、小，尿少色黄。后肢发软，不愿站立。部分妊娠猪发生流产，产后无奶水，长期不发育，屡配不孕。

1.2.3 育肥猪

突然减食，体温升至41℃左右，沉郁嗜睡。有的耳部及四肢末端和胸腹部发绀；有的皮肤发红，有出血点；有轻微的呼吸道症状，后躯麻痹。死前角弓反张，四肢呈划水状。

1.2.4 哺乳仔猪

成窝发生，体温升高至40℃，不吃乳，呼吸道症状明显，眼结膜肿胀，两耳发绀，腹部及臀部呈青紫色，有的有神经症状，死亡率很高。

不同地区、不同猪场与猪群，发病时因感染的病原不完全相同。因此，引发疾病所表现的临床症状也有差别。诊断时要进行综合判定与分析，注意鉴别诊断。

1.3 主要病理变化

剖检时普遍可见肺部有间质性肺炎，肺部出血、水肿，间质增宽；肺不塌陷，有弹性，呈橡皮状肺；有的还出现实变和大理石样病变。气管与支气管充满泡沫状液体。肝脏肿大，颜色变淡，切面有灰白色坏死灶，质脆，有的呈土黄色。脾脏肿大，有的有出血性梗死灶。肾脏肿大，呈土黄色，有的有散在的出血点。胃底部有片状出血与溃疡；肠道黏膜有出血斑。心外膜、喉头黏膜和膀胱黏膜有的有散在的出血点。全身淋巴结肿大、出血、水肿，特别是肺门淋巴结、腹股沟淋巴结和肠系膜淋巴结表现明显。有的胸腔和腹腔积液，胸膜粘连，有的呈心包炎等。

1.4 关于病原

高热综合征是习惯叫法，引起猪发高热的病原很多，就全国各地检验机构的检验报告来看，猪高热综合征主要元凶是蓝耳病病毒，但还有其他病毒、细菌与寄生虫的参与，是一类由多病原共同引发的传染性疫病。在临床上常见与蓝耳病混合感染的病毒有猪瘟病毒、圆环病毒2型、流感病毒及伪狂犬病毒等，常继发感染的细菌有链球菌、副猪嗜血杆菌、多杀性巴氏杆菌、肺炎支原体、传染性胸膜肺炎放线杆菌、肠外高致病性大肠杆菌等，以及附红细胞体和弓形体等。只是不同的地区、不同的猪场和猪群，发病时感染的病原体种类和数量有所区别，不完全相同，但不可否定，任何猪群发生的高热综合征都是有2种或3种以上病原混合感染共同引发的。由于病原体多元化，临床症状复杂化，病理变化多样化，这给诊断和防控都带来很大的困难，应予以认真对待。

2　2009年防控猪高热综合征技术措施的回顾

2.1　科学管理，全面落实各项生物安全措施

搞好“三管”：管理好饲养人员，管理好猪群、管理好饲养环境。

猪场要严格实行分群隔离饲养，采取“全进全出”的饲养管理制度，防治疫病交叉传播。

猪舍要保证“三度”（即保证猪舍内的正常温度、湿度与适宜的饲养密度）、保持“两干”（即清洁、干净与干燥），坚持“一通”（空气流通）。猪生长最适温度为22～26℃（仔猪出生后15d为30℃），相对湿度为60%～70%。

做好“五定”：定期消毒、定期驱虫、定期灭鼠、定期杀虫，定期对疫病进行检验与监控。

养猪场只许养猪，不要与其他动物（如牛、羊、犬、猫、鸡）混养，防止相互传播疫病。

防止与避免各种应激的发生（特别是热应激易诱发高热病），给猪创造一个良好的生长环境。

凡是管理工作搞得好、生物安全措施落实到位的猪场，高热病就少发，否则，猪群发病相对严重。

2.2　喂全价优质饲料，严禁用发霉变质的饲料喂猪

喂发霉变质的饲料，易引起猪发生霉菌毒素中毒。由于霉菌毒素可抑制体液免疫和细胞免疫，减少体内抗体的产生，降低机体的免疫力和抗病力，故易诱发各种疫病。2009年7月作者在安徽某县12个发病的中、小猪场调查，发现有8个猪场长时间喂发霉的玉米，其猪群发病就比较严重，死亡率也较高。有4个猪场没有喂发霉的玉米，其猪群的发病率与死亡率都比较低，疫情流行的时间也短。因此，严禁饲喂发霉变质的饲料，一定要给予全价优质的饲料，确保猪的营养需要。轻度发霉的饲料经清水冲洗、浸泡处理后，烘干粉碎，加入生物脱霉素（三仪集团研发），每吨饲料中添加400～600g，可长期饲喂，或者加霉卫宝、霉毒脱、脱霉—100等，用于饲喂育肥猪，禁止饲喂妊娠母猪和哺乳仔猪。平时可在饲料中添加金唯肽（芽孢杆菌、乳酸菌、肠球菌等益生菌及促生长因子）C211（仔猪用）和C231（大猪用）、唯泰（芽孢杆菌、乳酸菌、肠球菌等益生菌及促生长因子）C211（仔猪用）和C231（大猪用），能提高饲料利用率，促进消化吸收，保持肠道菌群平衡，降低肠道疾病的发生率，有利于提高机体的免疫力和抗病力。

2.3 搞好免疫预防，提高猪群的特异性免疫力

2.3.1 制定科学合理的免疫程序，不要盲目接种疫苗

免疫预防要根据监测情况，疫病流行的规律，结合当地动物疫情和疫苗的性质与作用，制定科学合理的、符合本猪场实际的免疫程序，有计划地实施免疫接种。不要盲目使用疫苗，不要把疫苗看成是万能的。疫苗接种的种类过多，接种频繁，超大剂量长期使用，都有可能造成猪体产生免疫麻痹或免疫不全，疫苗之间相互产生干扰，而导致免疫失败。

2.3.2 接种疫苗的种类

种猪：猪瘟脾淋疫苗或ST传代细胞苗、猪伪狂犬双基因缺失活疫苗、蓝耳病弱毒活疫苗（根据猪场实际选用），猪O型口蹄疫高效灭活疫苗或O型口蹄疫合成肽疫苗、猪细小病毒弱毒活疫苗和乙型脑炎活疫苗等。

仔猪：猪瘟、伪狂犬病、口蹄疫、蓝耳病4种病毒疫苗，加上副猪嗜血杆菌多价灭活菌苗、链球菌病双价灭活菌苗和喘气病弱毒活菌苗等3种细菌苗即可满足需要。

其他疫苗尽可能不用或少用。免疫的重点是接种好猪瘟、伪狂犬、口蹄疫与蓝耳病疫苗，猪瘟疫苗接种是关键。实践证明，凡是猪瘟免疫抗体不合格的猪群，发病较多，死亡率也相对较高。蓝耳病灭活疫苗免疫效果不佳，可根据猪场的实际，选用蓝耳病弱毒活疫苗免疫预防，可获得更好的免疫保护，安全可靠。

2.3.3 配合使用免疫增强剂，可有效地提高疫苗的免疫保护力

接种疫苗时，配合使用大连三仪集团研发的细胞因子产品——猪用转移因子或倍康泰（白细胞介素-4），仔猪每头每次0.25ml，中猪每头0.5ml，大猪每头1ml，用生理盐水或灭菌注射水或疫苗稀释液稀释后，与弱毒活疫苗可混合肌注，与灭活疫苗则需分开肌注。能有效地提高疫苗的免疫效果，抗体产生快，均匀度好，持续时间长；同时还可以降低免疫抑制，减少免疫麻痹与免疫耐受；诱导机体产生细胞因子，降低应激反应，增强机体的抗病力。

2.4 坚持药物保健，构筑猪体非特异性免疫屏障

2.4.1 选择保健用药的原则

保健用药要选择对猪体没有毒副作用（安全第一），不产生药物残留，不出现耐药性，并具有抗病毒、抗细菌、抗应激作用，能有效地提高机体免疫功能的药物。尽可能少用抗生素，特别是不要滥用抗生素药物。

2.4.2 当前临床上常用的保健药物

当前临床上预防与治疗时使用较多、效果较好的药物主要有三大类：一类是细胞因子制剂，如干扰素、免疫核糖核酸、转移因子、白细胞介素-4、溶

菌酶、抗菌肽、细菌素、排疫肽等；二类是中药制剂，如黄芪多糖、人参多糖、灵芝多糖、香菇多糖、红芪多糖、茯苓多糖、猪苓多糖、清开灵、板蓝根、柴胡、大青叶、穿心莲、鱼腥草、双黄连、金银花、甘草、连翘等；三类是抗生素，如头孢类药物，泰拉菌素、施美芬、氟苯尼考、泰乐菌素、多西环素、强力霉素、支原净、林可霉素、替米考星、阿莫西林与血虫净等。

临床实践证明，在用药物预防与治疗猪病时，采用细胞因子制剂与中药制剂联合用药，同时配合某些优质、效果好的抗生素组方，不但能加强药物相互之间的协同作用与促进作用，而且能明显地增强药物临床效果，充分发挥出综合用药的优势。

2.4.3　药物保健方案

作者总结了目前在预防高热综合征时使用的有效药物保健方案，介绍如下，供在临床实践中参考应用。

2.4.3.1　保育仔猪的药物保健

[方案 1] 干扰肽（干扰素）800g，转移肽（转移因子）600g，黄芪多糖粉 1 000g，板蓝根粉 1 000g，甘草粉 200g，溶菌酶 300g，拌入 1t 料中，连续饲喂 7～12d。

[方案 2] 清开灵粉 1 500g，多西环素 180g，抗菌肽 200g，排疫肽（口服高免球蛋白）400g，拌入 1t 料中，连续饲喂 7～12d。

[方案 3] 清开灵浸膏（黄芩、黄连、石膏、地黄、水牛角、连翘、知母、甘草等）2kg 兑水 1t，西尔康（多西环素、干扰素）100g 兑水 200L，口服排疫肽 100g 兑水 200L，混合连续饮水 7～12d。

以上方案用于预防仔猪的高热综合征与呼吸道病综合征等效果良好。

2.4.3.2　育肥猪与后备母猪的药物保健

[方案 1] 喘束治（泰乐菌素，多西环素，干扰素）600g。大青叶粉1 500g，板蓝根粉 1 500g，甘草粉 300g，溶菌酶 400g，拌入 1t 饲料中，连续饲喂 7～12d。

[方案 2] 氟康王（10%氟苯尼考，干扰素）500g，抗菌肽 200g，黄芪多糖粉 1 500g，穿心莲粉 1 500g，甘草 300g，排疫肽 400g，拌入 1t 料中，连续饲喂 7～12d。

育肥猪转群与育肥中期，后备母猪购入时与第 1 次发情配种前 15d 用上述方案进行药物保健，可有效预防育肥猪与后备母猪的高热综合征和呼吸道病综合征。

2.4.3.3　生产母猪的药物保健

[方案 1] 清开灵粉 2 000g，5%爱乐新 800g，抗菌肽 220g，排疫肽 400g，

拌入1t料中，连续饲喂7～12d。

［方案2］鱼腥草粉2 000g，穿心莲粉2 000g，干扰肽1 000g，转移肽1 000g，溶菌酶400g，拌入1t料中，连续饲喂7～12d。

以上方案可用于母猪妊娠中期与母猪产前、产后各7d进行药物保健，能有效地预防高热综合征、繁殖障碍综合征、呼吸道病综合征与产道疾病（子宫内膜炎、乳房炎、阴道炎等），有助于母猪顺利产仔。

种公猪的保健可参照母猪与后备种猪的药物保健方案实施，效果良好。

2.5 病猪的药物治疗

由于猪高热综合征是由多种病原混合感染和继发感染而引发的，而且存在免疫抑制性疾病，治疗非常困难，单用抗生素治疗无效。因此，在临床上对发病猪要早发现，早诊断，早用药，早治疗。采用细胞因子疗法、抗病毒疗法、抗细菌疗法与对症治疗相结合的综合方法进行治疗，可收到满意的疗效。

2.5.1 治疗方案

［方案1］清开灵注射液，小猪每头每次10～15ml，中猪15～20ml，大猪25～30ml，肌注，每日1次；干扰素，每40kg体重1ml，重症加倍，肌注，每日1次；排疫肽，每50kg体重1ml，重症加倍，肌注，每日1次；用清开灵注射液稀释干扰素和排疫肽混合肌注，连用3～4d。本方案具有增强免疫力、降低应激、中和毒素、清热解毒、泻火凉血、化瘀通络、醒神开窍，抗病毒与抗菌之功能。同时，肌注头孢噻呋钠（或头孢拉啶），按每千克体重5mg给药，每日1次，连用3～4d；可有效控制多种细菌继发感染，防止发生败血症而增大发病率和死亡率。

［方案2］柴胡注射液，按每千克体重0.2ml，肌注，每日1次；用倍健（免疫核糖核酸），每25kg体重1ml，重症加量，肌注，每日1次；倍康肽（猪用白介素-4），每30kg体重1ml，重症加倍，肌注，每日1次；用柴胡注射液稀释倍健和倍康肽混合肌注，连用3～4d。本方案具有增强机体免疫力，降低应激，清热解毒，镇痛镇咳，抗病毒与抗细菌之功效。同时，肌注瑞可新（泰拉菌素），每40kg体重1ml，每2d肌注1次，连用2次即可，本品对大多数常见多发的病原菌有强大的杀灭作用，可有效地控制多种细菌的继发感染，降低发病率和死亡率。

［方案3］当高热综合征病猪呼吸道症状明显，高热不退时，改用板蓝根注射液（每千克体重0.1ml）或大青叶注射液（每千克体重0.1ml），加干扰素和转移因子（每40kg体重1ml）混合肌注，或加倍健和倍康肽混合肌注，每日1次，连用3～4d。本方案具有增强免疫力、降低应激、清热解毒、凉血消斑、润肺止喘之功效。若出现附红细胞体感染，应加注血虫净，按每千克体

重5～7mg给予，用生理盐水稀释成5%溶液，分点肌注，每日1次，连用2d；或加注复方三氮脒注射液，每日1次，连用3d；下午加注复方多西环素注射液，按每千克体重0.1ml给药，每日1次，连用3～4d。临床治愈停药后，立即补血，补铁、补硒1次，可减少病后发展为僵猪，促进猪尽快康复。

[方案4] 当高热综合征病猪出现链球菌或弓形体感染时，可改用穿心莲注射液（每千克体重0.2ml，也可用清开灵注射液），加干扰素和排疫肽混合肌注，或加倍健和倍康肽混合肌注；同时肌注30%磺胺间甲氧嘧啶注射液，按每千克体重0.1ml给药，每日1次，连用3～4d。

[方案5] 当高热综合征病猪发生多种病原菌混合感染，特别是副猪嗜血杆菌、多杀性巴氏杆菌、链球菌、肺炎支原体及放线杆菌等，出现多重耐药性时，治疗时除使用清开灵注射液、穿心莲注射液、大青叶注射液加细胞因子制剂控制病毒感染，提高非特异性免疫力，抗应激外，还要选择优质广谱、安全、无耐药性的抗生素进行治疗，尽可能降低其发病率和死亡率。当前在临床上用于治疗上述病菌疗效良好的抗生素有泰拉菌素，施美芬（第四代头孢菌素，2.5%头孢喹诺混悬液）注射液，每25kg体重2ml，肌注，每日1次，连用3d；头孢噻呋、头孢拉定、氟苯尼考、林可霉素、泰乐菌素等也可用于治疗。

[方案6] 当发病时间较长，病猪免疫力低下时，用黄芪多糖注射液（每千克体重0.2ml）、灵芝多糖注射液（每千克体重0.1ml）或香菇多糖注射液（每千克体重0.2ml），加细胞因子制剂（如干扰素与转移因子，或免疫核糖核酸与白细胞介素-4）混合肌注，每日1次，连用3～4d；同时肌注30%氟苯尼考注射液，（也可肌注施美芬），每千克体重0.1ml，每日1次，连用3～4d。本方案具有补气升阳、增强免疫力、止咳平喘、利尿消肿、抗病毒、抗细菌与抗应激之功效。

[方案7] 母猪产死胎，弱仔，分娩后体温升高，不食，产道等有炎症，改用鱼腥草注射液（每千克体重0.2ml）或双黄莲注射液（每千克体重0.2ml），加上述细胞因子制剂混合肌注，每日1次，连用3～4d；同时肌注复方多西环素，每千克体重0.1ml，每2d 1次，连用2次。本方案具有清热解毒、消肿排脓、润肺止咳、利尿通淋、抗病毒、抗细菌与提高免疫力之功效。

在实施上述各个治疗方案时，一定要从猪群发病实际情况出发，有针对性地选用方案，同时要注意调整胃肠机能，在治疗中可肌注复合维生素B注射液，每日1次，连用2d。同时饮用电解质多维，加葡萄糖粉，加黄芪多糖原粉（每100g兑水2 000L）加排疫肽（包被的免疫球蛋白粉，每100g兑水300L），饮用7d。病情较重者，应静脉注射10%葡萄糖溶液300～500ml，加生理盐水 300ml、维生素 C 5ml、维生素 B_1 4ml、20%安钠加 3ml，每日 1 次。

2.5.2 药物治疗中注意的问题

发病初期病猪体温升高是自体动员防御系统对抗病原、调节淋巴细胞增强吞噬作用的一种保护性的反应，不要盲目地注射退热药物，如阿斯匹林、安乃近等。退热药物常使病猪体温下降过快，引发应激而造成猪突然死亡；同时退热药物也能降低猪体自身的非特异性免疫力，影响抗菌药物的敏感性，致使疫病出现反复，因为退热药对病原体毫无作用，只要病原体未消除，疫病仍将存在。

治疗时不要乱用抗生素，最好是先做药敏试验，然后选择敏感药物，否则会引起不良后果。当前，在临床上出现的副猪嗜血杆菌、链球菌、多杀性巴氏杆菌 A 型与 D 型血清型菌、肺炎支原体、传染性胸膜肺炎放线杆菌等，产生了严重的多重耐药性，许多常用的抗生素治疗无效。只有泰拉菌素、施美芬（第四代头孢类药）、头孢噻呋、头孢拉啶、氟苯尼考、泰乐菌素及林可霉素等对上述病菌高度敏感，可选择用于治疗。其他抗生素尽可能少用，更不要滥用。

发病期间不要使用青霉素加地塞米松，因为青霉素对高热综合征没有治疗效果，地塞米松具有免疫抑制作用，尤其当存在病毒感染时使用地塞米松可降低机体的防御机能，导致病毒在体内的复制与增殖，造成严重的后果。

猪圆环病毒 2 型感染的综合防控技术

猪圆环病毒 2 型感染（PCV2）自 2000 年在我国发现以来，2001 年在南方许多地区流行，2002 年在全国各地规模化猪场暴发仔猪断奶后多系统衰竭综合征，给我国养猪业造成很大的经济损失。该病当前在猪群中普遍存在，PCV 2 呈现多基因型态势，PCV 2b 毒力比 PCV 2a 的毒力强很多倍，对猪群的危害越来越严重，增加了控制的难度。

1 圆环病毒 2 型感染在我国猪群中普遍存在

圆环病毒 2 型感染在我国规模化猪场普遍存在，已成为目前养猪生产中突出的严重问题之一。2009 年的资料显示，我国猪群中圆环病毒 2 型感染阳性猪场为 60%，猪群中阳性检出率为 53.3%，亚临床感染与隐性感染非常严重，应引起高度重视。

2　目前流行情况

该病自1991年在加拿大北部地区的猪群中暴发以来，已经遍及世界各个国家。能引起不同年龄的猪发生感染，但不一定都表现出明显的临诊症状。最近两年来，该病在各猪场流行强度有所下降，症状缓和，但病毒仍然存在于猪群中，多数表现为亚临床感染和隐性感染。带毒种猪可发生垂直传播，又可通过呼吸道、消化道及污染的物体进行水平传播。因此，许多猪场都是由于引种检疫不严，引入了隐性感染的后备种猪或保育仔猪造成了此病的发生与流行。带毒母猪繁殖产下的仔猪可成活，但仔猪可长期带毒，并向外排毒，造成此病在猪群中的持续感染。该病又是一种重要的免疫抑制性疫病，病毒能使血液中单核细胞和未成熟粒细胞增加，而使T淋巴细胞和B淋巴细胞数量减少，意味着T淋巴细胞和B淋巴细胞的免疫功能受到影响，从而缺乏有效的免疫应答。由于免疫抑制，使患病猪体整体免疫力低下，从而诱发双重感染和多重感染。所以，在临床上常见该病与蓝耳病病毒、肺炎支原体、细小病毒、猪流感病毒、伪狂犬病毒及猪瘟病毒等混合感染，并常继发感染副猪嗜血杆菌、链球菌、放线杆菌、巴氏杆菌和沙门菌及附红细胞体等。使病情复杂化，增大病死率，造成更大的经济损失。

3　圆环病毒2型感染可导致多种疾病的发生

3.1　断奶后多系统衰竭综合征（PMWS）

主要发生于哺乳仔猪和保育仔猪，尤其是5～12周龄的仔猪，一般于断奶后1～3周开始发病，急性发病猪群中病死率为10%，如发生混合感染或继发感染，病死率可达25%以上。我国猪群发病最多的日龄为6～8周龄，发病率为20%～60%，病死率为5%～35%。临床上表现为沉郁，食欲降低，进行性消瘦，生长迟缓，颌下和颈部淋巴结及腹股沟淋巴结肿大，皮肤苍白、黄疸、咳嗽、气喘、呼吸困难、腹泻等。个别猪关节肿胀，眼有分泌物。

病理剖检可见肺呈间质性肺炎、肿胀、间质增宽、质地似橡皮样，肺表面有红色至灰褐色的斑点。腹股沟、肺门、肠系膜及颌下淋巴结肿大4～5倍，严重者为8～10倍，切面呈灰黄色，有出血。心内外膜出血，胸膜与肺发生粘连，胸腔内有少量纤维蛋白。脾脏与肝脏轻度肿胀。肾脏肿大，表面有点状出血，切面皮质与髓质以及肾盂严重出血。如有混合与继发感染，可见胸膜炎、心包炎、腹膜炎、关节炎、胃溃疡等。

该病发生后可在猪群中持续存在12～18个月之久。引起PMWS的主要原因是PCV2，但并不是唯一的病原。PMWS的发生与发展，可能与猪细小病毒、蓝耳病病毒、伪狂犬病毒、链球菌、肺炎支原体、巴氏杆菌、副猪嗜血杆菌等混合与继发感染的协同作用，以及不良的饲养环境和各种应激因素的诱发密切相关。

3.2 猪皮炎和肾病综合征（PDNS）

PDNS主要发生于保育仔猪和育肥猪，多呈散发，发病率为2%～7%，国内报道最高发病率达11%；国外报道死亡率为30%，而国内报道死亡率可达40%。临床上可见猪皮肤上出现圆形或不规则形，呈红色或紫红色病变，病变中央呈黑色，病变常融合成大的斑块，病变常见于后肢、腹部、体侧及耳部，以会阴部和四肢最重。感染严重时可见四肢跛行，体温升高至41℃，不食，皮下水肿，体重减轻。病理变化可见会阴部、后肢乃至全身出现坏死性皮炎；肾脏苍白、肿胀，皮质部有出血或淤血斑点。

3.3 繁殖障碍

妊娠母猪感染PCV2可出现繁殖障碍，表现为流产、产死胎、木乃伊胎和弱仔。初产母猪的流产率高达70%以上；经产母猪流产减少，但产死胎和弱仔增多，并可持续数月。仔猪断奶前死亡率升高（11%）。公猪感染PCV2可从精液中排毒，公猪精子活力差，配种能力降低，导致繁殖障碍。

3.4 间质性肺炎

PCV2是猪呼吸道病综合征（PRDC）的原发性病原，PCV2感染可引起肺炎，表现出呼吸道症状。主要危害6～12周龄的猪，发病率在2%～30%，死亡率为4%～10%。病理变化表现为弥漫性间质性肺炎，肺呈灰红色，有时可见肺部存在Ⅱ型肺细胞增生区和细支气管上皮坏死，并含有坏死细胞碎片的区域，肺泡腔内有时可见透明蛋白。

3.5 肠炎

PCV2感染可引起肉芽肿性肠炎，病猪表现为腹泻、消瘦，生长缓慢。

3.6 仔猪先天性震颤

研究证实，发生先天性震颤的初生仔猪的大脑和脊髓中含有PCV2核酸和抗原。仔猪出生后不久发生持续性震颤，表现在头部、四肢和尾部，严重者可见全身肌肉抖动，呈有节奏的阵发性痉挛。仔猪行走困难，无法吮奶，常因饥饿而死亡。可见成窝发生或一窝中部分仔猪发生，有的1周可自愈。

4 实验室诊断

4.1 检测抗体方法

常用的有酶联免疫吸附试验与单克隆抗体法等，我国已建立了ORF2-ELISA诊断方法，并研制了诊断试剂盒，此法可达到鉴别诊断PCV1与PCV2

的目的。

4.2　检测抗原方法

病毒分离鉴定、间接荧光抗体试验及多聚酶链反应（PCR 技术）等。间接荧光抗体试验检查 PCV 病毒抗原还可分型，检出率为 97.14%；华中农业大学建立了多重 PCR 方法可用于检测 PCV2、PPV 和 PRV 病毒核酸，是一种高度准确和灵敏的诊断方法，可用于 PCV 的临床常规检测。

5　防控技术

5.1　引种要严格检疫，严禁引入隐性感染的后备种群

引种时要用 PCR 方法检测 PCV2 抗原，阴性者可引进。猪群到场后要隔离检疫 1 个月，补注疫苗、驱虫 1 次，并做 1 次血清学检测，确认为阴性者，方可进入生产区饲养。

5.2　建立健全生物安全体系

猪场要严格实行封闭式生产管理，严格执行各项兽医卫生防疫制度（包括消毒制度、免疫接种制度与药物预防制度），严格控制外来人员和车辆进入场区。工作人员进入生产区要经淋浴，更换工作服和鞋帽，并定向流动，不准串舍。生产区使用的物品要先消毒。场区内应固定运送饲料和运送猪的专车，每用 1 次消毒 1 次。认真做好灭鼠、杀虫、驱虫工作，无害化处理好粪尿和污水，防止污染空气、水源及土壤等。猪场严禁饲养犬、猫、牛、羊和禽类，并驱赶鸟类。最大限度地降低病原微生物对猪场的污染，以减少猪群继发感染的概率。

5.3　全面实行全进全出的饲养制度

在配种妊娠、产仔哺乳、保育与育肥 4 个阶段实行全进全出制度，每批猪出舍后，要彻底清扫，冲洗干净，反复消毒 3 次，空舍 2d 后再进新猪。这样有利于阻断交叉感染与连续性感染，防止疫病的持续发生。

5.4　加强猪群的饲养管理，提高猪群的抗病力

5.4.1　改善饲养环境，减少应激因素

实践证实，不良的饲养环境，断奶时发生的断奶应激、营养应激、饲料应激、环境应激与温度应激等可诱发 PCV2 相关疫病。因此，通过改善饲养环境，控制各种应激因素对猪造成的损害，可有效地提高猪群的抗病力，降低 PCV2 的发病率。要根据不同季节的气候变化，做好防暑降温，防寒保温工作，特别是寒冷季节断奶后的仔猪，2 周内舍内的温度要保持在 25～28℃，以后每周下降 2℃，并加强通风换气、改善空气质量，减少氨气浓度。不同日龄和不同生长阶段的仔猪不要混群饲养，做到一胎一栏，并适当降低饲养密度，

保育舍应让每头仔猪有 0.4m^2 的生活空间，生长舍应让每头猪有 0.8m^2 的生活空间，成猪舍应让每头猪有 1.2m^2 的生活空间。猪舍要保持清洁干燥，内外环境要卫生、安静，尽可能给猪群一个良好的生活环境，使其健康成长。

5.4.2 提高饲料营养水平

饲料营养水平的高低对猪体的免疫功能影响很大，提供标准的全价饲料，保证猪群各个生长阶段的营养需要，使机体的免疫系统正常运转，有利于抵抗各种疫病的侵袭。如饲料中缺乏某种维生素或矿物质可影响免疫抗体的生成速度和水平，导致免疫反应滞后，使免疫应答受到抑制。因此，要适当提高猪群蛋白质、氨基酸、维生素和微量元素水平，提高饲料质量，并改干料为湿料或半干半湿料，提高仔猪的食欲和采食量。同时严禁饲喂发霉变质的饲料，因为霉菌毒素是引发猪群发生皮炎和肾病综合征的主要原因之一。建议饲料中添加大连三仪动物药品有限公司研发的微生态系列产品唯泰 C211 或唯泰 C231，不仅可提高饲料利用率，促进消化吸收，加快仔猪的生长速度，增强免疫力，而且可有效地预防消化道疾病。

5.5 免疫预防

目前可使用灭活疫苗进行免疫预防，对 PCV 2 感染有一定的保护力。母猪产前 2 周免疫 1 次，后备母猪配种前 5 周和 2 周各免疫 1 次，哺乳仔猪 10 日龄免疫 1 次，可使猪群获得免疫保护。同时做好猪瘟、伪狂犬病、蓝耳病、细小病毒病和气喘病等疫苗的免疫接种。如仔猪 8 日龄接种 1 次气喘病弱毒活菌苗，14 日龄接种 1 次蓝耳病弱毒疫苗，有利于提高猪群呼吸道和肺脏的免疫力，以减少呼吸道病原体的感染，可降低 PMWS 的发病率，提高仔猪的成活率。

5.6 药物控制

有针对性的通过饲料或饮水添加药物进行预防，可有效地控制猪群细菌性继发感染，增强抗病力，以降低 PCV 2 的发生与传播。药物控制方案如下。

5.6.1 仔猪

仔猪出生后 1、4 日龄每头各肌注 1 次排疫肽（0.5ml）或倍健（0.5ml），同时 1、2、3 日龄每头仔猪每日口服 1 次杆诺泰口服液（微生态制剂）0.5ml，可增强仔猪的免疫力，提高抗病力，防止消化道和呼吸道疾病。

仔猪断奶前后各 5d，于每吨饲料中添加圆环灭（纯中药制剂）1 500g，连续饲喂 10d；或于每吨饲料中添加支原净 100g、强力霉素 120g、干扰肽（干扰素）1 000g、转移肽（转移因子）1 000g、黄芪多糖粉 1 000g，连续饲喂 10d，同时在断奶时改饮电解质多维加葡萄糖粉，加口服排疫肽，加抗菌肽，饮用 10d。

仔猪断奶前 3d，每头肌注猪用转移因子 1ml，或倍康肽（猪白细胞介素-4）1ml，可明显增强仔猪免疫功能，降低应激反应，提高抗病力，避免由于断奶应激而诱发 PCV2 感染与 PRRS。

5.6.2　育肥猪

转群时，于每吨饲料中添加黄芪多糖粉 1 500g、氟康王（10%氟苯尼考、干扰素）500g，口服排疫肽（高免球蛋白）400g、抗菌肽 300g，混合连续饲喂 7d。

5.6.3　后备母猪

配种前 20d，于每吨料中添加 10%氟苯尼考 120g，强力霉素 150g，干扰肽（微囊包被的干扰素）1 000g、转移肽（包被的转移因子）1 000g、黄芪多糖粉 1 500g，混合连续饲喂 7d。

5.6.4　妊娠母猪

产前与产后各 1 周，每吨饲料中添加喘束治（泰乐菌素、多西环素、干扰素、排疫肽）600g、溶菌酶 400g、黄芪多糖粉 1 500g，连续饲喂 14d；或于每吨料中添加 5%爱乐新 800g、鱼腥草粉 1 500g、甘草粉 2 000g、强力霉素 200g，连续饲喂 14d。

5.7　发生疫情应采取的措施

病猪隔离治疗，无治疗价值的淘汰处理。

全面彻底消毒，每天 1 次，使用 1∶1 000 卫康、0.5%强力消毒灵或 1∶100 菌毒敌效果良好。

立即改善饲养环境与条件，加强管理，具体要求见前面所述，尽可能减少损失。

常用治疗方案如下：

繁殖障碍：母猪发生流产时彻底清除流产胎儿及死胎，并全面消毒；每头母猪肌注复方黄芪多糖注射液（每千克体重 0.2ml），或灵芝多糖注射液（每千克体重 0.1ml），加干扰素与猪用转移因子（每 40kg 体重 1ml，重症加量 2 倍），混合使用，每日 1 次，连用 3 次。产道尽量不要用药物进行冲洗，可肌注头孢类药物，每日 1 次，连用 4d，以控制细菌性继发感染。病重者不食，应静注 10%的葡萄糖溶液 500ml，加维生素 C 10ml 和维生素 B_1 8ml 等。

皮炎和肾病综合征：轻者可不用药，只对皮肤上的斑块喷洒卫康或碘伏溶液即可，每日 2 次。病重者或有继发感染，应用干扰素和转移因子加黄芪多糖注射液（每千克体重 0.15ml）混合肌注，每日 1 次，连用 3d，效果良好。同时配合肌注 30%氟苯尼考注射液（每千克体重 0.1ml），每日 1 次，连用 3d。

断奶后多系统衰竭综合征：因该病常与呼吸道病综合征同时存在，病情复杂，常引起保育猪大批死亡。因此，治疗时一定要采取综合疗法，方可见效。

采用干扰素与转移因子加清开灵（中药制剂）注射液，每头仔猪 5～10ml，每日 1 次，连用 3d；或者用复方柴胡注射液（每千克体重 0.1ml），加倍健，加倍康肽，混合肌注，每日 1 次，连用 3d。气喘、咳嗽严重者加注冰蟾熊胆注射液，每千克体重 0.1ml，第 1 天注射后，隔日再注 1 次即可。不食者静脉注射 10%葡萄糖溶液，并加入维生素 C 和维生素 B_1 一同注射；病猪改饮电解质多维加葡萄糖粉，加溶菌酶，饮用 7～12d。初步治愈后，休药 2d，再用药 3d，以防疾病反复。第 2 次用药可改用肌注复方黄芪多糖注射液或双黄连注射液（每千克体重 0.1ml），加免疫核糖核酸（每 25kg 体重 1ml）、倍康肽（白细胞介素-4，每 30kg 体重 1ml），每日 1 次，并配合肌注头孢噻呋钠注射液，每千克体重 5mg，每日 1 次，连用 3d。

猪口蹄疫的防控技术

猪口蹄疫是偶蹄兽发生的是一种急性、热性、高度接触性传染病。其特征是在蹄部和口鼻部皮肤、口腔黏膜及乳房皮肤发生水疱和溃烂，严重者可造成死亡。我国将此病归为一类传染病。

1 病原体

口蹄疫病毒属于微核糖核酸病毒科中的口蹄疫病毒属，为无囊膜的 RNA 病毒，其核苷酸变异频率很高，导致病毒表层蛋白质具有高度变异的特性。目前口蹄疫病毒已有 A、O、C 型，亚洲 1 型，南非 1、2、3 型等 7 个主型与 100 多个亚型，各主型病毒之间无免疫学交叉反应，同型的不同毒株之间，抗原性也有不同程度的差异。我国发生的口蹄疫主要是 O、A 型与亚洲 1 型。

病毒在低温下（－70℃）十分稳定，可保存几年。37℃下，48h 内可灭活，80～100℃病毒立即死亡。病毒在污染的干草中于室温下可存活 20 周，猪舍内干燥分泌物中的病毒可存活 1 个月，冬季可存活 2 个月。冻肉中的病毒可存活很长时间。但高温和直射阳光对病毒有杀灭作用。病毒对酸和碱十分敏感。

2　流行特点

病猪和带毒猪是主要的传染源，经呼吸道、消化道及损伤的黏膜和皮肤而感染。各种野生动物，鸟类、啮齿类、猫、犬、吸血昆虫等也可传播此病。人和空气是此病的重要传播媒介。

我国猪发病主要是O型口蹄疫，由于在猪群中长期反复发生流行，致使病毒对猪的毒力增强，对幼仔猪可引起100%的发病，病死率可达80%以上，成年猪病死亡率也很高，妊娠母猪发病可引起流产、部分死亡。有的猪群存在O型口蹄疫与亚洲Ⅰ型口蹄疫混合感染，使病情复杂化，增大了发病率与病死率。此病一年四季均可发生，但发病多见于冬、春寒冷的季节，特别是春节前后，夏、秋季节发病较少。

猪群流动大，饲养集中，密度过大，以及各种应激因素的存在，易诱发本病的流行。

3　临床特征

发病急，流行快，传播广，发病率高，死亡率低。发病初期体温升至40～41℃，不食，精神沉郁，蹄冠、蹄叉、蹄踵部、口鼻部、口腔黏膜及乳头皮肤出现水疱和溃烂。

隐性感染猪突然发病死亡，并不表现明显的临床症状，但剖检可见心脏呈“虎斑心”病变。

病理变化可见咽喉、气管、支气管和胃黏膜有烂斑或溃疡，肠黏膜有出血性炎症，仔猪死亡后可见心包膜有点状出血，心肌切面有灰白色或淡黄色斑点或条纹，好似老虎皮上的斑纹，故称“虎斑心”。

4　防控技术

4.1　平时的防控技术

搞好饲养管理，落实各项生物安全措施，坚持消毒制度，防止其他动物进入猪舍和生产区，实行隔离饲养、全进全出的管理制度。

定期进行免疫检测和疫病监控，按国家颁发的《口蹄疫防治技术规范》法规文件的规定落实各项防控技术措施。

搞好免疫预防。各种疫苗的免疫注射如下。

猪O型口蹄疫高效灭活苗。仔猪：40～45日龄首免，每头每次肌注1ml；

100 日龄加强免疫 1 次，每头肌注 2ml。种猪：每 3 个月免疫 1 次，每头每次肌注 2ml；妊娠母猪分娩前 1 个月免疫 1 次，每头肌注 2ml；引入后备种猪或育肥猪时，应于引入后的 1 周内补注疫苗 1 次，每头肌注 2ml。

猪 O 型口蹄疫合成肽疫苗。仔猪：20 日龄首免，30d 后 2 免，120 日龄加强免疫 1 次，每头每次肌注 1ml。种猪：每年免疫 3 次，每头每次肌注 1ml。

猪 O 型与亚洲 1 型口蹄疫双价灭活苗（牛源性）。仔猪：30 日龄首免，间隔 28d 二免，120 日龄 3 免，每头每次肌注 2ml。

注射疫苗时可同时肌注免疫增强剂，如猪用转移因子或倍康肽（白细胞介素-4），可有效地提高疫苗的免疫效果，抗体产生快，均匀度好，持续时间长，还能降低免疫抑制，减少免疫麻痹与免疫耐受，降低应激反应，增强抗病力。

4.2 药物保健预防

保健预防要选用提高机体免疫力、抗病毒、抗应激、防止细菌继发感染的药物，不要滥用抗生素。下列方案经作者证实具有良好的预防作用。

[方案 1] 奇健（黄芪多糖粉）800g、溶菌酶 400g、板蓝根粉 1 000g、干扰肽 800g、转移肽 400g，拌入 1t 料中，连续饲喂 12d。

[方案 2] 清开灵粉（中药制剂）1 500g、抗菌肽 400g、口服排疫肽（5 种免疫球蛋白）500g，拌入 1t 料中，连续饲喂 12d。

发病季节，每月保健 1 次，可有效地预防口蹄疫的发生与流行。

洗心清毒散（柴胡、葛根、甘草、羌活等），具有解肌除热，清心生津，开胃，抗病毒功能。预防与治疗高热病、口蹄疫、圆环病毒 2 型感染、蓝耳病、流感等，每吨料中加入洗心清毒散 1 000g、加干扰肽 800g，转移肽 800g、溶菌酶 400g；或者洗心清毒散 1 000g，抗菌肽 300g，口服排疫肽 400g，拌入 1t 料中连续饲喂 12d，可预防口蹄疫与其他病毒性疫病的发生与流行。

5 发生疫情时的应急技术措施

5.1 猪场及猪舍实行封锁、隔离、消毒

每天选用 0.3%过氧乙酸、1%强力消毒灵、1∶800 卫康、1∶800 消毒威等进行全面消毒，每天 1 次；带猪消毒可选用 1∶1 000 卫康或 1∶200 农福、1∶1 000 百毒杀、0.1%过氧乙酸溶液等，每周 2 次；猪舍外环境与排污沟、通道等可用 2%火碱水或 0.2%强力消毒灵进行消毒，每周 2 次。

5.2 病猪隔离

能治疗的猪立即治疗；无治疗价值的一律无害化处理；死亡猪只及污染物一律深埋或焚烧，并用消毒药彻底消毒。

5.3　严格管理

场内的猪与工作人员不准流动，不准引入新的猪群，停止出售猪及猪产品，严防传播疾病。

5.4　立即紧急接种

猪O型口蹄疫高效灭活疫苗，仔猪每头肌注3ml，同时配合肌注猪用转移因子或倍康肽（白细胞介素-4），每头0.5ml；种猪每头肌注疫苗4ml，同时配合肌注转移因子或白细胞介素-4，每头1ml。也可用猪O型口蹄疫合成肽疫苗，小猪每次肌注3ml，中猪4ml，大猪5ml，配合转移因子或白细胞介素-4进行紧急接种。

5.5　药物控制

[方案1] 每吨饲料中加喘束治（含有泰乐菌素、强力霉素、微囊包被的干扰素、排疫肽）600g、黄芪多糖粉1 500g、板蓝根粉1 500g、甘草粉300g、溶菌酶200（仔猪）～300g（成年猪），连续饲喂12d。

[方案2] 每吨饲料中加氟康王（含10%氟苯尼考、微囊包被的干扰素）500g、黄芪多糖粉1 500g、板蓝根粉1 500g、排疫肽600g、抗菌肽400g，连续饲喂12d。

发病期间使用，必要时间隔5d，再进行1次。

5.6　病猪的治疗

为防止急性心肌炎引发死亡，注射用药之前，可先肌注强心剂，如肾上腺素或樟脑磺酸钠注射液，每千克体重0.1～0.15ml，肌注，每日1次；或用强尔心注射液，用量为0.025～0.05g，肌注，每日1次；也可口服洗心清毒散，小猪每头5g，中猪每头10g，大猪每头20g，用凉开水冲溶后1次灌服，待观察10min后，再进行其他药物的治疗，可有效控制急性心肌炎。

可选用下列方案实施治疗。

[方案1] 黄芪多糖注射液（每千克体重0.1～0.2ml），加干扰素（40kg体重1ml，重症加量）、排疫肽（每50kg体重1ml，重症加量），混合肌注，每日1次，连用3次；控制细菌继发感染，同时肌注头孢噻肟钠注射液（每千克体重5mg），每日1次，连用3次。下午肌注中成败毒注射液（小猪每头5ml、大猪每头10ml），每日1次，连用3次。

[方案2] 灵芝多糖注射液（每千克体重0.1～0.2ml），加倍健（免疫核糖核酸，每75千克体重1ml）、倍康肽（白细胞介素-4，每75kg体重1ml），混合肌注，每日1次，连用3次；防止细菌继发感染，同时肌注长效多西环素注射液（每千克体重0.05ml），每2d 1次，连用2次；下午肌注中成败毒注射液，每日1次，连用3次。

在治疗过程中，给猪只饮用电解多维（200g 兑水 500L）和葡萄糖粉（200g 兑水 500kg），加溶菌酶（400g 兑水 1 000L）或者加口服排疫肽（100g 兑水 300L），连续饮用 7d。

［方案 3］抗口蹄疫血清（注意不同病毒型），每千克体重 0.5ml，肌注，每日 1 次，连用 2 次；同时配合肌注抗生素，每日 2 次。

［方案 4］口腔溃烂部先用 0.1%高锰酸钾溶液冲洗，然后涂擦碘甘油；蹄部的溃烂处先用百毒杀或农福喷洒、冲洗，然后撒布冰硼散粉末（冰片 5g、硼砂 5g、黄连 5g、明矾 5g、儿茶 5g，混合成粉），每日处理 1 次。也可涂擦碘酊或青霉素软膏等。

猪流感的防控技术措施

猪流感是由 A 型猪流感病毒引起的猪的一种急性呼吸道传染病。临床上以突然发热，精神沉郁，眼结膜潮红，流鼻液，咳嗽，气喘，呼吸困难为特征。猪流感虽然传播快，发病率高，危害性较大，威胁公共卫生的安全，但仍然是一种可防、可控、可治疗的传染病，不必恐慌。

1 病原体

甲型（A 型）流感病毒属于正黏病毒科，有 15 个 H 亚型，9 个 N 亚型，在猪群中流行的血清型多为 H1N1、H3N2、H1N2、H1N7、H3N6、H3N1 和 H2N3 等。中国科学院病原微生物与免疫学重点实验室对福建省 9 个地区的猪场进行猪流感病毒血清型监测，发现我国猪群中存在甲型 H3N2、H1N1、H9N2 的感染，没有发现 H5N1 感染。福建省猪群中感染 H1 和 H3 亚型流感病毒非常普遍，H1 阳性率为 42%，H3 阳性率为 28%，其中 H1 占绝对优势，连续 2 年的阳性率都在 50%左右。该病毒对干燥和低温抵抗力较强，对热敏感，75℃即可杀死病毒。病毒对消毒药敏感，常用消毒药即可杀灭。病毒对外界环境抵抗力不强。

现代研究发现，禽流感病毒是人流感病毒的大基因来源，是产生新的人流感病毒变异株的基因库。由于禽流感病毒和人流感病毒能利用不同的受体进入猪体细胞，并能在猪体内复制病毒，所以认为猪是通过基因重组产生新流感病毒株的“混合器”。猪是流感病毒跨种间传播的中间宿主，20 世纪所暴发的 3 次人类大流感都与猪流感密切相关，其流行株都经过猪体内基因重组或突变。

2 流行特点

猪流感一年四季均可发生与流行，但大多数病例多发生在气候多变的深秋和早春季节，以及寒冷的冬季。我国长江以南地区主要发生在夏季与冬春季节；长江以北地区一般发生在每年的11月底至次年的2月底，以元旦至春节之间为发病高峰。当阴雨、潮湿、闷热、拥挤、营养不良以及饲养条件突变时也会促进该病的发生与流行。各种猪都可感染，病猪和带毒猪为传染源，经呼吸道感染，通过空气传播。发病快，传播迅速，2～3d内可波及全群。发病率可达100%，死亡率低，一般为4%。

3 症状特征

猪流感的潜伏期为2～7d，病程约1周。病猪表现为突然发热，体温升高达40～42℃，精神高度沉郁，眼结膜潮红，卧地不起，寒颤，关节疼痛，行走无力，不食。流黏液性鼻液，咳嗽、气喘、腹式呼吸，呼吸困难。粪便干硬、尿少色黄。妊娠猪流产，产弱仔，流产率为10%左右，新生仔猪死亡率较高。

临床上常见该病与蓝耳病病毒、猪瘟病毒、呼吸道冠状病毒混合感染，并常继发副猪嗜血杆菌、传染性胸膜肺炎放线杆菌、支气管败血波氏杆菌、多杀性巴氏杆菌、肺炎支原体和链球菌等感染，使病情复杂化，并发支气管炎、肺炎、胸膜炎、心包炎等。从而增加发病率和死亡率，造成更大的损失。

4 病理变化

剖检可见鼻、喉、气管及支气管黏膜充血、肿胀，含有大量的带气泡的黏液。淋巴结肿大、充血；肺呈紫红色，气肿区、心叶、尖叶、中间叶切面有大量白色、棕红色泡沫样液体，肺间质增宽；脾脏肿大，胸腔与腹腔积液，含有纤维素性物质；胃肠黏膜有出血性炎症。

5 诊断技术

根据流行特点、临床症状与病理变化只能作出初步诊断。由于猪流感在临床上常常表现不典型，加之出现并发与继发感染而使其临床症状变得更加复杂。因此，确诊该病必须要进行实验室检测。

5.1 病毒分离与鉴定

采取发病2～3d的急性病猪的鼻液、气管或支气管渗出液，或者病死猪的脾脏、肝脏、肺脏及其淋巴结等组织进行病毒分离。病料加抗生素处理后接种9～11日龄鸡胚羊膜腔和尿囊腔中，或接种MDCK细胞。37℃孵育3～4d，收集尿囊液和羊膜腔液，用血凝（HA）和血凝抑制试验（HI）鉴定病毒的血清亚型。

5.2 抗体检测

发病猪群的急性期采取血清1份，发病后2～3周恢复期采取血清1份，分别用血凝抑制试验进行抗体检测，如果恢复期血清中的HI抗体效价比急性期血清效价高4倍，即可诊断为猪流感。

5.3 猪流感病毒的检测

可采用RT-PCR直接检测病料中的猪流感病毒，也可用ELISA、IFA、免疫组化等技术检测病料中的猪流感病毒。

6 综合防控技术

6.1 隔离饲养，科学管理

猪群要按照各个不同的生长阶段分开隔离饲养，实行封闭式管理，做到全进全出。管好饲养人员，管好猪群，管好饲养环境。猪舍要保证三度（温度、湿度和适宜的饲养密度），保持二干（干净与干燥），坚持一通（空气流通），同时防止与减少各种应激的发生，严禁饲喂发霉变质的饲料。为猪群提供良好的饲养环境，可有效地防止疾病的发生与传播。

6.2 建立健全猪场的各项生物安全措施

清除猪舍的粪尿和污水、污物，进行无害化处理。每周日常消毒1次，在疫病流行季节每周消毒2次，发生疫情时每天消毒1次。可选用1∶800德梵氏、1∶800消毒威、1∶400菌毒消、1%强力消毒灵、5%碘伏、1∶800百毒杀等消毒剂进行消毒，对流感病毒及其他病原均有很强的杀灭作用。人员与物品的进出均应消毒，非生产人员及车辆不得进入猪场生产区内。猪场禁止饲养牛、羊、犬、猫及禽类等动物。

6.3 搞好免疫预防

种猪群要按照科学合理的免疫程序接种猪瘟疫苗、伪狂犬疫苗、蓝耳病疫苗和口蹄疫疫苗等；小猪除了接种上述4种疫苗外，还应当接种副猪嗜血杆菌多价灭活菌、喘气病活菌苗和链球菌双价灭活苗。有效的免疫接种使猪体具有坚强的特异性免疫力，可有效减少猪流感的发生与混合、继发感染的出现。

6.4 药物预防

日常可选用具有提高免疫力、抗病毒、抗感染、抗应激的药物进行预防，每月1次，每次12d；有疫情时，每月预防2次，中间间隔7d。笔者推荐以下几种药物预防方案供参考。

［方案 1］清开灵粉（中药制剂）2 000～3 000g，转移肽（微囊包被的转移因子）1 000～1 500g，干扰肽（徽囊包被的干扰素）1 000～1 500g，溶菌酶 400～500g，拌入 1t 饲料中，连续饲喂 12d。

［方案 2］喘束治（含有泰乐菌素、多西环素、干扰素、排疫肽）500～600g，板蓝根粉 2 000～3 000g，黄芪多糖粉 2 000～3 000g，甘草 200～300g，防风 300～400g，溶菌酶 400～500g，拌入 1t 料中连续饲喂 12d。

［方案 3］氟康王（含 10%氟苯尼考、干扰素、转移因子）400～500g，抗菌肽 200～300g，板蓝根粉 2 000～3 000g，黄芪多糖粉 2 000～3 000g，甘草 200～300g，防风 300～400g，拌入 1t 料中连续饲喂 12d。

［方案 4］1t 水中加双黄连粉（含金银花、黄芩、连翘等）400～500g，西尔康（含多西环素、干扰素、转移因子）100g 兑水 200L，口服排疫肽 100g 兑水 300L，连续饮水 12d。

6.5　综合治疗

临床上要做到早发现、早隔离、早诊断、早治疗。综采用提高机体免疫力，抗病毒、抗混合与继发感染，抗应激及对症治疗相结合的方法进行治疗可收到良好的效果。以下治疗方案供参考。

［方案 1］清开灵注射液（小猪 15ml、中猪 20ml、大猪 30ml）加干扰素（40kg 体重 1ml、重症加量）、加排疫肽（每 50kg 体重 1ml，重症加量）混合肌注，每日 1 次，连用 3～4d；同时肌注头孢噻肟钠注射液，每千克体重 5mg，每日 1 次，连用 3～4d，也可使用头孢拉啶注射液或林可霉素注射液等。

病猪不食，下午肌注复合维生素 B 注射液（每千克体重 0.1ml），每日 1 次，连用 2d。同时饮用电解质多维（200g 兑水 500kg）加葡萄糖粉（200g 兑水 500kg）加板蓝根粉（500g 兑水 1t）加溶菌酶（400g 兑水 1t），连饮 7d。

［方案 2］板蓝根注射液（每千克体重 0.1ml）加倍健（免疫核糖核酸），每 25kg 体重 1ml，重症加量，加倍康肽（猪用白细胞介素-4），每 30kg 体重 1ml，重症加量，混合肌注，每日 1 次，连用 3～4d；同时肌注瑞可新（泰拉菌素），每 40kg 体重 1ml，每 2d 1 次，连用 2 次。也可用泰乐菌素注射液。

不食者肌注复合维生素 B 注射液，每天下午 1 次，连用 2d；同时 1t 水中加双黄连粉 500g、排疫肽 100g，加电解多维和葡萄糖粉，混合饮用 7d。

［方案 3］银黄注射液（含金银花、黄芪、柴胡、连翘等），每千克体重 0.2ml，加干扰素、转移因子或者加倍健、倍康肽混合肌注，每日 1 次，连用

3～4d；同时肌注施美芬，每 25kg 体重 2ml，每日 1 次，连用 3～4d。下午肌注复合维生素 B 注射液，全天饮水参照前 2 个方案实施。

7 公共卫生

多年的流行使得甲型 H1N1 流感病毒往往因自然重组而含有禽流感、猪流感和人流感 3 种流感病毒的脱氧核糖核酸基因片段；H1N1 亚型猪流感病毒毒株也常兼具有亚洲猪流感和非洲猪流感病毒的特征。经呼吸道感染，人可传染给人，人也可传染给猪，但未发现猪传染给人的现象。虽然新流感病毒可跨越物种传播，但没有出现任何适应性变化，食用猪肉食品不会有传播流感的危险。我国将甲型 H1N1 流感列为乙类传染病，并按照甲类传染病进行管理，同时将其列入检疫传染病。

人感染猪流感的表现：突然发热，精神不振，眼发红，流鼻涕，头痛，咽痛，肌肉酸痛，咳嗽，呼吸不畅；有的出现腹泻和呕吐等症状。发病初期使用达菲、乐瑞沙、金刚烷胺等治疗有效。使用板蓝根、金银花、大青叶、鱼腥草、柴胡、甘草等中药制剂治疗效果良好。

人的预防按照国家卫生部 2009 年 5 月 9 日颁布的《甲型 H1N1 流感诊疗方案（2009 年试行版第 1 版）》实施。本方案和国家口岸检疫措施，完全符合《国际卫生条例（2005）》以及我国《传染病防治法》、《国境卫生检疫法》、《突发公共卫生事件应急条例》等法律法规。

猪呼吸道病综合征的防控技术

猪呼吸道病综合征（PRDC）是由多种病原与多种因素相互作用而引发的传染性疾病。自 1995 年以来，我国许多养猪场发生此病，造成巨大的经济损失。当前，该病仍然存在，而且病情越来越复杂，已成为危害养猪业的一个严重的疾病，应高度重视。

1 当前流行特点

PRDC 一般发生于秋末、冬季及早春寒冷、气候多变的季节，呈地方性流行。主要危害断奶仔猪，此时的仔猪正处于保护性母源抗体消失，自身的免疫机能尚未健全，当受到断奶应激、营养应激及环境应激时诱发此病。发病率为 25％～60％，病死率为 20％～40％，日龄越小，死亡率越高。13 周龄以后的育肥猪发病，除少部分发生死亡外，多数猪只生长发育缓慢、日增重降低、饲料报酬下降、推迟上市 10～15d。妊娠母猪感染可造成流产、产死胎、弱胎等。种公猪感染能导致睾丸炎与跛行，失去配种能力。当前此病的发生常见混合感染与继发感染，不仅造成病情复杂化，增大了防治的难度；而且对疫苗免疫和药物控制表现出效果不佳。发病多与饲养管理不良，饲养环境卫生恶劣，气温突变、寒冷、猪舍保温不好，空气污染严重及饲养密度过大等多种因素密切相关。

2　关于病原体

猪呼吸道病综合征病原可分为 2 类：原发病原有蓝耳病病毒（PRRSV）、猪肺炎支原体（MH）、猪圆环病毒 2 型（PCV－2）、猪伪狂犬病病毒（PRV）、猪流感病毒（SIV）及猪呼吸道冠状病毒（PRCV）等。继发病原有多杀性巴氏杆菌（PM）、猪胸膜肺炎放线杆菌（APP）、猪链球菌（SS）、副猪嗜血杆菌（HP）及支气管败血波氏杆菌（BB）等。但在临床上，少见单一病原感染，多呈混合感染，如 PRRSV＋PCV－2、PRRSV＋SIV、PCV－2＋PPV、PRRSV＋PCV－2＋MH、PRRSV＋PCV－2＋PRV 等。同时也常发生继发感染，如 PRRSV 是 PRDC 中最主要的原发病原之一，除混合感染之外，常继发感染的病原多见 PM、APP、SS、HP 等，使病情严重，增大了发病率和死亡率，造成更大的危害。据有关报道，该病的混合感染与继发感染病例占发病总数的 70％以上。

3　防控技术

PRDC 是由多种因子相互作用而引发的，虽然不同地区、不同猪场的条件不同、管理水平不同，发病时也有一定的差异。但是，防控的重点仍然要放在控制好原发病原上。其防控技术介绍如下，供参考。

3.1　有选择地引种，要严格地检疫

要选择信誉好、质量佳的种猪场引种，严把检疫关与质量关，这样才能引进优良的品种、健康的种猪群。产地严格检疫后，使用经过清洗消毒的专用车辆运送回场，进入适应区隔离饲养，观察 1 个月。猪群到场后前 7d 可在饲料中添加喘束治（含泰乐菌素和多西环素、细胞因子）或氟康王（10％氟苯尼考、细胞因子）加强力霉素进行预防，可减少呼吸道与消化道疾病的发生。7d 后要根据本场与当地的疫情补注猪瘟、伪狂犬、蓝耳病及口蹄疫等疫苗，确保种猪的安全。在隔离期 20d 左右驱虫 1 次，并采血进行 1 次全面的血清学检查，健康者方可进入生产区正常饲养。

3.2 全方位落实生物安全措施

3.2.1 实行“全进全出”的饲养制度

母猪配种妊娠、产仔哺乳、保育与育肥4个阶段，应做到全进全出。每一批猪出舍后猪舍要彻底清洗、消毒3次，空舍3d后，再转入新的猪群，这样有利于阻断病原体在猪群中的水平传播与交叉感染。断奶时，母猪先下床，仔猪不换料，在原圈内饲养3～5d后再转入保育舍，可有效减少断奶时发生的各种应激，避免诱发呼吸道病。实行早期隔离断奶，21d为好，可防止病原体由母体传给仔猪。

3.2.2 生产区要做到4个定向流动

4个定向流动：工作人员经淋浴，更换衣、帽、鞋后进入猪舍，定向流动，不准串舍；所有的物品与用具要经消毒后进入猪舍，定向流动，不准串用；运送饲料的车要专车专用，定向流动，每次用完要彻底消毒1次；猪群要定向流动，即“配种妊娠→产房→保育舍→育肥舍→出猪台”，这样可避免交叉感染。

3.2.3 加强饲养管理，改善饲养环境

实践证明，科学的饲养管理可有效减少各种应激因素对猪造成的损害，提高猪群的自身抗病力，有利于减轻和防止呼吸道疾病的发生。严格执行兽医卫生防疫和消毒制度，猪舍与猪圈每天应清扫干净，粪尿与污水进行无害化处理，每周消毒1次。猪舍外环境要彻底清除杂草和污物，填平水坑和洼地，每月大消毒1次。要根据不同的季节，气候变化的规律，做好猪舍的防寒保温工作，并加强通风换气，改善空气质量，减少氨气、硫化氢、二氧化碳等有害气体的浓度。降低饲养密度，保育舍每头仔猪应有0.6m^2的空间，温度22～24℃；育肥舍每头猪应有0.8m^2的空间，温度18～22℃；成年猪舍每头猪应有1.2m^2的空间，温度20℃左右。猪舍保持清洁卫生、干燥安静，减少各种应激因素，有利于控制呼吸道病综合征。

猪场内严禁饲养牛、羊、犬、猫及禽类等动物，并驱赶鸟类；定期灭鼠、消灭各种吸血昆虫等传播媒介；按计划实施驱虫，尽可能防止各种病原微生物传入猪群，降低病原体对猪群的侵袭，保持猪群的健康。

3.3 保证饲料质量，提高猪体的抗病力

饲料营养水平的高低对猪体的免疫功能、生长速度及成活率、产仔率等都有很大的影响。当饲料中缺乏某种维生素或矿物质时，能导致猪体免疫反应滞后，使免疫应答受到抑制。因此，要提供标准的全价饲料，保证猪只各个生长阶段对蛋白质、氨基酸、维生素和微量元素的需要，使猪体的免疫系统正常运转，有利于抵抗各种疫病的侵害。严禁饲喂发霉变质的饲料，因为霉菌毒素可

溶解淋巴细胞，使体液免疫和细胞免疫受到抑制，降低机体的免疫应答。发霉严重的饲料废弃，轻微的可加霉菌吸附剂饲喂，但总量不得超过日粮总量的5%。建议在饲料中添加益生肽C211（乳、仔猪用），益生肽231（育肥猪专用），可于水中混饮，不仅能提高饲料利用率，促进消化吸收，加快生长速度，而且可以增加机体免疫力，保持肠道菌群平衡，并可预防消化道与呼吸系统疾病。

3.4　免疫预防

免疫预防是控制呼吸道病综合征的主要技术措施，一定要结合猪场的实际和疫情，按照科学合理的免疫程序做好免疫接种工作。种猪主要免疫接种猪瘟、口蹄疫、蓝耳病、伪狂犬病及细小病毒病的疫苗，其他疫苗尽可能少用；仔猪与育肥猪主要免疫接种猪瘟、口蹄疫、蓝耳病、伪狂犬病、副猪嗜血杆菌病、喘气病及链球菌病等的疫苗，其他疫苗尽可能少用。疫苗接种并非越多越好，必须接种的疫苗一定要及时免疫，可用可不用的疫苗尽量不用，以减少免疫接种应激与疫苗之间的干扰。接种疫苗时配种使用免疫增强剂效果较好，如猪用转移因子或倍康肽（白细胞介素-4），仔猪每头0.25ml，中猪每头0.5ml，成猪每头1ml，用生理盐水或无菌注射用水稀释，可与弱毒活疫苗混合肌注，配合油乳剂苗（灭活苗）则应分别肌注。这些免疫增强剂可有效提高疫苗的免疫力；减少因免疫抑制传染病引发的免疫麻痹、免疫耐受；能诱导机体产生细胞因子，降低应激反应；保持机体各器官机能活动的平衡，增强抗病力。

疫苗免疫程序，请参照本书有关章节的内容实施，此处不再赘述。

3.5　药物预防

3.5.1　仔猪的药物预防

仔猪出生后1日龄与4日龄每头各肌注1次排疫肽（高免球蛋白），每头每次0.25ml；同时于1、2、3日龄每头仔猪各口服1次口服杆诺泰（微生态制剂），每次0.5ml，每日1次。3日龄补铁补硒，7日龄开食，10日龄前去势。也可于仔猪出生后1、2、3日龄，每头每次口服止痢宝（微生态制剂）1ml，每日1次。上述方法均可有效防止呼吸道疾病及仔猪下痢，增强仔猪的免疫力和抗病力。

仔猪断奶前3d，每头肌注猪用转移因子0.5ml，或者倍康肽（白细胞介-4）0.5ml，能增强仔猪的免疫力，降低应激反应，防止因断奶应激而诱发呼吸道病综合征。

仔猪断奶前7d，断奶后7d，于每吨饲料中加“喘束治”（含泰乐菌素、强力霉素、微囊包被的细胞因子）400g、溶菌酶300g、板蓝根粉800g，连续饲喂 14d；或者于每吨饲料中加西尔康（多西环素、细胞因子）400g，抗菌肽 200g，口服排疫肽 300g，连续饲喂 14d。上述方法均可有效地防止呼吸道病综合征。

3.5.2 育肥猪与后备种猪的药物预防

育肥猪转群前 7d，后备种猪配种前 20d，于每吨饲料中加“喘束治”500g、黄芪多糖粉 1 500g、板蓝根粉 1 500g，连续饲喂 12d；或者于每吨饲料中加利高霉素 1 200kg、阿莫西林 200g、黄芪多糖粉 1 500g、板蓝根粉 1 500g，连续饲喂 12d。

3.5.3 生产母猪的药物预防

除了可使用后备种猪药物预防方案之外，还可于每吨饲料中加 5%爱乐新 800g、干扰肽 1 000g、板蓝根粉 1 500g、甘草粉 300g，于产前、后各饲喂 7d。

3.6 建立对 PRDC 的监测制度

猪场每季度要对猪瘟、伪狂犬病、蓝耳病等免疫抗体进行监测，以了解猪群的免疫状况与健康情况，尽早发现问题，及时找出原因，以便采取防范措施。同时，每半年要对蓝耳病、伪狂犬病、猪流感及圆环病毒和某些细菌性病原进行 1 次病原体检测，发现隐性带毒猪应予以淘汰，以净化猪群，防止 PRDC 在猪群中的传播。

3.7 发生疫情时应采取的紧急措施

发病时要采取病料送兽医诊断中心检验，及早确诊，找出原发病原和继发病原，以便及时采取对症措施，防止疫情扩散。发病猪舍全面消毒，每日 2 次。病猪隔离治疗，专人管理。

未出现临床症状的假定健康猪，找出免疫接种存在的问题，针对问题加量注射疫苗，并与猪用转移因子一同肌注，可有效控制疫情。注苗后 5～7d，可在饲料中加药物饲喂 12d，以便彻底控制疫情，防止疾病反复。

该病是由多病原与多因子相互作用而引发的，临床上常见多病原混合感染和继发感染。因此，实施治疗时一定要采取细胞因子疗法与抗病毒疗法、抗细菌疗法和对症治疗相结合，以收到良好的治疗效果。治疗时药量要足，疗程要够，临床治愈后，仍需间隔一定时间在饲料中添药，脉冲式预防用药，防止疾病反复。治疗方案推荐如下。

[方案 1] 柴胡注射液或穿心莲注射液（每千克体重 0.2ml）加干扰素（每 40kg 体重 1ml，重症加量）、排疫肽（每 50kg 体重 1ml，重症加量），混合肌注，每日 1 次，连用 4d；同时肌注 10%氟苯尼考注射液（每千克体重 0.1ml），每日 1 次，连用 4d。

[方案 2] 倍健、倍康肽与清开灵注射液混合肌注（小猪每头 10ml，中猪

每头 15ml，大猪每头 20ml)，每日 1 次，连用 5d；同时肌注头孢噻呋（或头孢拉啶、氟苯尼考），每千克体重 5mg，每日 1 次，连用 5d。

[方案 3] 干扰素（每 40kg 体重 1ml)，与转移因子，加板蓝根注射液（每千克体重 0.2ml）混合肌注，每日 1 次，连用 4d，或者肌注板陈黄注射液（每千克体重 0.2～0.4ml）加倍健（免疫核糖核酸，每 75kg 体重 1ml)、倍康肽（白细胞介素-4，每 30kg 体重 1ml)，混合肌注，每日 1 次，连用 4d；同时肌注抗菌肽（抗菌活性肽)，每 60kg 体重 1ml，每日 1 次，连用 4d，重症可加量。也可使用替米考星或林可霉素肌注。

在进行上述方案治疗时，根据病情适当地静注 10%葡萄糖溶液，加维生素 C、维生素 B_1、维生素 E 等，每日 1 次；咳嗽气喘严重者可增注冰蟾熊胆注射液，每千克体重 0.1ml，肌注，每 2d 1 次，用 2 次即可。饮用电解质多维 200g、葡萄糖粉 200g、黄芪多糖粉 200g、板蓝根粉 200g，兑水 500kg，饮用 10d。

3.8

发病严重，无治疗价值的猪应淘汰，连同病死猪一道进行无害化处理，并严格消毒；禁止倒卖与食用，以免影响公共卫生的安全。病愈后的猪只多数生长缓慢，成为僵猪，不可做种猪使用。

猪细菌性呼吸道疾病的防控技术

每年进入秋季后，气候一天天变冷，早晚温差变化大，猪群发生呼吸道疾病的概率不断增高。呼吸道疾病不仅使猪群生长发育缓慢，饲料报酬降低，而且导致发病率上升，病死率增大。呼吸道疾病在许多养猪场和农村养猪户非常普遍，已成为一种常见多发病，其发病率通常在 30%～70%，死亡率可达 15%～30%，给养猪业造成重大的经济损失。本节中作者将重点探讨猪细菌性呼吸道疾病。

1 猪气喘病

1.1 当前流行形势与特点

气喘病又称猪支原体肺炎，是猪的一种慢性呼吸道传染病，临床上以咳嗽和气喘为特征。此病呈世界性分布，我国大部分猪场都有发生，血清学阳性率在 30%～50%。猪不分年龄、性别和品种都有易感性。但以哺乳仔猪和保育仔猪的易感性最高，发病症状明显，死亡率高；怀孕母猪和哺乳母猪次之；育肥猪发生较少。我国的地方土种猪比杂种猪和纯种猪发病为多。当前许多猪场，特别是农村养猪户，主要是购猪时检疫不严，引入了隐性带菌病猪后，造成该病在猪群中流行。母猪感染后能直接传染给哺乳仔猪，母子间的传递可长期存在，仔猪断奶后转入保育舍可相互传染，致使该病在猪群中绵延不断，并多由急性型转为隐性感染带菌。由于传染源在猪群中长期存在，一旦调入新的健康猪只或大量新生仔猪出生后，又可引起病势再度加剧，以后又逐渐缓和，如此规律流行不止，危害甚大。

该病一年四季均可发生，但在寒冷、潮湿、气温多变的冬春季节发生较多，病症明显，死亡率也高。猪舍卫生条件差，低温阴冷，通风不良，长途运输，饲料中缺少维生素和微量元素等可促进该病的发生和病情的加重。由于肺炎支原体能降低肺泡巨噬细胞对病原的吞噬和清除能力，抑制T淋巴细胞的免疫功能，使B淋巴细胞转化并产生抗体的能力下降，导致呼吸道免疫力减弱，抗病力下降。而且支原体能与猪蓝耳病病毒在临床感染上发挥协同作用，增强彼此的致病力，共同引发猪只发生严重的呼吸道疾病综合征。这些感染又为巴氏杆菌、链球菌、肺炎球菌和猪鼻支原体的继发感染创造了有利条件，使病情复杂化，增大死亡率。

1.2 主要防控技术

加强科学管理，落实各种生物安全措施，降低各种应激因素，减少不利因素对猪的危害。猪舍要保持清洁卫生、干燥，空气新鲜，保温良好；饲养密度要适宜，不能过大；坚持消毒制度，及时处理污水脏物。

免疫预防：猪气喘病弱毒活菌苗，仔猪8日龄首免，60日龄后加强免疫1次，每次每头肌肉注射1ml。

药物预防：后备母猪配种前20d，每吨饲料中加喘束治500g，黄芪多糖粉1 500g，溶菌酶400g，连续饲喂7d；母猪产仔前、后各7d，每吨饲料中加5%爱乐新800g，抗菌肽200g，口服排疫肽300g，10%氟苯尼考120g，连续饲喂14d。

仔猪断奶前后各5d，每吨饲料中加支原净110g，强力霉素150g，抗菌肽200g，连续饲喂10d。

病猪的治疗方法如下：

[方案1] 板蓝根注射液（每千克体重0.2ml），加排疫肽（每50kg体重1ml，重症加量），加转移因子（每40kg体重1ml，重症加量），混合肌注，每日1次，连用5d；同时配合肌注泰乐菌素（每千克体重13mg），每日2次，连用5d；或者肌注长效土霉素（每千克体重40mg），每日2次，连用4次。

［方案 2］清开灵注射液（小猪每头 5ml，中猪 10ml、大猪 20ml），加倍健（每 75kg 体重 1ml，重症加量），加倍康肽（每 30kg 体重 1ml，重症加量），混合肌注，每日 1 次，连用 5d；同时配合肌注支原净注射液（每千克体重 20mg），每日 1 次，连用 5d；或者肌注 30％氟苯尼考（每千克体重 0.1ml），每日 1 次，连用 5d。

［方案 3］银黄注射液（金银花、黄芪、连翘等，每千克体重 0.2ml），加优康（盐酸沙拉沙星、细胞因子，每 400kg 体重 5ml），混合肌注，每日 1 次，连用 5d；同时配合肌注泰拉菌素（每 40kg 体重 1ml），每 2d 1 次，连用 3 次；或者肌注施美芬（每 25kg 体重 2ml），每日 1 次，连用 5d。

此外，氧氟沙星、诺氟沙星、大观霉素、强力霉素、林可霉素及北里霉素等都可用于此病的治疗。

进行上述治疗时注意配合对症治疗，如气喘咳嗽严重者可选用冰蟾熊胆注射液或炎康等；止咳平喘可用麻黄碱或氨茶碱等；强心可用强尔心或安钠加等。必要时可用 10％葡萄糖溶液加维生素 C 等补液。

重视联合用药，疗程要够，药量要足；用药要定期轮换，防止产生耐药性和病情反复。

2　传染性胸膜肺炎

2.1　当前流行形势与特点

此病是由胸膜肺炎放线杆菌引起的一种高度传染性呼吸道疾病，以急性出血性纤维素性胸膜肺炎和慢性纤维素性坏死性胸膜肺炎为特征。病原菌分为 2 个生物型，生物Ⅰ型毒力最强，危害性最大，其又分为 15 个血清型，血清1～12 型归为生物Ⅰ型，血清 13 型归为生物Ⅱ型。血清 1、9 和 11 型之间，3、6 和 8 型，4 和 7 型，1 和 7、13 型，14 和 2、4、7、9 型之间有交叉反应。当前在我国流行的血清型以 7 型为主，占总数的 80％以上，其次为血清 2、3、4、5、8、10 型。1、5、9 和 11 型毒力最强，常引起疫病暴发，3 和 6 型毒力较低。目前该病已成为一种世界性疾病，我国于 1987 年首次发现，现已分布于全国各地。主要危害 6 周龄至 6 月龄的猪，特别是 3 月龄的仔猪最为易感。常见突然发病，急性死亡。发病率通常在 50％以上，病死率最高可达 80％～100％。发病有明显的季节性，多发生于气候突变的寒冷季节，主要经呼吸道传播，鼠类与鸟类也可传播该病。饲养环境突变，断奶、转群、长途运输、气温变化大、猪舍寒冷、潮湿、饲养密度大等各种应激因素均可诱发此病，使发病率和死亡率增高。当前在临床上约有 70％的病例常与巴氏杆菌、链球菌、肺炎支原体及副猪嗜血杆菌等混合感染，引起严重的呼吸道疾病，造成更大的经济损失。

2.2 主要防控技术

加强科学的饲养管理，降低各种应激因素对猪的危害，可有效控制该病的发生。

免疫预防：选用传染性胸膜肺炎多价血清灭活菌苗（含血清1、5、7型），仔猪2月龄首免，2周后加强免疫1次，每次每头肌注2ml；生产母猪产前1个月免疫1次，每头肌注2ml；种公猪每半年免疫1次，每次肌注2ml；后备种猪6月龄免疫1次，隔3周后加强免疫1次，每次肌注2ml。免疫期可达6个月，保护率为85%以上。

由于该病病原不同血清型菌株之间交互免疫保护性不强，因此，免疫接种时要选用猪场发病菌株相对应的血清型疫苗进行接种，方可获得完全保护。

2.3 药物预防

仔猪断奶前后选用：每吨饲料中加入板蓝根粉800g，10%氟苯尼考200g，支原净120g，连续饲喂10d；或者于每千克饲料中加入板蓝根粉80g，恩诺沙星粉100mg，抗菌肽100g，连续饲喂10d。

后备种猪与育肥猪预防方案：北里霉素300g，磺胺二甲嘧啶500g，TMP200g，拌入1t饲料中，连续饲喂10d；或者于1t饲料中加入10%氟苯尼考300g，强力霉素200g，抗菌肽200g，穿心莲1 200g，连续饲喂10d。

生产母猪产前、后各7d，可于每吨饲料中加入替米考星300～500g，黄芪多糖粉2 000g，连续饲喂14d；或者于每吨饲料中加入泰乐菌素500g，板蓝根粉2 000g，抗菌肽300g，口服排疫肽400g，连续饲喂14d。

病猪的治疗方法如下：

[方案1] 板蓝根注射液，加转移因子，加排疫肽，混合肌注，每日1次，连用3d；同时配合头孢噻呋，每千克体重5mg，肌注，每日1次，连用3d；同时肌注咳喘1号，每10kg体重1～2.5ml，每日2次，连用3d。

[方案2] 清开灵注射液，加倍健，加倍康肽，混合肌注，每日1次，连用3d；同时配合3%氟苯尼考，每20kg体重0.1ml，肌注，每天1次，连用3次；或者配合替米考星，每千克体重10～20mg，皮下注射，每日1次，连用3d。

[方案3] 庆增安注射液，每千克体重0.1ml，每日2次肌注，连用3d；板陈黄注射液，每千克体重0.2～0.4ml，肌注，每日1～2次，连用3d。

此外，支原净、泰乐菌素、新霉素、强力霉素、四环素及磺胺类药物等也可用于该病的治疗。

由于此菌易产生抗药性，而且不同血清型的菌株产生的耐药性也不相同。

因此，使用抗菌药物预防与治疗时，应采取联合用药并定期轮换，可获得良好的疗效，否则疗效不佳。临床治愈后，还可通过饲料或饮水添药服饮一定时间，以巩固疗效，防止疾病反复。

3　猪肺疫

3.1　当前流行形势与特点

猪肺疫是由多杀性巴氏杆菌引起的一种急性或散发性传染病，急性病例以出血性败血症、咽喉炎和肺炎为特征；慢性病例以慢性肺炎为特征。多杀性巴氏杆菌可分为 5 个血清群（A、B、D、E、F），16 个血清型，我国猪群中流行的血清型主要为 5、6、8 型和 2 型。该病多发生于中、小猪，成年猪较少发生。此病一年四季均可发生，但以秋末春初及气候骤变的季节发病较多，南方易发于潮湿闷热及多雨季节，常以流行性形式出现，而北方和东北地区多表现为散发，呈慢性经过。由于健康猪只扁桃体的带菌率高达 63%，当带菌猪受到各种不利因素的侵害时，其机体抵抗力降低或者发生某些传染病时，病菌可乘机繁殖，增强毒力，诱发此病，并常于猪瘟、气喘病、伪狂犬病、蓝耳病及仔猪副伤寒等继发猪肺疫。

3.2　主要防控技术

加强科学管理，做好兽医卫生防疫工作，消除各种不良因素的影响，防止诱发猪肺疫。

免疫预防：选用多杀性巴氏杆菌 679～230 猪肺疫弱毒冻干菌苗和 C20 猪肺疫弱毒冻干菌苗，按说明书规定的头份，用冷开水稀释后，混入少量饲料内喂猪，4h 内用完，不论大小猪，一律口服 1 头份，7d 产生免疫力，免疫期为半年以上。国内还有用 E0630 弱毒株、TA53 弱毒株和 CA 弱毒株制成的 3 种活菌苗，供肌肉或皮下注射免疫接种。免疫前后各 7d 禁止使用抗生素，否则会导致免疫失败。

药物预防：发病季节可选用下列药物进行预防，效果良好。

北里霉素 300g，溶菌酶 300g，磺胺二甲嘧啶 600g，甲氧苄氨嘧啶（TMP）200g，拌入 1t 饲料中连续饲喂 10d；或泰乐菌素 200g、磺胺二甲嘧啶 600g，抗菌肽 200g，拌入 1t 饲料中连续饲喂 10d。

3.3　病猪的治疗

[方案 1] 林可霉素注射液，每千克体重 10～30mg，肌注，每日 2 次，连用 3d；同时配合清开灵注射液，肌注，小猪每头 5ml，中猪每头 10ml，大猪每头 20ml，加倍康肽（白细胞介素-4），混合使用，每日 1 次，连用 3d。

[方案 2] 大青叶注射液（每千克体重 0.1ml），加排疫肽，混合肌注，每

日 1 次，连用 3d；同时配合青霉素与链霉素以地塞米松注射液稀释，肌注，每日 1 次，连用 3d；下午使用冰蟾熊胆注射液，每千克体重 0.1ml，肌注，每 2d 注射 1 次，连用 3 次。喘气咳嗽严重者使用此方案。

[方案 3] 庆大霉素，每千克体重 1～1.5mg，肌注，每日 2 次，连用 3d；20%磺胺噻唑钠注射液，小猪 10～15ml，大猪 20～30ml，肌注，每日 2 次，连用 3d。

4 猪传染性萎缩性鼻炎

4.1 当前流行形势与特点

该病是由支气管败血波氏杆菌和产毒素多杀性巴氏杆菌引起的一种慢性呼吸道传染病。其特征为鼻炎、鼻甲骨发生萎缩、颜面部变形和生长迟缓。此病分布于世界养猪业发达的国家和地区，我国许多地区也有发生。支气管败血波氏杆菌有 3 个菌相，Ⅰ相毒力较强，Ⅱ、Ⅲ相毒力较弱。产毒素多杀性巴氏杆菌分为 A、B、D、E 4 个血清型，发病绝大多数由 D 型菌引发，其毒力最强，少数为 A 型菌，其毒力较弱。该病经呼吸道感染，多数是由有病的母猪及带菌母猪传给仔猪的。不同日龄的猪混群后，可通过水平传播扩散到全群。各种年龄的猪都易感，但以 2～5 月龄的猪发病最为多见。一般为散发，有时呈地方性流行。饲养环境不好，猪舍通风不良，寒冷、潮湿、饲养密度大，饲料单一及缺乏钙与磷等矿物质，常可诱发该病，并加重病理过程。

4.2 主要防控技术

坚持自繁自养，如需引种一定要严格检疫，防止带入传染源。检出阳性猪应坚决淘汰，并采取净化措施，保持猪群健康与稳定。

加强饲养管理，降低各种不利因素对猪的侵害，供应优质全价饲料，确保微量元素和维生素的水平，有利于控制此病的发生。

免疫预防方法如下：

支气管败血波氏杆菌（Ⅰ相菌）灭活菌苗：妊娠母猪产前 1 个月每头皮下注射 2ml，仔猪通过吃初乳获得被动免疫，免疫力可持续到 6～8 周龄。免疫母猪所产仔猪作种猪用，应于 7 日龄和 21～28 日龄时分别于颈部皮下注射菌苗 0.2ml 和 0.4ml，同时，每个鼻孔滴入不加佐剂的菌液，7 日龄 0.25ml（含 50 亿菌）；21～28 日龄 0.5ml（含 100 亿菌）。

支气管败血波氏杆菌与 D 型产毒多杀性巴氏杆菌灭活二联菌苗：妊娠母猪产仔前 2 个月及 1 个月各接种 1 次；仔猪 1～3 周龄接种 1 次，间隔 1 周后加强免疫 1 次。

药物预防方法如下：

种猪：每吨饲料中加入磺胺二甲基嘧啶 120g、金霉素 120g、青霉素 100g，于母猪产仔前后各 1 周饲喂；或者于每吨饲料中加入泰乐菌素 100g，磺胺嘧啶 100g，抗菌肽 300g，连续饲喂 3 周。

仔猪：从 15 日龄开始，于每吨饲料中加入土霉素粉 150g，溶菌酶 200g，连续饲喂 3 周；或于每吨饲料中加入支原净 80g，金霉素 150g，阿莫西林 120g，连续饲喂 14d。

病猪的治疗方法如下：

螺旋霉素，每千克体重 25mg，肌注，每日 1 次，连用 3～4d；土霉素，每千克体重 3.5～7.5mg，肌注，每日 2 次，连用 3～5d；或链霉素，每千克体重 10～15mg，肌注，每日 2 次，连用 5d；或 2.5％恩诺沙星注射液，每千克体重 10mg，肌注，每日 1 次，连用 4d；或庆大霉素，每千克体重 2mg，肌注，每日 2 次，连用 5d；或环丙沙星注射液，每千克体重 10mg，肌注，每日 1 次，连用 4d。或泰乐菌素，每千克体重 10～25mg，每日 1 次，连用 4d，同时用 2％硼酸溶液或 0.1％高锰酸钾溶液冲洗鼻腔，每日 2 次。

5　副猪嗜血杆菌病

请参照本书副猪嗜血杆菌病的防治。

夏季猪群常发疫病的防控技术

夏季气候炎热潮湿，不仅造成猪群采食量减少，饲料报酬降低，种猪生产性能下降，母猪分娩率和产仔数减少，育成猪生长速度缓慢；同时由于夏季高温应激，猪群整体免疫力低下，而导致一些细菌性疾病、部分病毒性疾病和某些寄生虫病的发生与流行。因此，夏季对猪群要特别注意防暑降温，加强科学的饲养管理，以减少夏季猪群常发疫病的发生，保障猪群的健康生长。

1　猪链球菌病

1.1　当前流行形势与特点

链球菌主要存在于污染的环境、粪便、灰尘及水中，经呼吸道、消化道、生殖道及创伤（如断脐、断尾、去势、打耳号、剪牙及注射等）感染，吸血昆虫（如蚊、蝇等）也可传播该病。大小猪都可感染，当前在猪群中主要呈散发，有时呈地方性流行。仔猪发病多表现为败血症和脑膜炎，发病率为 30％

左右，死亡率可达 80%。中猪发病则表现为化脓性淋巴结炎型和关节炎型。一年四季均可发生，但多发生于 5～11 月份。

猪群暴发猪链球菌 2 型时，病猪表现为体温升高，达 42℃以上，流浆液性鼻液，有的鼻液中带血性泡沫，便血、腹泻、四肢与耳朵发紫，并有出血斑，多数于发病后 1～3d 死亡，发病率与死亡率均在 50%左右，还会引起人感染发病而死亡。2005 年四川发生猪链球菌 2 型感染引起大批猪发病死亡和部分人发病而死亡。猪链球菌 2 型感染主要危害 4～12 周龄的猪，特别是 4～6 周龄的断奶仔猪发病最多，死亡率最高。当前在许多规模化猪场和养猪专业户猪场，该病已成为猪蓝耳病、猪瘟、伪狂犬病等的继发病，造成双重感染或多重感染，使病情复杂化，给防疫工作带来很大困难。

1.2 主要防控技术

1.2.1 基本措施

仔猪出生后断脐、断尾、剪牙、打耳号、去势以及注射等要严格用碘酊消毒；预防注射及治疗注射时要一头猪更换一个针头；发生外伤时要及时按外科方法处理，防止从伤口感染。

1.2.2 免疫预防

猪链球菌多价血清灭活菌苗（包括 2 型链球菌和 C 群链球菌）：后备母猪于配种前 30d 每头肌注 5ml；妊娠母猪于产前 30d 每头肌注 5ml，可保护哺乳仔猪；仔猪于 18 日龄和 35 日龄各肌注 3ml，免疫期为半年。接种菌苗后，可使用抗生素预防与治疗，不会影响菌苗的免疫效果。

猪败血性链球菌活菌苗：适用于健康猪群的免疫接种，弱猪与初生仔猪不宜使用。按菌苗使用说明书的要求用 20%铝胶盐水稀释液稀释，充分摇匀后，每头猪皮下注射 1ml。注射前后各 1 周之内，不能使用抗生素，否则影响菌苗免疫效果，造成免疫失败。

发生疫情时死亡猪一律深埋或无害化处理，严禁食用；猪舍、场地、环境及用具等进行全面彻底的消毒；病猪立即隔离治疗，可选用下列治疗方案。

以败血症为主症的病例治疗方案：清开灵注射液，小猪每头 5ml，中猪每头 10ml，大猪每头 20ml，肌注，每日 1 次，连用 4d；排疫肽（高浓度免疫球蛋白），每 20kg 体重 1ml，重症可加量，每日 1 次，连用 3d，可与清开灵注射液混合肌注。同时用制菌磺，每千克体重 0.15ml，第 1 次肌注后，隔日再注射 1 次即可。或者使用链球菌病注射液，每千克体重 1ml，肌注，每日 1 次，连用 4d；或者用头孢噻呋，每千克体重 5mg，每日 1 次，肌注，连用 4d。

以脑炎症状为主症的病例治疗方案：板蓝根注射液，每千克体重 0.2ml，加排疫肽，肌注，每日 2 次，连用 4d；同时使用磺胺嘧啶钠注射液，每千克体重0.07g，肌注，每日2次、连用4d。下午用氨苄西林钠和双黄连注射液2种针剂混合肌注，每千克体重0.2ml，每日1次，连用4d。

镇静可用氯丙嗪，每千克体重0.5～1mg，肌注，每日1～2次。

以关节炎、脓肿为主症的病例治疗方案：穿心莲注射液（每千克体重0.1～0.2ml），加头孢噻呋钠注射液（每千克体重5mg），每日肌注1次，连用4d；下午用氨苄青霉素，每千克体重4万国际单位，加地塞米松注射液，每次5～15ml，混合肌注，每日2次，连用3d。脓肿成熟后应切开排脓，按外科方法进行操作。病情严重者，应进行对症治疗，如用30%安乃近，每千克体重0.2g，肌注，每日2次；10%葡萄糖注射液300～500ml，加B族维生素，每千克体重0.2mg，静脉注射，每日1次。临床上多见其他疫病继发此病，常出现双重或多重感染，使病情复杂化。治疗时要找准主要致病病原体，抓住主要矛盾，采取综合治疗方法，既要重视抗菌、抗病毒疗法，又要注意实施全身治疗，侧重提高猪体的整体免疫力，才能获得良好的治疗效果。

1.3　公共卫生

1998年江苏，2005年四川先后发生人的链球菌病，造成人的死亡。病人表现为畏寒，持续高热，头痛，关节痛，呕吐，腹泻，全身中毒症状明显，血压偏低，休克。多数病人面部充血，四肢潮红，有出血点或红色斑疹。白细胞及中性粒细胞明显升高，肝肾功能受损，病死率达50%以上。

猪场饲养管理人员，兽医及屠宰场工人等接触病猪，剖检死亡猪只，屠宰加工及处理污染物时要注意自身的防护，如戴橡胶手套、口罩、穿工作服与胶皮靴等，并严格消毒，防止发生创伤。如一旦发现被感染，应及时使用抗生素预防与治疗，临床上选用头孢唑啉、头孢拉啶、阿莫西林、四环素及磺胺类药物治疗，效果良好。

2　猪丹毒

2.1　当前流行形势与特点

猪丹毒是一种急性、热性、败血性传染病，主要发生于3～6月龄的猪，经消化道与皮肤损伤的创口感染，吸血昆虫（如蚊、蝇、虱、蜱等）为该病的传播媒介。由于健康猪带菌率在35%～50%，当外界各种应激因素降低猪体抵抗力时，机体内的丹毒杆菌毒力增强，也可导致猪发病，称为内源性传染。当前主要是散发，有的呈地方性流行，农村养猪户发生较多。发病有一定的季节性，一般多发生在6～9月份，南方炎热的地区也有全年发生的。

急性病例多表现为败血症，病死率可达80%以上；亚急性病例表现为皮肤上出现紫色疹块，俗称“打火印”；慢性病例则表现为心内膜炎和四肢关节炎。

2.2 主要防控技术

规模化猪场管理水平高，生物安全体系健全，一般不用接种猪丹毒菌苗免疫，定期进行药物预防即可控制该病的发生与流行。使用强力霉素 150g 与阿莫西林 200g 混合拌入 1t 料中，或于每升水中加四环素粉 132mg 饮水，均可预防此病。农村养猪可使用猪丹毒 GC42 弱毒疫苗口服免疫，口服前停饮 4h，将用冷水稀释好的疫苗，拌入少量新鲜凉饲料中，让猪自由采食，免疫期为 6 个月。不要用猪瘟、猪肺疫与猪丹毒三联疫苗免疫，多联苗不如单苗免疫效果好。

对病猪要做到早发现，早诊断、早治疗。治疗方法可以选用下列方案：青霉素，20kg 体重以下每次用 100 万～200 万单位，20kg 体重以上每次用 250 万～300 万单位，以地塞米松注射液（每次 5mg）稀释后肌注，每日 2 次，连用 3d；同时配合肌注排疫肽，用法与用量参见链球菌病治疗方案。

复方板蓝根注射液，每千克体重 0.15ml，肌注，每日 1 次，连用 3d；同时肌注排疫肽，每日 1 次，连用 3d。或者用柴胡注射液，每千克体重 1ml，加倍康肽（每 60kg 体重 1ml），混合肌注，每日 1 次，连用 3d。同时配合使用四环素，每千克体重 7～15mg，肌注，每日 2 次，连用 3d。

使用土霉素、泰乐菌素、恩诺沙星或磺胺类药物治疗，配合肌注排疫肽或倍康肽也有良好的疗效。

2.3 公共卫生

人通过皮肤的伤口可感染红斑丹毒丝菌，称为“类丹毒”。发病时常见于手指和手部呈现红、肿、热、痛，不化脓，腋下淋巴结肿大。类丹毒已成为一种职业病，多见于兽医，屠宰加工人员和渔民等，平时接触病猪或剖检时要注意自身防护，防止手破伤，戴手套，注意消毒等。发现感染后，口服抗生素可治愈。

3 附红细胞体病

3.1 当前流行形势与特点

附红细胞体病是由立克次体目中的附红细胞体引起的一种以急性黄疸性贫血和发热为特征的传染病。当前呈全世界分布。各种品种和年龄的猪都易感，但以仔猪和母猪多见，其中以哺乳仔猪的发病率和死亡率为高。经接触、血源、交配、垂直及媒介昆虫（如蚊子等）叮咬而传播。一年四季均可发生，但多发于夏、秋季和雨水较多的季节。由于附红细胞体在猪群中的感染率高达 90%以上，许多隐性感染的带菌猪在各种不良的应激因素作用下，可诱发血液中的附红细胞体数量增多，导致出现临床症状而发病。当前此病由过去急性暴发型发生转变为隐性感染，而且常见猪瘟、蓝耳病、伪狂犬病及圆环病毒2型感染继发附红细胞体病，或者与链球菌病、副猪嗜血杆菌病和弓形虫病等混合感染，造成哺乳仔猪和保育猪的病死率增高，母猪与种公猪的繁殖障碍加重。发病耐过猪可终生带菌，成为传染源。

急性病例表现为体温升高，可达40～42℃，沉郁、不食、嗜睡、转圈、反应迟钝。可视黏膜苍白、黄染、全身皮肤发红，故称为“猪红皮病”。发红从背部开始，波及全身，以耳尖、鼻侧、胸、腹部及四肢最明显，指压不褪色，严重时出现紫斑。尿液呈深黄色或红色。哺乳仔猪主要表现为皮肤苍白和黄疸，有的可自愈。断奶后至3月龄的仔猪发病先是贫血，后出现黄疸，精神与食欲不振，步态不稳，消化不良。体温升高至42℃，耳部、尾及四肢末端发紫，呼吸困难，先便秘后腹泻，死亡率达30%～70%。育肥猪表现为溶血性黄疸，贫血少见。常见皮肤潮红，毛孔处有针尖大小的微细红斑，尤其以耳部和背部两侧皮肤明显。体温升高，达40℃以上，精神与食欲不振，但死亡率较低。母猪感染后不发情，受胎率低；妊娠期感染表现为早产、产弱仔和死胎；分娩后感染的急性病例可见体温升高，达42℃，黏膜苍白，贫血，乳房与外阴水肿，产奶量下降，精神与食欲不振。

3.2　主要防控技术

定期驱虫，喷洒杀虫剂，杀灭各种吸血昆虫，消除传播媒介。

控制好环境，除去各种应激因素，特别是断奶前后防止发生断奶应激、营养应激和环境应激，可有效地减少此病的发生。

注射、手术、去势、断尾、断脐、打耳号、剪牙等操作时要严格消毒，注射时做到每猪一个针头。

药物预防：母猪分娩前肌注得米先（长效土霉素），每千克体重5mg，肌注，2d 1次，连用2次；1日龄仔猪肌注土霉素，每头50mg，7日龄再注1次，可防止发生附红细胞体病。出现疫情时，种猪群，可于每吨饲料中加对氨基苯砷酸钠180g，连续饲喂7d，以后药量减半，再喂7d（临产前母猪每吨饲料不得超过90g的服药量）。仔猪群，可于每吨饲料中加多西环素200g，对氨基苯砷酸钠45g，连续饲喂10d。育肥猪，可于每吨饲料中加阿散酸120g，连续饲喂10d。

治疗方案：血虫净（贝尼尔），每千克体重5～7mg，用生理盐水稀释成5%溶液，分点肌注，每日1次、连用2次；同时配合肌注红弓链康注射液，每千克体重0.1ml，重症加量，每日1次，连用4d；大青叶注射液（每千克体重0.1ml）加排疫肽，混合肌注，每日1次，连用3d。或者用血虫灭注射液，每千克体重 0.1ml，肌注，每日 1 次，连用 3d；同时配合肌注清开灵注射液，小猪每头 5ml、中猪 10ml、大猪 20ml，每日 1 次，连用 3d；加排疫肽，混合肌注，每日 1 次，连用 3d。同时配合长效多西环素，每千克体重 0.1ml，肌注，每 2d 1 次，连用 3 次。

在使用上述方案治疗时，对重症病例，特别是贫血严重者应给予支持疗法，注意强心、补液，如静脉注射 10%葡萄糖加维生素 C、B 族维生素，改饮电解质多维，加葡萄糖粉有利于增强机体免疫力，使猪尽快康复。猪病愈后常见生长缓慢，有的成为僵猪。应于病后肌注猪用转移因子（低分子多核苷酸与多肽复合物），每 100kg 体重 1ml，每日 1 次，连用 2 次，同时改善饲料营养，拌料喂服大黄苏打片 7d，可有效增强食欲，促进消化吸收，减少僵猪的发生。

4 猪皮炎与肾病综合征（PDNS）

4.1 当前流行形势与特点

PDNS 是由圆环病毒 2 型所引起的一种病型，主要发生于保育仔猪和育肥猪，成年猪发病较少见。一般呈散发，发病率为 2%～7%，国内报道最高发病率可达 11%，死亡率国外报道为 30%，而国内报道死亡率可达 40%。临床上可见病猪皮肤上呈现圆形或不规则形，呈红色或紫红色病变，病变中央呈黑色，并常融合成大的斑块。病变常见于后肢、腹部、体侧及耳部，以会阴部和四肢最为明显。感染严重时体温升高至 41℃，不食，四肢跛行，皮下水肿，体重减轻。病理变化可见会阴部、后肢乃至全身出现坏死性皮炎；肾脏苍白、肿胀，皮质部有出血或淤血斑点。

4.2 主要防控技术

加强消毒，杀灭吸血昆虫；改善饲养环境；饲养密度适中；控制各种应激因素对猪群造成的危害，有利于防止 PDNS 的发生。

提高饲料质量，严禁饲喂发霉变质的饲料，霉菌毒素是引发猪群发生皮炎与肾病综合征的重要原因之一。

药物预防：断奶仔猪和育肥猪可定期于每吨饲料中加入圆环灭1 500g，连续饲喂 14d，对 PDNS 有良好的预防效果。

治疗方案：皮肤上的紫红色斑块可用卫康或碘伏消毒液喷洒，每天 2 次，1 周可治愈。

黄芪多糖注射液（每千克体重 0.1ml），或者板蓝根注射液（每千克体重 0.15ml），加干扰素（每 40kg 体重 1ml，重症加量），加转移因子（每 100kg 体重 1ml，重症加量），混合肌注，每日 1 次，连用 3d。

5 猪流行性乙型脑炎

5.1 当前流行形势与特点

猪流行性乙型脑炎是一种人兽共患的虫媒病毒病，由带毒媒介昆虫的叮咬而传播，以三代喙库蚊为主要传播媒介。自然界中约有 60 多种动物可感染乙脑病毒，世界各地均有流行，但主要发生于亚洲各国。由于此病的发生与蚊虫的孳生繁殖和活动特性有密切关系，因而其流行表现出严格的季节性。热带地区一年四季散在发生，亚热带和温带地区一般发生于 6～9 月份，我国北方与东北地区发病多在 8～9 月达到高峰。猪是乙脑病毒的增殖宿主和主要传染源，各种品种和性别的猪只均可感染，而且感染率可达 100%。发病年龄多与性成熟程度有关，大多数在 6 月龄左右发病，发病率为 20%～30%。一般病死率较低，若有并发感染死亡率可上升。猪发病痊愈后不会复发，但可成为无症状带毒猪，造成猪—蚊—猪的循环传播。

该病的主要危害表现在初产母猪发生流产，产死胎和木乃伊胎以及青年种公猪发生睾丸炎、睾丸肿大，失去配种能力等为特征的繁殖障碍。

5.2 主要防控技术

5.2.1 杀灭吸血昆虫，消灭传播媒介

搞好猪舍和环境的卫生，保持清洁干燥；填平低洼地，治理水沟，清理杂草，铲除蚊虫的孳生场地；坚持消毒制度，定期在猪舍及其周围环境喷洒灭蚊药液，彻底消灭媒介昆虫。

5.2.2 免疫预防

每年的 4 月份对猪群使用猪乙型脑炎弱毒疫苗进行免疫预防，保护期可达 10 个月以上。后备种猪 150 日龄首免，3 周后 2 免，每次每头肌注 1ml；经产母猪与种公猪每年免疫 1 次，每次每头肌注 2ml（仔猪不注射），7d 产生免疫力，保护率在 95%以上。

5.2.3 治疗方案

20%磺胺嘧啶钠注射液 10～20ml、10%葡萄糖注射液 100～300ml，40%乌洛托品 15～20ml，10%维生素 C 5～10ml，2.5%维生素 B_1 10～20ml 混合 1 次静脉注射，每日 1 次，连用 3d；同时用板蓝根注射液每头 20～40ml，加干扰素与排疫肽，每头 2～4ml，混合肌注，每日 1 次，连用 3d。下午用青霉素 100 万～300 万单位、链霉素 100 万～200 万单位加地塞米松注射液 5～10ml 混合，1 次肌注，每日 1 次，连用 3d，同时口服安宫牛黄丸，50kg 体重以上猪每次每头口服 2 粒，50kg 体重以下的猪每头口服 1 粒，每日 1 次、连用 3d；或者肌注脑康注射液，每千克体重 0.1ml，每日 1 次，连用 3d。

如病猪持续高温，神经症状明显时，可加注30%安乃近10～20ml，每日2次；肌注氯丙嗪注射液，每千克体重1～3mg，每日2次。

副猪嗜血杆菌病的防治

副猪嗜血杆菌病是由副猪嗜血杆菌引起猪的一种细菌性传染病，以多发性浆膜炎、多发性关节炎和脑膜炎为特征。近几年来，国内外许多猪场都曾暴发流行，发病率高达100%，病死率高达50%～90%，对养猪业造成巨大的经济损失，应引起高度重视，切实做好防控工作，以保障养猪业的持续健康发展。

1 当前流行形势

在猪群发生高热综合征时，猪感染蓝耳病病毒、圆环病毒2型、伪狂犬病病毒、猪流感病毒和猪瘟病毒后，常见继发感染副猪嗜血杆菌，并常与巴氏杆菌、链球菌、传染性胸膜肺炎放线杆菌与支原体等混合感染，使疾病多样化，病情复杂化，大大地增加了发病率和死亡率，造成很大的经济损失。该病分布于世界各国，主要危害1～28周龄的猪，特别是断奶前后的仔猪和保育阶段的仔猪最易发病，死亡率很高。临床上发病率多为20%～90%，死亡率在不同猪群有所差异，5周龄以下的仔猪为90%以上，育肥猪为20%，母猪为30%～40%，并可引发流产。

目前，该菌共分离到15种血清型，其中1、5、10、12、13、14型毒力最强，可引起猪急性死亡；2、4、8、15型为中等毒力，常引起关节炎和浆膜炎症状；3、6、7、9、11型毒力较低，不引起临床表现。据蔡旭旺等报道，我国当前流行的副猪嗜血杆菌的优势血清型为1、4、5、12、13型。德国主要流行4、5型，美国和加拿大为4、5、2、7、13型，澳大利亚为5、10、13、9型等。不同血清型的菌株，其毒力差异很大，各个血清型之间免疫交叉保护力很低。

2 流行特点

2.1 传染源及传播途径

带菌猪和慢性感染猪为该病的传染源。副猪嗜血杆菌主要存在于猪的上呼吸道（包括鼻腔、扁桃体内和气管前段）内，通过猪群间的接触和空气飞沫以及污染物而发生传播。该病的发生没有明显的季节性，多呈地方流行性。

2.2　易感动物

副猪嗜血杆菌只感染猪，引起猪发病。主要危害 1 周龄至 4 月龄的猪，特别是断奶前后和保育期的猪发病为多。如湖南省某猪场发生该病，仔猪的病死率高达 90%以上，架子猪的病死率为 20%，母猪的病死率为 30%～40%，造成重大的经济损失。

2.3　继发感染与混合感染

该菌作为继发性病原菌，常在蓝耳病病毒、圆环病毒 2 型、伪狂犬病病毒以及猪流感病毒和猪瘟病毒等感染之后，发生继发感染，甚至与传染性胸膜肺炎放线杆菌、巴氏杆菌、链球菌、支原体与放线杆菌等混合感染，至使病情复杂化，增大死亡率，导致更大的经济损失。

2.4　各种诱因

各种应激因素可诱发和促进该病的发生与流行。如气温突变、空气污染严重、通风不良、寒冷潮湿，不同日龄的猪只混群饲养，密度过大，管理不当，饲料质量差，长途运输等，均可导致该病的发生。

3　发病机理

定居于猪上呼吸道中的副猪嗜血杆菌，在各种应激因素和致病条件下破坏上呼吸道的防御机制时，可使敏感猪发生全身感染，引起上呼吸道黏膜表面纤毛活动显著降低，损伤纤毛上皮，引起化脓性鼻炎，病灶处纤毛丢失，以及鼻黏膜和支气管黏膜细胞发生急性肿胀，黏膜的损伤可增加细菌和病毒入侵的机会。在猪感染的早期阶段，菌血症十分明显，肝、肾和脑膜上的瘀斑和瘀点构成了败血症损伤；血浆中可检测到高水平的内毒素；使许多器官出现纤维蛋白血栓。随后，在多种浆膜表面复制产生典型的纤维蛋白化脓性多发性浆膜炎、多发性关节炎和脑膜炎。

4　症状

1～8 周龄仔猪感染发病可呈现典型症状，育肥猪感染多见慢性经过，哺乳母猪也可感染发病。在临床上常呈急性和慢性经过。

4.1　急性病例

病猪体温升高，可达 40～41℃，精神沉郁，食欲减退，气喘咳嗽，呼吸困难，鼻孔有黏液性及浆液性分泌物。关节肿胀、跛行、步态僵硬。同时出现身体颤抖，共济失调，可视黏膜发绀、卧地，3d 左右死亡。急性感染病例存活后可留下后遗症，即母猪流产，公猪发生慢性跛行。仔猪和育肥猪可遗留呼吸道症状和神经症状。

4.2 慢性病例

病猪消瘦虚弱，被毛粗乱，皮肤发白，咳嗽，呈腹式呼吸，生长不良，关节肿大，严重时皮肤发红，耳朵发绀，少数病猪耳根发凉即死亡。

5 病理变化

剖检可见：纤维素性胸膜炎，胸腔内有多量的淡红色液体及纤维素性渗出物凝块；肺炎，肺表面覆盖有大量的纤维素性渗出物，并与胸壁粘连，多数为间质性腹膜炎，部分有对称性肉样变化，肺水肿、腹膜炎，常表现为化脓性或纤维性腹膜炎，腹腔积液或与内脏器官相粘连；心包炎、心包积液，心包内常有奶酪样甚至豆腐渣样渗出物，使外膜与心脏粘连在一起，形成“绒毛心”，心肌有出血点。全身淋巴结肿大，呈暗红色，切面呈大理石样花纹。脾脏肿大，有出血性梗死。关节肿大，关节腔有浆液性渗出性炎症。

6 诊断

6.1 初步诊断

根据该病的流行特点、临床特征和病理剖检变化等，可作出初步诊断，确诊需要进行实验室检验。

6.2 细菌学诊断

采取病死猪的肺、心血、肝、肾、淋巴结及腹水、胸水等病料分离培养、鉴定病原。以病料分别接种于巧克力琼脂平板上，37℃培养 36h，可见针尖大小、圆形、边缘整齐、扁平，灰白色半透明隆起的小菌落。纯化增菌培养后，将细菌接种于脱纤维绵羊鲜血琼脂平板并加 NAD（V 因子）培养，该菌不发生溶血现象。进一步进行动物试验和生化鉴定，该菌可分解蔗糖和尿素，不分解乳糖、甘露醇和麦芽糖，对葡萄糖发酵不稳定，醋酸铅试验呈阴性，硝酸盐还原试验呈阳性。

6.3 其他诊断方法

PCR 方法，可用于样品和分离菌的检测与鉴定；间接血凝试验与 ELISA 试验，可用于检测该菌抗体，特异性与敏感性比较高，具有实用价值。

6.4 鉴别诊断

在诊断该病时要注意与猪链球菌病，猪传染性胸膜肺炎、猪丹毒、猪肺疫、仔猪副伤寒及气喘病等进行鉴别，同时注意这些疫病的混合感染和继发感染，并注意与某些病毒共同作用引发猪的呼吸道病综合征相区别。

7　主要防控措施

7.1　加强饲养管理，严格执行各项兽医卫生制度

要认真实行“全进全出”的生产饲养管理模式；保持猪舍干燥清洁、空气流通；降低饲养密度，防止各种应激的发生，以阻断病原体在猪群中的交叉传播和母子代之间的垂直传播。

7.2　免疫预防

副猪嗜血杆菌多价灭活菌苗：种公猪每半年免疫 1 次，每次每头肌注 3ml；母猪配种前 6 周首免，2 周后加强免疫 1 次，以后于每胎产前 5 周免疫 1 次，每次每头肌注 3ml；仔猪 12 日龄首免，每头肌注 1ml，28 日龄 2 免，每头肌注 2ml。

免疫时使用多价灭活菌苗，配合猪用转移因子（免疫增强剂）或者倍康肽，分别肌注，可明显的提高免疫效果，增强免疫力。使用的疫苗菌株的血清型与猪群发生的嗜血杆菌血清型要相对应，如不对应，其免疫效果不佳。

7.3　药物预防

副猪嗜血杆菌有很强的耐药性，多种抗生素对其无效。对卡那霉素、链霉素、羧苄青霉素、环丙沙星、红霉素、磺胺类药物、土霉素类药物等耐药；对庆大霉素和头孢噻肟中度敏感；对泰拉菌素、氟苯尼考、头孢拉啶、替米考星、林可霉素、泰乐菌素等敏感。药物预防方案如下。

仔猪：头孢拉啶粉 120g，溶菌酶 140g，板蓝根粉 1 000g，拌入 100kg 饲料中连续饲喂 12d；或者穿心莲粉 1 000g，6%替米考星 800g，抗菌肽 200g，拌入 1t 饲料中连续饲喂 12d。或于仔猪断奶当天，每头肌注泰拉菌素（瑞可新）0.2ml，可有效预防该病。

成年猪：喘束治（泰乐菌素、强力霉素、微囊包被的干扰素和排疫肽）600g、溶菌酶 200g、板蓝根粉 2 000g，拌入 1t 饲料中连喂 12d；或者氟康王（氟苯尼考、微囊包被的细胞因子）500g，抗菌肽 200g，清开灵粉 2 000g，拌入 1t 饲料中连喂 12d。

7.4　病猪的治疗

[方案 1] 穿心莲注射液，每千克体重 0.2ml，猪用干扰素，每 40kg 体重 1ml，重症加量；排疫肽（高免球蛋白），每 20kg 体重 1ml，重症加量，三者混合 1 次肌注，每日 1 次，连用 3～4d；同时肌注泰拉菌素，每 40kg 体重 1ml，2d 注射 1 次，连用 2 次，疗效上佳。

[方案 2] 板蓝根注射液，每千克体重 0.1ml；倍健（免疫核糖核酸），每

20kg体重1ml，重症加量；倍康肽（白细胞介素-4，每75kg体重1ml）三者混合肌注，每日1次，连用3～4d；同时肌注30%氟苯尼考注射液，每千克体重20mg，每日1次，连用3～4d或肌注头孢拉啶，每千克体重20～30mg，每日1次，连用3～4d。

此外，使用替米考星、泰乐菌素、林可霉素、头孢噻呋及甲磺酸达诺沙星等治疗，也有良好的疗效。临床上单纯的副猪嗜血杆菌感染很少见，发病多为多种病毒与多种细菌混合与继发感染。因此，治疗时要做到抗细菌、抗病毒、抗应激与提高免疫力并举，方能收到良好的治疗效果。

我国猪链球菌2型流行情况与公共卫生

由猪链球菌2型引起的疾病是一种重要的人兽共患传染病，它不仅可引起猪的急性败血症、脑膜炎、关节炎及急性死亡，还可导致人的感染发病和死亡。该病呈世界性分布，自20世纪50年代以来，荷兰、英国、美国、加拿大、澳大利亚、新西兰、比利时、巴西、丹麦、西班牙、德国、日本和中国台湾省等先后报道，不仅给世界养猪业造成很大的威胁，而且危害着公共卫生的安全，应引起兽医界与医学界的高度重视。

1　当前猪链球菌2型发病情况与流行特点

链球菌有20个血清群，在我国引起猪发病的主要是C群链球菌，同时也有D群与C群混合感染的报道。仔猪发病的死亡率达10%～25%，育肥猪的发病率为2%～20%，死亡率逐年升高，给全国的养猪生产造成重大损失。特别是近几年来，不少地区的猪群中又暴发流行猪链球菌2型，其发病情况与流行特点表现如下。

1990年初广东省某猪场发生猪链球菌2型感染，主要引起断奶仔猪发生关节炎、脑膜炎、败血症和支气管炎等。1998～1999年江苏省部分地区的猪群中暴发猪链球菌2型，病猪表现突然不食，精神沉郁，体温升高，达42℃以上，流浆液性鼻液，有的鼻液中带有血性泡沫，便血，腹下、四肢与耳朵发紫，并有出血斑块，多数病猪于发病后1～2d死亡，发病率和死亡率均在50%左右，有时还引起人感染发病死亡。近年来，该病又在上海、浙江、北京、广东和东北地区不同程度的暴发流行，对养猪生产和公共卫生安全造成越来越大的危害。猪链球菌2型多暴发于4～12周龄的猪群，特别是4～6周龄的断奶仔猪，发病率与死亡率都很高。

链球菌 2 型不一定都有致病性，其毒力也有差异。猪链球菌 2 型的毒力因子，最重要的是荚膜多糖（CPS）、类似溶菌酶释放蛋白（MRP）的毒性相关蛋白、细胞外蛋白因子（EF）、溶血素和黏附素等。据江苏省兽医研究所何孔旺研究员报道，证实我国猪链球菌 2 型分离株 SS2 - 1 毒力因子 *mrp* 与 *epf* 的基因序列与 GenBank 报道的猪链球菌的毒力因子的序列高度一致。

据江苏省兽医研究所调查，发现正常猪群中链球菌 2 型的带菌率很高，非疫区猪群平均带菌率为 42.6%，疫区平均为 39%。病菌广泛存在于猪的呼吸道中，呼吸道与伤口是该病的主要传播途径。妊娠母猪的子宫和阴道中可带病菌，其产下的仔猪在出生后常发生感染。

猪不分品种、年龄、性别均可感染，发病没有明显的季节性，一年四季都有发生。

猪群饲养密度过大，猪舍卫生条件差、通风不良、气候突变、转群、长途运输及其他各种应激因素都可诱导猪链球菌病的发生与流行。

在临床上常见猪瘟、猪伪狂犬病、猪肺疫、蓝耳病与猪链球菌病混合感染或继发感染，这不仅使病情复杂化，而且增大了病死率和防治的难度。

2　防控对策

猪场应实行多点式饲养，坚持“全进全出”制度，防止各类猪只交叉感染，特别要注意母猪对仔猪的传染。

加强饲养管理，搞好猪舍内外的环境卫生，猪舍要保持清洁干燥，通风良好；猪群的饲养密度要适中；猪舍每周应坚持用百毒杀或菌毒敌等高效消毒剂进行喷雾消毒。

仔猪断脐、剪牙、断尾、打耳号等要严格用碘酊消毒，当发生外伤时要及时按外科方法进行处理，防止从伤口感染病菌，引发该病。

猪场严禁饲养猫、犬和其他动物，彻底消灭鼠类和吸血昆虫（蚊、蝇等），控制传播媒介传播病原体，可有效地防止该病的发生与流行。

坚持免疫接种。可选用下列菌苗进行免疫：

猪链球菌多价灭活苗（包括 2 型猪链球菌和 C 群链球菌）：妊娠母猪于产仔前 20～30d 每头肌注 3ml；仔猪于 30 日龄和 45 日龄各肌注 2ml；后备母猪于配种前每头肌注 3ml。接种菌苗后，可同时使用有效抗生素共同控制该病的发生，不会影响菌苗的免疫应答。

猪败血性链球菌活菌苗：适用于健康猪群的免疫接种，弱猪及初生仔猪不应使用。使用时按标签说明的头份给药，每头份加入 1ml 20%铝胶盐水稀释液，充分摇匀后，每头猪皮下注射 1ml。注苗前后各 1 周内，均不可使用各种抗生素，否则影响免疫效果，造成免疫失败。

药物预防：仔猪断奶后，可在日粮中添加药物进行预防。如在每吨饲料中加氟康王（10%氟苯尼考、干扰素、转移因子）400g、抗菌肽 300g，穿心莲粉 1 000g 或每吨饲料中加服而舒（多西环素、细胞因子）300g 和溶菌酶 200g、支原净 150g，连续饲喂 14d，可有效预防猪链球菌病的发生。

发生猪链球菌病时的防治措施：发病死亡猪要深埋或无害化处理，污染的圈舍、猪栏、墙壁、地面、通道、用具、工具等要彻底消毒，每周 2 次，直至控制疫情为止。勤检查猪群，发现可疑病猪立即隔离治疗。未发病的同群猪可用药物预防，如用 2%恩诺沙星粉 50g 加入 20L 水中，让猪持续饮用 15d；同时用灭活菌苗进行紧急接种。

抗菌疗法：氨苄青霉素，每千克体重 3 万国际单位，肌肉注射，每日 3 次，连用 5d，同时配合肌注链乳康泰注射液，每千克体重 0.2ml，每日 1 次，连用 3d。

乙基环丙沙星，每千克体重 2.5～10mg，肌肉注射，每日 2 次，连用 3d。同时配合肌注头孢噻呋，每千克体重 5mg，每日 1 次，连用 3d。

红弓链注射液，肌肉注射，每日 1 次，连用 2d。注射剂量按说明书规定使用。同时配合肌肉注射庆大霉素，每千克体重 2mg，每日 2 次，连用 3d。

链球菌病注射液，每千克体重 1ml，每日 1 次，连用 3d；同时配合肌肉注射齐鲁制菌磺，每千克体重 0.15ml，注射 1 次即可，必要时可于第 3 天再注射 1 次。

磺胺嘧啶钠注射液，每千克体重 0.07g，肌肉注射，每日 2 次，连用 3d；同时配合肌肉注射板蓝根注射液，每次每头猪注射 5～10ml，每日 2 次，或者肌肉注射黄连素注射液，每次每头猪注射 50～200mg，每日 2 次。

对症疗法：30%安乃近，每千克体重 0.2g，每日肌肉注射 2 次。镇静用氯丙嗪，每千克体重 0.5～1mg，每日肌肉注射 2 次。维生素 B_1，每千克体重 0.2mg，每日肌肉注射 1 次。淋巴结化脓时应及时切开排脓，局部按外科方法进行处理。

3　公共卫生

人链球菌病主要是指猩红热，也可引起扁桃腺炎、风湿热、心内膜炎、丹毒、淋巴结炎及局部感染等，病原主要是 A 群链球菌，其次为 G、L 群。链球菌在自然界分布很广，存在于人和动物的正常皮肤、黏膜和肠道内，主要经呼吸道和接触传播，可由动物传染给人，也可由人传染给人，多数为散发。近几年来在我国部分省、市暴发流行猪链球菌 2 型，对人的健康造成了新的严重危害。据江苏省兽医研究所报道，1998 年江苏省部分地区的猪群中暴发流行猪链球菌 2 型时，有 25 人感染发病，造成 14 人死亡。病人都为屠宰工人或接触过病猪肉的人群，均有皮肤破损。病人表现为畏寒，持续高热，头痛，关节痛，呕吐，腹泻，全身中毒症状明显，血压偏低，休克，多数病人面部充血，四肢潮红，有出血点或红色斑丘疹，有脑膜刺激征兆，白细胞及中性粒细胞明显升高，肝肾功能受损，死亡率占发病人数的 50%以上。因此，饲养员、兽医、管理人员以及屠宰场工人等接触病猪、剖检死亡猪和处理污染物时要特别注意自身的防护，如戴橡胶手套、防止发生外伤、严格消毒等，防止被感染。一旦被感染发病，应及时采用抗生素疗法与对症疗法进行综合治疗，防止并发症。临床上常选用头孢唑啉、头孢拉啶、罗红霉素或阿莫西林等药物治疗，均有良好的疗效。

猪附红细胞体病的发病特点、诊断与防控技术

当前猪附红细胞体病在流行形式上虽已由急性暴发型转为慢性型，但隐性感染带毒猪增多，发病仍然不断。由于猪群中持续性感染的长期存在，加之对猪群饲养管理重视不够，饲料营养标准不稳定，饲养环境恶化等因素的影响，造成猪附红细胞体病常与其他病毒病和细菌性疾病等混合感染或继发感染，导致仔猪发病率和死亡率增高，母猪流产、产死胎和弱仔增多，给养猪业带来很大的经济损失，对附红细胞体病的防控应加以重视。

1　流行形势与发病特点

1.1　流行形势

猪附红细胞体病是由立克次体目中的附红细胞体引起的一种人兽共患传染病，以贫血、黄疸和发热为特征。目前该病呈全球性分布，流行于世界上 30 多个国家和地区。我国于 1972 年在江苏南部首次报道“猪红皮病”，后被证实为附红细胞体病，20 世纪 90 年代以来，在全国各地均有该病的报道，先后呈

现急性暴发型发生，发病率为20%～25%。最近3年来，病情有所缓和。各种品种和年龄的猪对附红细胞体都有易感性，但以仔猪、妊娠母猪和产后母猪为多见，特别是哺乳仔猪和阉割后几周的仔猪发病率和死亡率都较高。成年猪多见继发感染。哺乳仔猪由感染母猪通过子宫和胎盘而传染；仔猪多由仔猪互相斗咬、舔伤口和吸血液等直接传播；母猪通过污染的精液而传播；除外吸血昆虫（蚊、蜱、虱等）叮咬以外，被污染的注射用具、手术器械及断尾、打耳号、耳标、去势等也可传播该病。该病一年四季都可发生，但多见于夏、秋和雨水较多的季节，以及气候突变的冬春季节。饲养管理不良，气温变化大，环境卫生恶劣，其他疾病的发生等各种应激因素都能诱发此病，并使病情加重，疫情扩散。

1.2 发病特点

1.2.1 猪群中隐性感染率很高

据有关资料显示，猪群中附红细胞体隐性感染带菌率高达90%～95%，这是主要的传染源。许多农户就是由于引进了隐性感染的种群后，当饲养管理不良，营养水平低下，气温发生突变，或并发其他疾病时，引起血液中的附红细胞体数量增加，而诱发该病。发病耐过的猪只能长期带菌，成为传染源，表现出持续性感染，致使该病在猪场长期存在，难于净化。

1.2.2 发病多以慢性型为主

当前猪群中发病已由过去急性暴发型转为慢性型为主，病猪表现为体温一般不升高（混合感染者除外），多呈现为黄疸、贫血、皮肤苍白、皮毛粗乱无光泽、消瘦、精神沉郁、食欲减退、肩背部毛孔出血，呼吸困难，呈腹式呼吸。有的皮肤发紫或全身发红，尿呈黄色，腹泻等。育肥猪生长缓慢，成为僵猪。

1.2.3 妊娠障碍

妊娠母猪可见流产、产死胎和弱仔。流产率可达50%左右。产后发病的母猪表现为少乳或无乳，断奶后不发情，配种返情率可达40%以上。发病母猪的死亡率为10%左右。

1.2.4 继发感染增多

附红细胞体可大量破坏红细胞，使红细胞的免疫调节作用、免疫黏附活性、清除体内抗原异物与免疫复合物的功能遭受破坏，导致机体免疫功能降低，继发感染增加。在临床上常见附红细胞体病与猪瘟、蓝耳病、伪狂犬病、圆环病毒2型感染、链球菌病、副猪嗜血杆菌病等继发感染，诱发猪高热综合征和呼吸道疾病综合征等，造成哺乳仔猪和保育仔猪发病率和死亡率增高。当出现继发感染时，哺乳仔猪的发病死亡率可高达90%以上，断奶仔猪的发病死亡率高达20%以上。

2　附红细胞体病的实验室诊断

2.1　诊断方法

2.1.1　血液压片镜检

从猪耳静脉采血，1滴血液加等量生理盐水混匀后，加盖玻片，在400～600倍显微镜下检查，可见附着在红细胞表面或游离于血浆中的附红细胞体，呈球形、逗点形、杆状或颗粒状。血浆中的虫体可做伸展、收缩、转体等运动。在油镜下可见红细胞的形态发生了变化，呈菠萝状、锯齿状、星状等不规则形态。

2.1.2　血液涂片染色镜检

取血液涂片，进行姬姆萨染色，在油镜下观察，可见紫红色或粉红色的呈不规则环形或点状的附红细胞体；瑞氏染色虫体为蓝紫色或黄色；革兰染色呈阴性。

2.1.3　电镜观察

扫描电镜观察可见附着于红细胞表面的附红细胞体为球状、饼状、卵圆形或短杆状等多种形态。而红细胞变形严重，呈锯齿状或不规则的多边形。

2.1.4　血清学检查

补体结合试验（CF）：用于诊断急性病猪，当病猪出现临诊症状、体温升高后的1～7d采血检查多呈现阳性反应，发病2～3周后即转为阴性，故用此法检查慢性病猪时常呈现阴性反应。

间接血凝试验（IHA）：本试验灵敏度较高，滴度达到1∶40定为阳性，能检出补体结合反应转阴后的耐过猪和潜伏感染的病猪，现常用于猪附红细胞体病的诊断。

荧光抗体试验（FA）：相关抗体在感染后的第4天出现，第28天达到高峰。本法用于猪附红细胞体病的诊断，效果良好。

酶联免疫吸附试验（ELISA）：本法敏感、快速、特异，其敏感性比间接血凝试验高8倍，是目前用于诊断猪附红细胞体病的一种常规方法。

2.1.5　分子生物学方法

PCR技术：猪感染附红细胞体后24h即可呈现PCR阳性，灵敏性高，特异性强，可用于猪附红细胞体病的诊断、流行病学调查及疗效监测等。

核酸探针技术：本技术可用于检测血液中的附红细胞体，并能区分出附红细胞体感染的猪和非感染猪，而且不会与猪感染的其他疾病血清中的DNA发生杂交反应。

2.2 实验室诊断方法的评价

血液压片镜检，目前是以观察到红细胞呈不规则形态即判断为附红细胞体感染。诊断时要注意，因为动物体内血液生化、营养代谢，以及使用不同的生理盐水作稀释液等，也会引起红细胞形状发生改变，易与附红体病引起的红细胞变形相混淆；观察用的光学显微镜的分辨率有限，不可能完全看清附红细胞体的结构。血液涂片染色镜检时，有时染色液的颗粒会附着在红细胞的边缘，镜下观察不易分辨，易与附着在红细胞上的附红细胞体相混淆。因此，上述两种诊断方法观察的结果，只能视为疑似病例，不能确诊。

几种血清学诊断方法虽然检测结果存在较大的差异，但在临床实践中已被证实，ELISA 和间接血凝抑制试验仍是当前用于诊断猪附红细胞体病的敏感性高、特异性强的常用的诊断方法，优于血液压片与血片染色镜检的方法。

电镜观察、PCR 技术和核酸探针技术等灵敏性与特异性均好，是检查病原的确诊手段，可用于猪附红细胞体病的流行病学调查、诊断及疗效监测等。但这几种方法对仪器设备和操作技术要求比较高，不便于在临床检测中大范围的推广使用。

综上所述，附红细胞体病的诊断，一定要从实际需要认真选择实验室的有效诊断方法，结合该病的流行特点，临床症状及病理变化，并注意鉴别混合感染，进行综合分析，才能得出正确的诊断结果。

3 防控技术

实行全进全出的饲养制度，防止疾病交叉感染；加强猪群的饲养管理，消除各种应激因素；供给全价优质饲料，严禁饲喂发霉变质的饲料，确保猪群的健康水平。

猪舍每天要清扫干净，及时清除舍内的粪尿、饲料残屑和垃圾等，并进行无害化处理；保持猪舍冬暖夏凉（特别要注意夏季的防暑降温）、清洁卫生、通风良好、并定期消毒；生产区和生活区的外环境要定期清扫，彻底铲除杂草、填平积水坑洼，保持排水及排污系统的畅通，使有害吸血昆虫失去繁衍孳生的场所；特别是在此病的高发季节，要用蚊蝇净、力高峰或拜虫杀（拜耳生产）等杀虫药物杀灭蚊、蜱、蚤、虱、蝇等吸血昆虫，断绝其与猪群的接触。

注射用具及医疗器械要经严格消毒后使用，接种疫苗及注射治疗时，要做到每猪换 1 个针头；手术、断尾、剪牙、打耳号、打标识、去势及接产等都要认真消毒，防止通过各种媒介物传播该病；发生外伤时及咬伤要及时进行外科处理。

按防疫计划定期进行驱虫、灭鼠，可明显降低猪群的感染率和发病率。

按合理的免疫程序做好猪群的猪瘟、蓝耳病、伪狂犬病、口蹄疫、乙型脑炎、副猪嗜血杆菌病、链球菌病等疫苗的免疫接种，确保猪的高度免疫状态，可有效地防止发生该病的混合感染或并发感染。

药物预防如下：

哺乳仔猪：长效土霉素，仔猪 1 日龄与 7 日龄各肌注 1 次，每头每次 50mg；3 日龄补铁、血、硒 1 次，每头肌注牲血素 1ml、0.1%亚硝酸钠-维生素 E 注射液 0.5ml。

保育仔猪：转群时，于每吨饲料中加阿散酸 120g，连续饲喂 10d；或者于每吨饲料中加入红弓链康粉（含土霉素、增效磺胺等）500g，连续饲喂 7d。

生产母猪：产仔前 1 周在每吨饲料中加西尔康（多西环素、干扰素）500g，抗菌肽 400g，口服排疫肽（高免球蛋白）400g，连续饲喂 14d。

种公母猪：于每吨饲料中加对氨基苯砷酸钠 180g，连续饲喂 7d，以后药量减半，再喂 7d（母猪临产时服药量不得超过每吨饲料 90g）。可有效预防该病，发病时能有效控制病情。

病猪的治疗方法如下：

急性病例或有混合感染者：血虫净（贝尼尔），每千克体重 5～7mg，用生理盐水稀释成 5%溶液，分点肌注，每日 1 次，连用 2 次；同时肌注红弓链康注射液，每千克体重 0.1ml，重症加量，每日 1 次，连用 4d；香菇多糖注射液（每千克体重 0.1ml），加倍健（每千克体重 1ml，重症加量），肌注，每日 1 次，连用 4d；复方三氮脒注射液（每千克体重 0.1ml）；同时肌注清开灵注射液（小猪每头 5ml、中猪 10ml、大猪 20ml），加排疫肽和转移因子混合肌注，每日 1 次，连用 3 次；下午肌注复方多西环素注射液（每千克体重 0.1ml），每日 1 次，连用 3d。同时注意强心、补液、纠正酸中毒、补充维生素 C、维生素 B_1 等，可静脉注射 10%葡萄糖溶液 300～500ml、5%碳酸氢钠溶液 40～100ml，每日 1 次。改饮电解质多维，加葡萄糖粉，加溶菌酶，饮用 7d。

慢性感染病例：血虫净，用法同上，或者新胂凡纳明，每千克体重 10～15mg，溶于生理盐水中静脉注射，每日 1 次，连用 3d；同时肌注长效土霉素，每千克体重 5mg，每 2d 1 次，连用 4 次；下午肌注制菌磺 1 次，每千克体重 0.15ml，隔日 1 次，连用 3 次。长效土霉素与制菌磺交替使用为好。

临床治愈后，每头发病猪肌注猪用转移因子或倍康肽 1 次，可使发病猪康复好，提高免疫力快，减少僵猪的发生。

发病猪死亡后一律销毁或深埋处理，严禁食用。

4 公共卫生

人与患病动物之间通过接触可发生传播，冯立明等报道2例病人因与患附红体病的病羊接触而被感染；周向阳等报道3名兽医人员因接触患附红体病的病犬而被感染；裴标等报道人的附红体可通过母体传给胎儿；1997年全国附红细胞体病调查协作组报告：对河北、宁夏、江苏三省的人群调查发现，0～19岁组的感染率达73%，明显地高于其他年龄组，而且男性略高于女性。附红细胞体能寄生于人的红细胞表面及血浆中，多数表现为隐性感染。急性发病主要表现为发热、黄疸、贫血、出汗、疲劳、嗜睡、厌食；淋巴结肿大、骨髓增生、心电图有变化、肾功能不全，肌酐、尿素氮、非蛋白氮升高；红细胞、血红蛋白、红细胞压积、血小板等水平降低。

病人用四环素类、甲硝唑类、庆大霉素类、喹诺酮类等药物治疗效果良好。联合用药，口服加注射，对症治疗与支持疗法相结合，可缩短疗程，加快康复。接触患病动物时也可用上述药物内服，予以预防，并注意消毒和自我防护。

规模化猪场衣原体病的防治技术

衣原体病是由衣原体引起的人畜共患传染病，可引起动物和人类的多种疾病，动物以表现流产、肺炎、肠炎、结膜炎、多发性关节炎及脑脊髓炎等多种病症为特征。人类的衣原体病以发热、头痛和肺炎为特征，并与动脉粥样硬化和冠心病有关。衣原体病自1879年在瑞士首次报告以来，已广泛分布于世界各地，欧洲、南美洲、北美洲、亚洲的许多国家和地区都有发生。我国于1959年首次发现人的鹦鹉热，1964年又在家禽中分离到鹦鹉热衣原体，当前猪衣原体病在全国二十九个省市、自治区都有发生，不仅对规模化养猪业危害相当严重，而且威胁着人类的健康。

1 猪衣原体病发生状况

1.1 流行情况

姜天童等从1995年以来，先后对湖北、湖南、河南和江西4个省的75个猪场诊断出衣原体性繁殖障碍，并用间接血凝（IHA）试验检测554份猪血清衣原体抗体，总阳性率为55.69%，其中种公猪为72.5%、生产母猪为

61.99%、仔猪为 39.35%。

叶润全等用 IHA 对广东 3 个规模化猪场进行衣原体病血清学调查，共检测 286 份血清，总阳性率为 35.3%，其中仔猪为 15.6%，育肥猪为 25.8%、母猪为 47.4%。

邱昌庆等从全国 17 个省、自治区部分猪场收集猪血清 17 448 份，用 IHA 方法检测猪衣原体抗体，其中抗体阳性率青海为 33.3%和 42.9%，四川为 11.5%和 80%，新疆为 22.2%，陕西为 38%，广西为 21.2%，云南为 24.5%，广东为 50.2%，甘肃为 42.2%和 36%，河南为 35.1%和 18.2%，宁夏为 15.1%，海南为 38.2%、湖北为 37.5%，湖南为 16.7%，江西为 50%，辽宁为 43.2%，黑龙江为 77.1%，吉林省为 20.5%。并从一些省及自治区采集的流产母猪阴道分泌物和流产胎儿中，以及仔猪肺炎死亡猪病料中分离到鹦鹉热衣原体。

上述调查结果表明，猪衣原体病在我国许多省、市、自治区的规模化猪场普遍存在，发病率逐年上升，对养猪业造成严重的威胁，应引起高度重视。

1.2　流行特点

病猪与隐性感染猪是衣原体病的主要传染源，这些猪可长期带菌（种公猪精液带菌可达 1 年以上），通过眼、鼻分泌物、粪尿、乳汁及流产的胎儿、胎衣和羊水排出病菌，污染饲料和饮水。经消化道、呼吸道及眼结膜感染，也可经交配及人工授精传播，或经胎盘传染给胎儿。所以，在猪场内该病具有常在性和持久性的特点。

蝇、蜱及其他吸血昆虫和某些寄生虫可能是该病的传播媒介，定居于猪场内的鼠类和鸟类可携带病原，因而成为该病的自然疫源地。故在生物安全措施不得力，灭鼠与灭虫不彻底的猪场发生衣原体病较为多见。

不同品种和年龄的猪对该病都有易感性，但以妊娠母猪和仔猪的易感性最高。

母猪感染和发生流产常呈地方流行性，而仔猪发生结膜炎或关节炎时多呈流行性发生。

营养缺乏、饲养密度过大、运输途中过度拥挤、细菌性或原虫性疾病等应激因素可促进该病的发生与发展。

2　猪衣原体病症状特征

2.1　鹦鹉热衣原体感染

鹦鹉热亲衣原体感染可引起妊娠后期的母猪发生流产、死胎、产弱仔或木乃伊胎儿。初产母猪发病率高达 40%～90%，2 胎以上的经产母猪流产率较低。公猪发生睾丸炎、阴茎炎、尿道炎，精液品质与精子活力下降。仔猪发生肺炎、肠炎、脑炎、心包炎及多发性关节炎等，病死率为20%～60%。成年猪发生结膜炎和多发性关节炎。

2.2 沙眼衣原体感染

沙眼衣原体感染可引起仔猪肠炎和角膜炎。由牛羊亲衣原体和沙眼衣原体混合感染可引起母猪流产。

3 猪衣原体病的诊断

3.1 临床综合诊断

根据猪衣原体病的流行特点、临床特征与病理变化进行综合分析，可作出初步诊断，确诊需进行病原体的分离培养和实验室检验。

3.2 病原学诊断

病料的采取与处理：用于分离病原体的病料可采取流产胎儿的器官、胎盘和子宫分泌物；关节炎病例的滑液；脑炎病例的大脑和脊髓；肺炎病例的肺、支气管、淋巴结；肠炎病例的肠黏膜和粪便等。病料经磨碎后用PBS（pH为7.2）液或SPG缓冲液稀释成20%的悬液，为防止杂菌污染，需在每毫升悬液中加1mg链霉素或1mg卡那霉索和两性霉素B，经2 000r/min离心沉淀20min，取上清重复离心沉淀2次，最后取上清液进行培养和接种动物试验。

细胞培养：取上清液接种某些细胞系（如McCoy、HeLa、Vero和L-92g等细胞），在细胞培养中的衣原体，能形成不同形态的核旁包涵体，再用直接荧光抗体试验（DFA）进行检测，其特异性可达95%以上。

鸡胚接种：取0.5ml上清液接种于6～7日龄的鸡胚卵黄囊内，39℃孵化，一般于接种后5～12d，衣原体能引起鸡胚死亡，鸡胚卵黄囊膜出现典型的血管充血病变。有些衣原体菌株引起病变不明显或鸡胚仍存活，应该进行2代盲传，有时要盲传5代，再用间接血凝试验（IHA）或直接荧光抗体试验进行病原鉴定。

动物致病性试验：选用21～28日龄的幼鼠，将病料通过腹腔、脑内或鼻腔内接种，如5～15d小鼠出现不食、被毛蓬乱、结膜炎、腹部胀满甚至死亡等症状，剖检腹腔有纤维素性渗出物、肺充血、肝、脾肿大等，即可进一步诊断为衣原体病。

3.3 血清学诊断

3.3.1 补体结合试验（CF）

用感染鸡胚的卵黄膜制备抗原，以已知抗血清进行CF以鉴定衣原体的存在。我国将CF滴度定为1∶16以上判定为阳性，1∶8为可疑反应，1∶4以下为阴性。哺乳动物和禽类一般于感染后7～10d出现补体结合抗体。临床上通常采取急性期和恢复期双份血清进行CF试验，如抗体滴度增高4倍以上，认为系阳性。

3.3.2　间接血凝试验

国家农业部已颁发了《衣原体病间接红细胞凝集试验操作规程》，适用于各种畜禽衣原体病的检疫。结果判定：哺乳动物血凝价≥1∶64为阳性，血凝效价≤1∶16为阴性，血凝效价界于两者之间为可疑。

3.3.3　荧光抗体试验

用于检测抗原，敏感性与特异性都很好。本试验与ELISA常用于猪衣原体病的诊断。

此外，血清中和试验、乳胶凝集试验、空斑减数试验等，也可用于该病的诊断。但是，要想确定是哪种衣原体引起的感染，还应进行ELISA、PCR和DNA分析。

3.4　鉴别诊断

母猪流产应注意与猪伪狂犬病、猪细小病毒病、乙型脑炎、繁殖与呼吸综合征及猪瘟等繁殖障碍性疾病相鉴别。

4　猪衣原体病的治疗

临床治疗可选用四环素、强力霉素、多西环素、红霉素、长效土霉素及夹竹桃霉素等进行治疗。

四环素，每千克体重10～20mg，每日肌注2次，连用5d。强力霉素，每千克体重1～3mg，每日肌注1次，连用7d。长效土霉素，每千克体重20mg，每周肌注1次，连用2次。重症者可静脉注射10%葡萄糖盐水300～500ml，加4%土霉素溶液（每千克体重1ml），混合使用，每日1次。

在实施抗菌治疗的同时，还应注意进行对症治疗，方可收到良好的疗效。

5　猪衣原体病的预防

加强生物安全措施：由于衣原体病是一种广泛传播的自然疫源性疾病，养猪场必须采取综合性的防治措施。首先要建立起生物安全体系，控制好饲养环境，防止环境被病原污染；实行科学的饲养管理，消除一切应激因素；建立严格的兽医卫生消毒制度，定期对环境、出猪台、圈栏、场地进行消毒；猪场要实行“全进全出”的封闭的饲养管理系统，只准许饲养一种动物，杜绝其他动物进入养猪场。

养猪场要坚持杀灭各种吸血昆虫，消灭鼠类，防止鸟类和野生动物的侵袭，以控制带入传染源，消灭传播媒介，切断传播途径，可有效防止衣原体病的传播与发生。

引进种猪要严格隔离检疫（用血清学方法），防止种猪带入病原。同时养猪场要建立疫情监测制度，发现可疑病例要及时检疫，以清除隐性传染源。加强对饲养场工作人员的卫生管理，定期进行医学检验，必要时可服用抗生素类药物予以防治。

药物预防：日常及发病期间可于每吨料中添加强力霉素、四环素、土霉素或多西环素 400～500g，连续饲喂 2 周，可起到预防作用。

免疫接种：猪衣原体病灭活菌苗，繁殖母猪于配种前 1 个月每头皮下注射 2ml，每年 1 次，连续注射 2～3 年；种公猪每头皮下注射 2ml，每年免疫 1 次。

发生疫情时，要及时确诊，隔离病猪进行治疗；全群检疫，阳性猪和患病猪不能做种用。全部淘汰处理：假定健康猪进行药物预防或紧急接种灭活菌苗；严格消毒（可使用 2％火碱溶液、4％来苏儿、1∶800 卫康、1∶800 消毒威等消毒），加强生物安全措施，特别是粪便与污物要经过消毒后堆积发酵处理。病猪与血清学检验阳性猪不准出售和上市流动。

6 公共卫生

人衣原体病是由肺炎亲衣原体、鹦鹉热亲衣原体和沙眼衣原体引起的一种急性传染病。以发热、干咳、间质性肺炎、沙眼、尿道炎和支气管炎为特征。人感染后可相互传染，也可传染给动物，动物患病后也可传染给人，其途径是多种多样的。因此，猪场饲管人员，在猪场发生疫情时要注意自身的防护，如穿工作服、戴口罩和手套，并注意消毒，服用四环素、多西环素、强力霉素或环丙沙星等抗菌药物，可有效的防治衣原体病的传染。

仔猪腹泻性疾病的防控技术

每年的冬春季节母猪产仔高峰期，仔猪发生腹泻性疾病比较多见。据有关资料统计数字表明，有许多猪群仔猪腹泻性疾病的发病率高达 50％以上，病死率高达 15％～20％，由腹泻引起的仔猪死亡数占仔猪死亡总数的 39.8％，其中哺乳仔猪至断奶前后发生腹泻而引起死亡的占 20％～25％。由此可见，腹泻性疾病对养猪业的持续危害很大，可造成较大的经济损失。

1　仔猪腹泻的主要原因

1.1　病原性引起的仔猪腹泻

1.1.1　病毒性腹泻

传染性胃肠炎：由猪传染性胃肠炎病毒（冠状病毒）引起的一种急性胃肠道传染病。传染源来自病猪和带毒猪，病毒存在于猪的肠道内，可随粪便排毒达8周之久。带毒的犬、猫和鸟类也可传播该病。主要经消化道和呼吸道传染。各种年龄的猪都易感，但以10日龄以内的仔猪发病率和死亡率为高，有的可达100%。发病初期体温升高，后期体温下降。呈水样腹泻，粪便呈黄绿色、灰色或白色，呕吐，脱水，口渴，消瘦，多于2～7d死亡。3周龄以上的猪可耐过，但发育不良，生长缓慢。育肥猪和生产母猪发病症状轻微，表现为厌食、呕吐，排水样便等。传染性胃肠炎多发于冬春寒冷的季节，一旦发生，传播很快，常呈地方性流行。

猪流行性腹泻：由猪流行性腹泻病毒引起的猪的一种急性肠道传染病。病毒可在猪群中持续存在，各种年龄的猪都易感。哺乳仔猪、保育猪和育肥猪的发病率可达100%，哺乳仔猪的死亡率平均为50%。母猪发病率在15%～90%。该病主要发生于冬季，但夏季也有发生。临床症状为呕吐、水样腹泻，粪呈灰黄色或灰色，脱水、不食。1周龄内的哺乳仔猪于腹泻后2～4d内因脱水而死亡。

轮状病毒感染：由轮状病毒引起的一种急性肠道传染病。各种年龄的猪都可感染，感染率高达90%以上。8周龄以下的仔猪发病最多，发病率一般在50%～80%，病死率为10%左右。成年猪多呈隐性感染。发病多见于晚秋、冬季和早春季节，各种应激因素对该病的发生、严重程度和死亡率都有较大的影响。临床上主要表现为病初精神沉郁，厌食，喜卧地，有的呕吐，腹泻，排黄白色或糊状粪便，脱水，可持续2～4d。

1.1.2　细菌性腹泻

仔猪黄痢：由致病性大肠杆菌所引起的初生仔猪的一种急性、致死性传染病。生产母猪带菌及产房环境污染、卫生条件差是引发该病的主要因素。发病多见于3日龄左右的乳猪，7日龄以上的猪发病较少。同窝仔猪发病率可达90%以上，死亡率几乎为100%。不同窝的乳猪及继续分娩的乳猪在同一猪舍内也可感染发病，病死率一样很高。临床上常见仔猪出生后10多小时突然全身衰弱发病死亡。生后2d发病的表现为腹泻，排黄色稀粪，含有凝乳小片，肛门松弛，捕捉时从肛门冒出稀粪。病猪精神沉郁，不吃奶，脱水、消瘦、昏迷衰竭而死亡。

仔猪白痢：由致病性大肠杆菌引起的2～3周龄仔猪的一种急性肠道传染病。该病几乎存在于所有的猪场和猪群中，发病率很高，致死率较低。一窝仔猪有1头下痢时，不及时采取措施，会很快传播至全群。一年四季都可发生。饲养管理不良，卫生条件不好，阴雨潮湿，天气突变，母猪的奶汁过稀或过浓等，造成乳猪抵抗力下降，可导致该病的发生。临床上表现为仔猪突然下痢，开始排糊样粪便，继而变成水样，随后出现乳白色或灰白色下痢，含有气泡，有特殊的腥臭味。在尾、肛门及其附近常附着有粪便。病仔猪脱水、消瘦、拱背、皮毛粗乱无光泽，结膜苍白，怕冷。一般病程5～7d。

仔猪红痢：由C型魏氏梭菌引起的肠毒血症，又称仔猪梭菌性肠炎。病原体广泛存在于母猪的肠道内及外界环境中，常引发地方性流行。主要侵害1～3日龄的新生仔猪，以排灰黄色稀粪或混有大量血液的粪便为特征，发病急，病程短，死亡快，发病率为40%～50%，死亡率可达100%。病程一般为5～7d。7日龄以上的仔猪发病少见。

仔猪副伤寒：由沙门菌引起的仔猪的一种传染病。病猪和带菌猪是主要传染源，老鼠可传染此病。主要危害1～4月龄的仔猪，20日龄以内与6月龄以上的猪发生较少。饲养密度过大，环境卫生差、潮湿、营养不良、存在多种应激因素，有寄生虫病和病毒感染等可导致此病的流行，在临床上常见与猪瘟、蓝耳病等混合感染。一年四季均可发生。急性病例表现为败血症变化，发热、沉郁、不食、耳及胸腹皮肤发绀，下痢、死亡率高，病程2～4d。亚急性和慢性病例表现为大肠坏死性肠炎，下痢、消瘦、粪便恶臭，带有血液和黏液。下痢持续3～7d后，停止，数天后又复发。病猪消瘦、被毛无光泽，眼结膜潮红，肿胀，有脓性黏性分泌物，皮肤出现湿疹，严重者脱水死亡。

猪痢疾：由猪痢疾蛇形螺旋体引起的一种严重的肠道传染病。病猪与带菌猪为传染源，带菌时间长达数月，犬、鼠类、鸟类及苍蝇等可传播该病。各种年龄的猪都易感，但主要危害7～12周龄的仔猪。其特征是大肠黏膜发生卡他性、出血性炎症，进而发生纤维素性坏死性炎症。病猪表现为体温稍高，精神沉郁，食欲降低，下痢，排稀粪或水样带血粪便，后期便中带黏液及坏死组织碎片，有恶臭。病程1～3周。死亡率为5%～25%。饲养管理不良，营养差，缺乏维生素和矿物质，气候多变及各种应激等可促进该病的发生，并加重病情。

1.1.3 寄生虫性腹泻

引起仔猪腹泻的寄生虫有猪球虫、隐孢子虫、蛔虫、类圆线虫、猪小袋纤毛虫、鞭虫和棘头虫等。这些寄生虫病常与细菌病和病毒病混合感染，使病情复杂化，增大临床诊断的难度，也加大了病死率。猪球虫病主要危害1～3周龄的仔猪，临床上表现为腹泻，为水样便和糊状便，呈白色或黄色。猪鞭虫病，常引发 2～6 月龄的猪血痢，贫血、消瘦、生长缓慢，并可与猪痢疾并发。猪蛔虫病，各种年龄的猪均可感染，但主要危害 3～6 月龄的猪，临床上表现为咳嗽，体温升高，食欲不振，异嗜，贫血，消瘦，磨牙，被毛粗乱，生长缓慢，形成僵猪，有时也可造成死亡。猪类圆线虫病，主要危害 1～3 月龄的猪，可经胎盘感染，临床上表现为病猪贫血、消瘦、腹痛、下痢、粪便带血或黏膜，最后可因衰竭而死亡。

1.2　非病原性因素引起的仔猪腹泻

非病原性因素引起的仔猪腹泻，原因很多，常见的有以下几种。

当饲喂高蛋白日粮时，由于仔猪的消化生理机能不健全，胃内缺乏胃蛋白酶和游离盐酸，不能有效地消化吸收蛋白质，尤其是饲料中的植物蛋白，未被消化的蛋白质进入大肠后，在致病菌的作用下发生腐败、分解、从而刺激肠壁，引起胃肠机能紊乱，加之胃肠道 pH 偏高，消化酶活性不能发挥应有的作用而诱发仔猪发生腹泻。

由于仔猪消化道及其酶系统发育不健全，尤其是蛋白酶的活性在 6～8 周龄之前偏低，当仔猪采食饲料中的抗原物质（蛋白质），可激发机体的免疫反应，即饲料抗原引起仔猪发生细胞介导的超敏反应（饲料抗原过敏），导致小肠损伤，引起功能变化，引发仔猪发生腹泻。

由于仔猪的免疫系统发育不完善，对抗原的刺激不能产生主动免疫。当母源抗体不足或断奶后，母源抗体水平急剧下降，造成抵抗力低下，仔猪的小肠发生炎性变化，也可诱发仔猪发生腹泻。

当仔猪缺乏维生素（如叶酸、烟酸、泛酸等）、矿物质（如微量元素锌、硒、铁、铜等）和其他营养物质时也可导致抗病力低下，使仔猪发生腹泻。

长期饲喂发霉变质的饲料，或者误食有毒物质及酸、碱、砷等化学物质时，也可引起仔猪腹泻。

突然改变饲料、气温多变、寒冷刺激、阴雨连绵、温度过高、密度过大、环境卫生差以及各种应激反应等都可诱发仔猪发生腹泻。

2　仔猪腹泻性疾病的防控技术

2.1　健全生物安全措施

妊娠舍、分娩舍、保育舍、育肥舍全部实行“全进全出”制度，有利于消灭传染源和切断传播途径，防止疫病交叉传染。

妊娠母猪于分娩前 14d，用伊维菌素皮下注射，每千克体重 0.2～0.3mg，驱虫 1 次。

分娩舍与保育舍进猪前7d要全面彻底清扫干净，用高压水反复冲洗，干燥后用1%菌毒敌或百毒杀（3L水中加1ml药液）消毒2次，然后用福尔马林熏蒸消毒1次，空舍3d后再进猪。

分娩舍与保育舍每周坚持用1∶1 000卫康或0.05%的过氧乙酸或0.5%的强力消毒灵等带猪消毒1次。

临产母猪提前3d用30℃温水清洗全身，然后用1∶1 000卫康消毒液喷雾猪体消毒后再进入产房待产。

进入分娩舍的所有物品、用具、饲料及人员必须经消毒才能进入。

2.2 改善饲养管理

分娩舍保持温度18～22℃，培育箱的温度：1～7日龄32～34℃，8～12日龄30～32℃，15～30日龄28℃。

分娩舍要保持通风干燥、清洁卫生、冬暖夏凉，无吸血昆虫及鼠类等。

母猪分娩后，产床要清洗干净，并进行消毒；母猪的乳房及乳头要用0.1%的高锰酸钾溶液擦洗干净，然后再固定乳头让仔猪吃初乳。仔猪出生后要用干净的消毒纱布将全身擦洗干净，并让其尽快吃上初乳。

断脐、断尾、剪牙、打耳号等要严格用碘酊消毒，防止感染。

仔猪7日龄开始，用少量、多次的饲喂方法给其补料，以锻炼其肠胃的消化机能。尽可能在饲料中按0.2%添加唯生态C211（微生态制剂），可改善消化吸收功能，提高饲料利用率，维持肠道菌群平衡，增强免疫力，防止仔猪腹泻。

对哺乳母猪要给予全价饲料，保证其营养的全面、均衡，使仔猪可获得充足而富有营养的乳汁。母猪的乳汁过浓，乳内脂肪和蛋白质含量过高，仔猪吃后消化不良，可引起仔猪下痢。母猪的乳汁稀薄，营养不全，缺乏某些维生素和矿物质，也可引起白痢的发生。

让仔猪饮用充足清洁的饮水，防止吃脏水和粪尿等，否则易引发下痢。

仔猪实行早期隔离断奶，28日龄断奶后，母猪离开分娩舍，仔猪在原产床上停留5d，然后全部转至离分娩舍100～200m以外的保育舍隔离饲养，并以原窝组群，以切断和控制传染源在种群与子代之间的相互传染。

2.3 免疫预防

妊娠母猪于产前20～30d，每头猪后海穴注射猪传染性胃肠炎与猪流行性腹泻二联灭活疫苗4ml，新生仔猪通过吃初乳获得被动免疫，可预防病毒性腹泻。

妊娠母猪于产前40d和15d各肌肉注射1次仔猪大肠杆菌K88、K99、987P三价灭活疫苗，每次每头5ml，新生仔猪通过吃初乳获得被动免疫，可预防仔猪黄、白痢。

母猪分娩前6～7周，每头肌注CR型仔猪腹泻混合菌苗2ml（1头份），首免后3～4周，每头再肌注2ml（1头份），可预防大肠杆菌、C型魏氏梭菌及其毒素和轮状病毒引起的腹泻。

仔猪副伤寒活菌苗，按标签注明的头份，用冷开水稀释成每头份5～10ml，给断奶仔猪灌服，50日龄时再加强免疫1次，可预防仔猪沙门菌病。

猪传染性胃肠炎与轮状病毒病二联活疫苗：母猪产前5周和1周各肌注1ml，免疫期为4个月；仔猪断奶前7d，每头肌注2ml，免疫期半年。

上述提供的各种疫苗，仅供防控疫病时参考使用。当前在养猪生产中预防仔猪腹泻使用细菌苗的不多，病毒性疫苗也要根据动物疫情和本猪场的实际情况有选择的使用，不是疫苗用得越多就越安全。根本是加强科学管理，建立生物安全体系，适当的使用疫苗接种，实行药物保健，就可有效防止仔猪各种疫病的发生与流行。

2.4　药物保健

母猪临产前3d，每头肌注长效土霉素2次，每2d注射1次，每千克体重10～20mg。可预防母猪产后发生的各种感染（如乳房炎、阴道炎及子宫内膜炎等），保证乳汁的质量，有利于防止仔猪发生各种腹泻。

仔猪出生后1日龄与4日龄，每头各肌注排疫肽（高免球蛋白）1次，每次每头0.25ml；或者肌注倍康肽（猪白细胞介素-4），每次每头0.25ml，可增强仔猪免疫力，提高抗病力。同时于1、2、3日龄各口服杆诺泰口服液（蜡样芽孢杆菌活菌）1次，每次每头0.5ml；或者与仔猪出生后、吃初乳之前用“止痢宝”（嗜酸乳杆菌口服液），每次每头喷嘴1ml，第2天每头再喷嘴2ml。可有效防止仔猪红、黄、白痢的发生。

仔猪出生后，吃初乳之前，于1、7、21日龄分别每头肌注速解灵（第三代头孢菌素）0.2、0.2、0.4ml，也可有效防止仔猪腹泻的发生。

仔猪2日龄，用伪狂犬病双基因缺失活疫苗滴鼻，每个鼻孔0.5ml，可防止哺乳期间发生伪狂犬病。仔猪35日龄时加强免疫1次，每头肌注1头份。

仔猪3日龄，每头肌注牲血素1ml及0.1%亚硒酸钠一维生素E注射液0.5ml；或者肌注铁制剂1～2ml，可防治缺铁性贫血、缺硒及腹泻的发生。

仔猪7日龄补料开食，可于每吨饲料中添加金唯肽C211或益生肽C211（乳猪专用微生态制剂）500g，饲喂10d，可促进消化机能，调节菌群平衡，提高饲料吸收、利用率，促生长，增强免疫力，改善饲养生态环境，防止各种消化道和呼吸道疾病的发生。

仔猪断奶前3d，每头肌注猪用转移因子或者倍健（免疫核糖核酸）

0.5ml，可有效地防止因断奶时可能发生的断奶应激、营养应激、饲料应激和环境应激等，避免由于应激而诱发保育仔猪发生多种疫病和腹泻。

仔猪断奶前、后各5d，于每吨饲料中添加喘束治（泰乐菌素、强力霉素、微囊包被的干扰素、排疫肽）500g，加黄芪多糖粉800g，溶菌酶（一种水解酶）200g，连续饲喂10d；或于每吨饲料中添加氟康王（氟苯尼考，微囊包被的干扰素与转移因子）400g，板蓝根粉800g，抗菌肽200g，连续饲喂10d。上述方案可有效预防断奶后发生各种应激诱发的多种病毒病与细菌病的混合感染或继发感染，使保育仔猪健康生长。

如饲料中无法加药，可改为饮水加药，饮用电解质多维，加葡萄糖粉，加黄芪多糖粉，加溶菌酶或干扰肽，连续饮用7d，也可收到良好的防止疫病的效果。

保育仔猪转入育肥舍之前，于每吨饲料中加2g伊维菌素或阿维菌素，连续饲喂1周，间隔7d后再喂1周，驱虫1次。

仔猪的疫苗免疫按免疫计划与程序进行，如猪瘟、口蹄疫、蓝耳病、气喘病及链球菌病的疫苗接种，与防止仔猪腹泻是相辅相成的。

2.5 仔猪腹泻性疫病的治疗

对仔猪的腹泻性疫病要做到早发现、早诊断、早用药、早治疗。在改善饲养管理，加强对环境的控制，消除各种应激因素的前提下，采取细胞因子疗法、抗病毒疗法、抗细菌疗法并结合对症治疗方可收到良好的治疗效果。

2.5.1 病毒性腹泻的治疗

[方案1] 排疫肽（免疫球蛋白，可增强免疫力，中和各种毒素），每50kg体重1ml，重症加量，与干扰素（增强免疫力，抗病毒），每40kg体重1ml，重症加量，与黄芪多糖注射液（每千克体重0.1～0.2ml）混合肌注，每日1次，连用3d；同时口服溶菌酶，每日2次，每头每次5ml，连服3d，并口服补盐液300～500ml。

[方案2] 倍健（免疫核糖核酸，增强免疫力，抗病毒），每75kg体重1ml，重症加量，与倍康肽（白细胞介素-4，增强免疫力，抗病毒，抗感染），每30kg体重1ml，重症加量，与双黄连注射液（抗病毒，抗感染，增强免疫力），每千克体重0.1ml，混合肌注，每日1次，连用3d；同时口服抗菌肽，每日1次，连服3d，并口服电解多维加葡萄糖粉。

2.5.2 细菌性腹泻的治疗

[方案1] 排疫肽（每50kg体重1ml）加猪用转移因子（每40kg体重1ml）与穿心莲注射液（每头仔猪2～3ml），混合肌注，每日1次，连用3d；同时口服溶菌酶加电解质多维，或者口服杨树花口服液加电解质多维，每日2

次，连用3d。

[方案2] 倍健加倍康肽与双黄连注射液（每千克体重0.1ml），混合肌注，每日1次，连用3d；口服抗菌肽加电解质多维或者口服杨树花加口服补盐液，每日2次，连服3d。

仔猪红痢发病急、死亡快，可用排疫肽加转移因子或倍健加倍康肽混合肌注，同时配合穿心莲注射液与10%氟苯尼考注射液混合肌注，每日2次，连用3d；口服溶菌酶或抗菌肽加电解质多维，疗效佳。

2.5.3　非病原性腹泻的治疗

非病原性因素引起的仔猪腹泻，重点是要消除或降低仔猪断奶时的断奶应激、断奶后的温度应激、环境应激和营养应激；给仔猪提供一个清洁卫生、空气流动、冬暖夏凉、无污染的生活环境；严禁饲喂腐败变质、发霉的饲料，降低日粮中的蛋白质水平。实践证明，5周龄以上的仔猪，其日料中蛋白质含量从21.4%～22%降低到10%～16%，另外添加赖氨酸，并保证足量的微量元素（铁、铜、锌、锰、碘、钴与硒）等，可使仔猪腹泻的发生率下降40%。当发生腹泻时，可参照上述治疗方案实施对症治疗。

当前仔猪水肿病发生状况与防治对策

仔猪水肿病是由致病溶血性大肠杆菌的毒素引起猪的一种肠毒血症，临床上以病猪全身或局部麻痹，共济失调等神经症状，以及眼睑部水肿为主要特征。仔猪水肿病分布于世界各国，我国广大乡村养猪户和许多猪场均有发生，发病率10%～30%，病死率达90%以上，对养猪业的发展造成一定的威胁。

1　发病原因

乡村养猪户自配饲料多数不符合全价营养标准，断奶后的仔猪饲料单一，缺乏某些维生素和微量元素；有的猪场饲料中蛋白质含量过高，粗纤维比例偏低等。这些因素可引发仔猪胃肠道机能紊乱，有利于大肠杆菌产生肠毒素、水肿素和内毒素等，这是造成仔猪水肿病的一个主要原因。

猪群饲养管理粗放，饲养环境条件差，卫生不好，消毒不严，防疫工作不到位等，致使猪群感染致病性大肠杆菌的机会增多，造成猪肠道菌群发生改变，从而诱发该病，这种情况在乡村养猪户比较多见。

当仔猪发生某种疾病时，不合理的长期大量应用抗菌药物，导致仔猪肠道正常菌群紊乱，也是造成该病发生的一个重要原因。

哺乳仔猪补料开食过晚，断奶与换料突然，加上气温偏低，气候变化过大，环境潮湿等应激因素的存在，对该病的发生可起到促进作用。

2 发病状况

最早可见断奶前的哺乳仔猪发病，但最多见于断奶后 2～4 周的保育猪发病死亡。

发病仔猪多数为同栏猪群中营养水平中等以上，体况与发育较好的仔猪。

发病时间在东北地区多为 4～9 月份，特别是 6～8 月份发生为多，一般为散发，有时可见地方流行性。

在饲料中添加了亚硒酸钠、B 族维生素和维生素 E 的饲养户猪群发病较少。

乡村饲养户，饲养管理不良，环境卫生不好，猪舍条件差，自配饲料喂猪的饲养户发病较多。

3 主要症状与病理变化

主要症状：仔猪突然发病、体温不高、精神沉郁、不食、行走时四肢无力、共济失调、步态不稳。倒地后肌肉震颤，全身抽搐，四肢划动作游泳状。感觉过敏，触之惊叫，叫声嘶哑。上下眼睑、颜面部、头颈部皮下呈灰白色水肿。有的仔猪出现便秘或腹泻，心跳加快，呼吸困难衰竭而死亡。急性病例几小时至 1d 死亡，病程稍长的可达 2～3d。

剖检变化：尸体外表苍白、眼睑、结膜、下颌部与头颈部皮下水肿，特别是胃的大弯部和贲门部黏膜下层水肿明显，切开水肿部可见透明至黄色的渗出液流出或呈胶冻状。肠系膜水肿，全身淋巴结节水肿，切面多汁。有的可见肺水肿，心包与腹腔积液等。

4 预防措施

4.1 控制好饲养环境

产仔舍进入临产母猪之前，以及保育舍进入仔猪之前，一定要将猪舍、门窗、墙壁、地面、通道、猪栏、产床、保温箱、用具、工具等清扫干净，用高压水冲洗，然后用 2%火碱溶液消毒 1 次，再用清水冲洗干净后，用百菌消 30 或菌毒敌交叉反复全面喷雾消毒 2 次，空舍 5d 即可进猪。

4.2 控制好临产母猪

临产母猪带菌是该病的主要传染源，控制好母猪非常关键。要实行“全进全出”的饲养方式，临产母猪提前3d进入产仔舍，并用30℃的温水将其全身冲洗干净，然后用1∶600百毒杀或0.5%强力消毒灵喷洒全身消毒，上产床待产。母猪产仔后要用0.5%高锰酸钾溶液清洗消毒乳房与会阴部，每天1次。产床、猪栏与保温箱要保持清洁、卫生、干燥。这样可有效杀灭产房的致病菌，减少疫病的发生。

4.3　免疫预防

临产母猪：母猪临产前40d和15d，分别肌注大肠杆菌K88、K99、987P三价灭活苗，每头每次2ml，初生仔猪通过吃初乳可获得保护。

仔猪：仔猪18日龄时，每头肌注猪水肿病多价油乳剂灭活苗，每头1ml；40日龄时再加强1次，每头肌注2ml，可获得很好的免疫效果。

4.4　药物预防

仔猪出生后哺乳之前，给每头仔猪口服0.1%高锰酸钾溶液2～3毫升，5d后再口服1次。仔猪3日龄时，每头肌注牲血素1ml，0.1%亚硒酸钠2ml，补充铁和硒的不足，可防止水肿病。

仔猪7日龄开食，氟哌酸按0.1%拌料，连喂7d。并防止饲料单一，保证有足够的矿物质和维生素，蛋白质水平不要超过19%。

仔猪断奶前1周和断奶后2周，每头肌注组织胺球蛋白2ml，每周注射1次；同时配合每天每头内服磺胺二甲嘧啶1.5g，可有效预防该病。

4.5　加强管理

仔猪断奶不要突然，断奶后应转入清洗消毒的保育舍饲养；全进全出，原窝组群，饲料更换和饲养方式的改变应逐渐过渡；保持猪舍的清洁卫生、温度和通风，尽可能防止断奶应激，有利于预防该病。

4.6　发病时的防治措施

发生仔猪水肿病时要及时作出正确诊断，病猪尽快隔离治疗，治疗方法可采用病因疗法与对症疗法相结合的综合性治疗方法，其原则是抗菌消肿、解毒镇静、强心利尿和抗过敏等。

强力水肿消注射液，每千克体重0.5ml，肌注，每天2次，连用3～4d。同时用20%磺胺嘧啶钠注射液20～40ml，维生素B_1注射液2～4ml，加入10%葡萄糖注射液50ml混匀，一次腹腔注射，每天1次，连用3d。硫酸镁，每头猪15g加水适量，每天内服1次，连用2d。

2.5%恩诺沙星注射液，每10kg体重1ml，肌注，每天2次，连用3d。链霉素1g加氢化可的松50～100mg 1次口服，每天1次。同时，用5%糖盐水50ml加维生素C10ml，1次腹腔注射，每天1次。

20%磺胺嘧啶钠注射液20～40ml，维生素C 2ml，地塞米松15mg，10%

葡萄糖注射液 50ml，1 次静脉注射，每天 2 次，连用 3d。同时用庆大霉素，每千克体重 2 千单位，肌注，每天 2 次，连用 3d。

水肿清注射液，每千克体重 0.4ml，肌注，每天 1 次，连用 3d。同时配合内服双氢克脲噻片，每千克体重服 1 片，每天 2 次。神经症状明显者可肌注氯丙嗪注射液，每千克体重 2mg，每天 1 次，连用 2d。

未发病的猪群立即按每吨料中添加土霉素精粉 800g，连喂 7d。

加强消毒，发病舍每天用 0.1%过氧乙酸溶液或 0.03%百毒杀溶液带猪消毒 1 次，其他猪舍根据情况 3d 消毒 1 次。

加强猪群的饲养管理，改善与净化饲养环境，保持猪舍清洁卫生，冬暖夏凉，尽可能除去各种应激因素，可有效降低疫病造成的损失。

严格检查饲料的质量，减少精料、控制蛋白质的比例，适当增加矿物质、维生素与粗纤维饲料，保证仔猪的营养需要。

猪渗出性皮炎的防治措施

猪渗出性皮炎又称“猪油皮病”或“油猪病”。此病是由表皮感染葡萄球菌引起的，又叫葡萄球菌性皮炎，为哺乳仔猪和断奶仔猪的一种急性传染性疾病。

1　诊断要点

1.1　流行特点

猪渗出性皮炎主要发生于哺乳仔猪，特别是 4～10 日龄的仔猪（也有 2 日龄发病的报道），断奶仔猪和育成猪也有发生。一般呈散发，感染率约为 30%，哺乳仔猪全身性感染时死亡率可达 80%以上，大猪感染一般不发生死亡。该病主要通过接触传染，由破损的皮肤和黏膜入侵，在局部发生病变后，于 24～48h 可波及全身，哺乳仔猪常见全窝或数窝同时发病，可形成暴发的局面。该病的发生与体表外伤、仔猪咬斗、栏圈、地面与墙壁碰伤等有关。发病没有季节性，饲养密度过大，猪舍空气污染，卫生条件不佳等可促发该病。

1.2　症状特征

潜伏期为 4～6d。病猪初期精神沉郁，在眼睛周围、耳部、面颊、鼻、背腹部皮肤以及肛门周围等无被毛处皮肤出现红斑，并发生 3～4mm 大小的微黄水疱，水疱破裂后，渗出清亮的浆液或黏液。由于渗出物和溃疡使尘埃、皮屑和垢物凝集成龟背样的痂块，并发出难闻的气味。常于24～48h蔓延至全身。病仔猪不吃乳、不食、体温升高，脱水，消瘦，3～5d死亡。大猪发病多呈局限性病灶，常无全身症状。

1.3　病理变化

死亡仔猪尸体消瘦，皮肤增厚，严重脱水，剥除皮肤痂皮可见暗红色创面。眼睑水肿，淋巴结肿大或水肿。肾的髓质切面中可见尿酸盐结晶，出现肾炎病变。输尿管肿大，肾囊肿。其他脏器多无明显病变。若继发感染时病变较为复杂。

1.4　实验室诊断

镜检：取病变部的渗出物或渗出血，死亡猪的肝、脾等涂片，革兰染色后镜检，可见圆形单个或成对的葡萄串状的革兰阳性球状菌，即为葡萄球菌。

取病料接种于绵羊血平板、麦康凯平板和普通琼脂平板上，37℃温箱培养24h，可见麦康凯平板上不生长菌，绵羊血平板上生长，普通琼脂平板上生长出单一菌落，为圆形隆起、温润、边缘整齐、灰白色、不透明的菌落。将单一菌落涂片，革兰染色镜检，可见阳性球菌，并进行生化特性鉴定。

一般根据发病情况、临床特征及病理变化即可作出诊断，必要时才进行实验室检查。

2　防治措施

2.1　预防措施

仔猪出生后要用清洁干净的毛巾或纱布将口、鼻及皮肤上的黏液擦洗干净，产床与保温箱严格消毒，防止仔猪发生外伤。

产房实行全进全出，母猪上产床之前，产房要彻底清扫干净，并用卫康或强力消毒灵消毒3次，空舍2d后进入母猪待产。

母猪进产房前要用40℃温水冲洗体表，并带猪消毒，然后再上产床待产。

避免仔猪发生外伤，如仔猪断脐、剪牙、断尾、去势、注射等一定要用碘酊消毒，防止感染病菌。

加强对仔猪的饲养管理，搞好猪舍和产床的卫生，保持猪舍干净、干燥，空气新鲜，清除污物与污水，定期消毒，消灭传染源，可防止该病的发生。

药物保健。方案1：仔猪出生后1～2日龄，每头用副猪清（含有细菌素和免疫细胞因子）2g兑水10ml稀释后口服，每日1次，连用2次，可有效提高免疫力，预防仔猪腹泻和多种细菌感染。方案2：7日龄仔猪开食后，可用抗菌肽50g拌料200kg，连续饲喂仔猪12d，可预防多种细菌病的感染，并能提高免疫力。

2.2 治疗方法

氨苄青霉素 0.5g 肌注，每日 2 次，连用 4d。

板蓝根注射液（每千克体重 0.1ml）加头孢噻呋钠（每千克体重 5mg），混合肌注，每日 1 次，连用 4 次。

丁胺卡那、氧氟沙星、恩诺沙星和强力霉素等也可用于治疗。

强力霉素 100g、溶菌酶 200g，板蓝根粉 500g，拌入 1 000kg 料中，连续饲喂仔猪 12d。

严重者口服补液盐和葡萄糖水，加排疫肽，每天口服 2 次，连用 3d。防止脱水，调节水盐平衡，提高免疫力。

体表病变部用 0.2%高锰酸钾溶液清洗，然后再喷雾碘伏溶液，每日 2 次，连用 3d。

葡萄球菌易产生耐药性，最好是先做药敏试验，找出最敏感的药物进行治疗，效果更佳。

猪增生性肠炎的防控技术

猪增生性肠炎是由专性胞内劳森菌引起猪的一种接触性传染病，又称猪回肠炎、猪增生性肠病，以回肠和结肠隐窝内未成熟的肠细胞发生根瘤样增生为特征。该病在我国猪群中广泛存在，并在世界范围内传播与流行。发病率高，死亡率不高，应高度重视对该病的防控，以减少经济损失。

1 当前的流行状况

病猪和带菌猪是主要的传染源，引进种猪不严格检疫，非常容易引入隐性感染猪，主要通过污染的饲料、饮水和环境，经接触由消化道传播。各种年龄的猪均可发生感染，但是主要危害 6～16 周龄的生长育肥猪，其发病率为 5%～25%，最高可达 40%左右。病死率为 1%～10%，有时可达 40%。据有关资料显示，中国猪群从保育开始至 13 周龄育肥阶段的流行率明显高于欧洲。除猪易感外，仓鼠、雪豹、狐狸、马鹿、鸵鸟、兔等也可感染。该病的发生没有季节性，多呈散发流行。各种应激因素、饲养密度过大、药物使用不当、饲料营养不全、长期饲喂霉变饲料等，均可引发此病。当前，在许多病毒性疾病发生中常见此病的继发与混合感染，应引起关注。

2　症状特征

2.1　急性病例

4～12月龄的育肥猪多发生急性出血性增生性肠炎，表现为急性出血性贫血，严重腹泻，排出黑色柏油状稀粪。有的突然死亡，表现苍白，精神沉郁，喜卧地扎堆。妊娠母猪流产。

2.2　慢性病例

6～20周龄仔猪多发，表现为精神不振、食欲减退、消瘦、生长缓慢、粪软、便稀，粪便混有血液或呈焦油状。病程长的呈贫血、营养不良、弓背弯腰、站立不稳、行动无力、生长受阻，病程可达一年左右。

3　病理变化

剖检可见小肠、回肠、结肠及盲肠肠管胀满、变粗，肠壁增厚，肠内有液体或血凝块。浆膜下和肠系膜水肿，淋巴结肿大，颜色变浅。肠黏膜表面湿润、无黏液、出血、有弥漫性、坏死性炎症。肠黏膜脱落后进入纵向或横向皱褶深处，类似大脑的脑回。

4　防控技术

4.1　自繁自养

尽可能少引入猪，不从外引进种猪，避免带入传染源。一旦引入传染源后猪场很难净化和根除病原。如需要引种一定要严格检疫。

4.2　坚持实行全进全出的饲养制度

猪舍猪全部出栏后，要彻底清扫干净，反复用水冲洗，干燥后进行消毒，反复3次，空舍3d后再进入新的猪群，避免疾病交叉传播。

4.3　加强生物安全措施

肠道疾病的发生多数与饲养环境、卫生条件、各种应激因素与管理水平有关，因此，加强生物安全措施十分重要。猪舍要保持清洁卫生，干燥，通风良好，冬暖夏凉；定期消毒，清除粪便与污水，防止病原繁殖，可减少疾病的传播。

4.4　加强饲养管理

保证猪的营养水平，饲喂全价饲料，严禁使用发霉变质的饲料，饮用清洁水。

4.5　免疫预防

猪回肠炎弱毒活疫苗（胞内劳森菌苗）：仔猪2～3周龄或仔猪断奶前1周

免疫1次，每头口服1头份；新购入仔猪可在购入后7d免疫1次，每头口服1头份。免疫保护期可达22周。口服疫苗前后各3d不要使用抗菌药物。

4.6 药物预防

[方案1] 泰妙菌素150～200g、金霉素400～500g、抗菌肽300g，拌入1t料中，连续饲喂12d。

[方案2] 林可霉素100g、大观霉素50g、溶菌酶800g，拌入1t料中，连续饲喂12d。

[方案3] 细菌素100～120g、加立健500g、泰乐菌素300g，拌入1t料中，连续饲喂12d。

4.7 治疗方案

[方案1] 穿心莲注射液（每千克体重0.2ml），加排疫肽（每50kg体重1ml，重症加量），混合肌注，每日1次，连用3～5d；同时肌注林可霉素注射液（每千克体重10～30mg），每日1次，连用5d；每天口服杨树花口服液2次，小猪每头2ml，中猪3ml，大猪5ml。

[方案2] 双黄连注射液（每千克体重0.2ml），加倍健（每60kg体重1ml，重症加量），混合肌注，每日1次，连用5d；同时肌注复方强力霉素注射液（每千克体重0.1ml），或者肌注30%氟苯尼考注射液（每千克体重0.1ml），每日1次，连用5d；每天口服止痢宝口服液2次，小猪2ml，中猪4ml，大猪5ml。

腹泻严重者，体弱消瘦者，要进行支持治疗。如静脉或腹腔注射10%葡萄糖溶液100～300ml，加10%维生素C 3～8ml，维生素B_1（每千克体重25mg），混合使用；病猪体温低下时，加注10%樟脑磺酸钠注射液，每头2～10ml。

治疗时，应通过注射途径给药，经饲料或饮水给药难于获得治疗量的药物；早治疗，用药时间适当延长，疾病的后期用药效果不佳；抗生素易产生耐药性，定期更换治疗与保健用药，以保证预防与治疗的效果。

猪皮肤真菌病

皮肤真菌病是由多种皮肤致病真菌引起的人兽共患皮肤病的总称，又称为皮霉病、表皮真菌病、小孢子菌病等。猪俗称为钱癣、脱毛癣、秃毛癣等。临床上以脱毛、脱屑、炎性渗出、痂块与痒感为特征。皮肤真菌病发病率较高，传染性很强，而且难以治愈，应重视该病的预防，以减少其造成的经济损失。

1　病原

引起猪的皮肤真菌病几乎全部都是由真菌门、半知菌纲、念珠菌目、念珠菌科的各种小孢子菌和毛癣菌所引起的，特别是须毛癣和细小孢子菌。由于多数皮肤真菌能产生孢子，在不利环境下，孢子内的胞质可以浓缩，胞壁增厚，变成厚壁孢子，因此，对外界环境影响的抵抗力很强。把病料或真菌用白纸包好，置于室温或4℃的条件下，经422d后再次接种培养，仍可分离出真菌。

2　流行特点

皮肤真菌可感染所有家畜和野生哺乳动物与人类，猪的感染源和感染锁链中要注意猫、狗、牛以及垫料、饲料等对猪的传染作用。病猪与带菌动物是主要传染源，被病菌污染的猪舍、栏圈、器具、空气、尘埃以及管理人员都可以成为传播媒介。通过病猪与健康猪直接接触与空气传播。环境潮湿、阴冷多雨、闷热、拥挤、营养不良与卫生条件差可促使该病的发生与传播。该病的发生无明显的季节性，但以夏、秋、冬季多发。呈地方性流行，主要危害保育舍的仔猪，特别是断乳前后的仔猪最易感染，哺乳仔猪发病少，成年猪一般不感染。发病率高达50％～60％，病死率很低。病的发生与猪的品种和性别无关。

3　临床特征

病猪头部、颈部、躯干、腹部和四肢上部等处可见指盖或铜钱大小的圆形或不规则形灰白色鳞屑斑。发病初期，病猪食欲、精神、体温无异常，表现中度的瘙痒，不见脱毛。病灶中度潮红，嵌有小水疱。当病灶的面积扩展到体表面积50％后，病猪精神沉郁，食欲减退，体温略高，发痒磨墙，怕冷嗜睡，被毛松乱，严重者瘦弱而死。

4　诊断

根据流行特点和临床特征可作出初步诊断，确诊应进行显微镜检查。在手术刀的背后抹上甘油少许，刮取病灶边沿的癣屑、痂和粘有渗出液的被毛，置放于载玻片上，滴加1～2滴10％氢氧化钾溶液，盖上盖玻片静置15～20min，待病料软化透明后，置显微镜下检查，可见菌丝上芽生成圆形卵圆球形的孢子。

分离培养，采取深部感染的病料，分别接种于沙堡葡萄糖琼脂与血液琼脂上，于37℃培养，真菌一般生长较慢，培养需要数日甚至数周。为了减少细菌污染，可在培养基中加入青霉素100万国际单位和链霉素200mg。培养生长后，可作抹片染色或乳酸石碳酸棉兰液片，进行真菌形态结构的观察。

5 防控技术措施

5.1 加强饲养管理

防止各种应激的发生，饲养密度要适中；保持猪舍清洁卫生与用具、垫料、饲料及环境的干燥；清除污物与粪尿，定期进行消毒；猪舍与环境、空气可用卫康、百毒杀、菌毒敌、抗毒威或强力消毒灵等进行消毒；猪体可选用1∶1 000卫康、10%百毒杀600倍液、强力消毒王1 000倍液或0.1%过氧乙酸溶液等进行喷雾消毒。

猪体皮肤要保持清洁干净，防止皮肤发生外伤，一旦发生外伤应涂擦碘酊或青霉素软膏；消灭各种吸血昆虫，防止其叮咬皮肤，可有效预防该病。

平时要防止饲料发霉变质，轻度发霉的玉米等要及时用水清洗，晒干，粉碎后加脱霉剂再饲喂。可选用生物脱霉剂（每吨饲料中添加400～600g，可长期使用），或霉毒脱—SP（每吨饲料中加1～1.5kg）、霉卫宝（每吨饲料中添加1～1.5kg）、脱霉—100、克霉霸等。严禁用发霉变质的饲料喂猪，一定要保证猪的营养水平。

5.2 药物预防

仔猪发病期间可在饲料中投服维生素A，每头猪每次给3万～5万单位。

5.3 病猪的治疗

5.3.1 外用药物

病猪隔离治疗，先对患部剪毛，再用温肥皂水洗净痂皮，再用2%的硫化石灰液进行冲洗，然后涂擦10%水杨酸软膏，或15%磺胺水杨酸软膏，或水杨酸酯剂，5%～10%硫酸铜溶液，每天1次，直至痊愈。

5.3.2 内服药物

灰黄霉素：每头猪1d内服量为每千克体重20～30mg，连续使用7d以上。制霉菌素：每头猪1次内服量为50万～100万单位。克霉唑：每头猪1d内服量为1.5～3g。一般用药后4～7周才会痊愈。

仔猪饲养管理与主要疾病的防治

据有关报道，在当前我国养猪生产中，仔猪从断奶后到出栏上市，其死亡率高达25%；其中断奶期间引起的死亡约占全程死亡率的40%。因为仔猪断奶时，其各种生理机能和免疫功能还不完善，主动免疫系统还未发育成熟，抗病力低，极易受各种病原微生物的侵害而诱发疾病。因此，对断奶仔猪加强饲养管理与保健非常重要。

1 保育仔猪的饲养管理要点

坚持“全进全出”的饲养制度。仔猪断奶前，要清理好保育猪舍，安装好饮水器和料槽等，修理好损坏的门窗、猪栏、猪圈、天棚及墙壁、地面、通道、排污沟等，并彻底清扫干净，用高压水枪冲洗2次，干燥后再用1∶800卫康或菌毒敌（1∶300）、0.2%过氧乙酸等消毒剂反复消毒3次，每日1次，空舍3d后进猪。这样有利于消灭传染源，切断传播途径，防止病原体交叉感染。

猪舍每季度灭鼠1次，并灭杀各种吸血昆虫。准备好优质的小猪料、常用药品、医疗器械及工具等。

仔猪28日龄断奶前要完成猪瘟、伪狂犬病、蓝耳病、副猪嗜血杆菌病、链球菌病及气喘病等疫苗的首次免疫。断奶时母猪先下产床离开产仔舍，仔猪原窝不动在产床上停留3～5d后再转入保育舍，有利于防止发生断奶应激，减少各种腹泻病的发生。

保育舍要保温又通风，转入仔猪时要求温度：冬季为28℃、夏季为26℃。因为断奶仔猪的体温调节能力和胃肠道的消化机能都尚未完全建立，对温度要求较高，一般断奶第1周为28℃、第2周为25℃、第3周为23℃、第4周为21℃、第5周为20℃，适宜的湿度为65%～70%。仔猪对低温非常敏感，冷应激可引起肾上腺素在血液中的浓度成倍上升，导致仔猪消化能力降低，生长缓慢，免疫力下降，可诱发病毒性腹泻、肺炎、气喘病及多系统衰竭综合征。

分群与调教。仔猪进保育舍时，要按公、母、大、小、强、弱分群，日龄不要相差太大，最好控制在7日龄以内。如能按原窝转群更好，有利于稳定仔猪的情绪，减少应激，避免恃强凌弱，相互争斗造成伤害。饲养密度，每栏以20～25头为宜，夏天数量要少，寒冷冬季数量适当增多，以便仔猪相互取暖，但一定要保证每头仔猪有0.6～0.8m^2的活动空间。对仔猪的调教主要是训练仔猪定点排便、采食和睡卧的“三点定位”，这有利于保持圈内干燥和清洁卫生。每个栏内悬挂1～2条铁链供仔猪玩耍，可避免仔猪咬尾和咬耳等恶癖。

采食。仔猪断奶后5d内要继续饲喂原来的哺乳仔猪料，防止突然变换饲料引起仔猪食欲降低，胃肠不适和消化机能紊乱。少喂多餐，定时定量投放，每天喂料5～6次，5d后可自由采食，并过渡到饲喂保育仔猪料，给予充足的饮水，4周龄断奶仔猪的采食量为每天每头127g。换料时可按30%的比例将小猪料加入乳猪料中，每隔3d再加1/3，直至完全转吃小猪料为止。仔猪断奶前后，其消化道及其酶系统正处于发育健全阶段，一般需经过6～8周时才趋健全。如果这时日粮中的蛋白质水平过高，仔猪结肠内蛋白质腐败作用增强，腐败产物的含量增多，吸收进体内的腐败产物也增加。造成结肠内大肠杆菌含量和腹泻指数、仔猪死亡率随日粮中蛋白质水平的过量升高而升高。当小猪饲料中豆饼蛋白质的比例高于25%时，腹泻病例增多。因此，小猪料应以动物性蛋白质为主，控制植物性蛋白质的含量，粗纤维以4%为宜。如在小猪料中按0.02%的比例加入唯泰C211（微生态制剂），可有效地改善仔猪的消化吸收功能，增加采食量，提高饲料利用率，增强免疫力和抗病力，防止消化道疾病的发生。

饮水。从断奶开始，饮用电解质多维加葡萄糖粉加黄芪多糖粉，加溶菌酶（在产床上饮用5d，断奶后到保育舍再饮7d），共饮12d，可有效地增加机体抵抗力和免疫力，降低营养应激，防止圆环病毒2型感染、蓝耳病、呼吸道病和腹泻等疾病的发生。

保育舍饲养期一般为4～5周，仔猪生长到65日龄左右，即转入育肥舍饲养。断奶仔猪按照上述饲养管理技术去饲养，并认真落实到位，就能降低保育期的发病率，提高成活率，使仔猪健康生长。

2 保育仔猪主要疾病的防治

2.1 断奶仔猪多系统衰竭综合征（PMWS）

2.1.1 当前流行形式与特点

PCV-2是引发PMWS的主要原因，但不是唯一的病原。该病的发生可能与猪细小病毒（PPV）、蓝耳病病毒（PRRSV）、伪狂犬病毒（PRV）、猪链球菌、肺炎支原体、多杀性巴氏杆菌、副猪嗜血杆菌和沙门菌等混合感染与继发感染的协同作用以及不科学的饲养管理、恶劣的饲养环境和各种应激因素的诱发密切相关。当前该病在猪群中血清阳性率高达20%～80%，发病后可在猪群中持续存在12～18个月之久。主要发生于哺乳仔猪的和保育仔猪，尤以5～12周龄的仔猪多见，一般于断奶后1～3周开始发病，急性病例发病率可达20%左右，如发生混合感染或继发感染，病死率可达25%以上。我国猪群中发病最多的日龄为6～8周龄，发病率为20%～60%，病死率为8%～35%。由于PMWS是典型的免抑制性病毒病，可抑制免疫细胞的增殖，减少T淋巴细胞和B淋巴细胞的数量，使其缺乏有效的免疫应答，导致免疫力低下，抗病力降低。因此，在临床上常见 PMWS 与其他病毒、细菌或寄生虫等发生双重感染或多重感染，使病情复杂化，难以防控，这在猪高热综合征和猪呼吸道病综合征中极为多见。仔猪发病时常表现为食欲减少，进行性消瘦，生长缓慢，颌下与颈部淋巴结和腹股沟淋巴结肿大，皮肤苍白、黄疸、咳嗽、气喘，呼吸困难、腹泻等症状。

当前我国养猪场圆环病毒 2 型阳性猪场感染率为 60%，猪群中阳性检出率为 53.3%。PCV2 呈现多基因型态势，PCV2b 的毒力远远大于 PCV2a，这使该病的危害性加大，更难于控制。

2.1.2　主要防治措施

2.1.2.1　慎重引种，严防带入隐性感染的传染源

许多农户引入 50 日龄左右的仔猪后，10d 左右就开始发病，造成死亡，这主要是由于引种检疫不严，而带入了隐性感染的猪群所造成的。因此，要慎重引种，严格检疫，隔离观察，并做 1 次血清学检查，健康者方可混群饲养或留做种用。

2.1.2.2　免疫预防

目前已有研制的 PCV2 灭活疫苗，田间试验取得了良好的免疫效果。哺乳仔猪 10 日龄免疫 1 次，可获得满意的保护。同时应做好仔猪 70 日龄之前的各种疫苗的免疫接种，如猪瘟、蓝耳病、伪狂犬病、口蹄疫、副猪嗜血杆菌病、喘气病和链球菌病的免疫接种，这有利于提高仔猪呼吸道和肺脏的免疫功能，减少呼吸道病原体的感染和其他病原的多种感染，能有效地降低 PMWS 的发病率和病死率。上述疫苗的免疫程序将在以下各疾病部分中分别介绍。

2.1.2.3　药物保健

仔猪断奶前 3d，每头肌注猪用转移因子 0.5ml 或倍康肽（猪白细胞介素）0.5ml，可增强仔猪的免疫功能，降低各种应激反应的发生，提高其抗病力和抗各种应激的能力，避免由于断奶应激而诱发 PVC2 与 PRRS 的发生。

仔猪断奶前、后各 5d，于每吨料中添加喘束治（泰乐菌素、强力霉素、微囊化包被的细胞因子）400g，黄芪多糖粉 800g，连续饲喂 12d；或者于每吨料中加入支原净 100g，强力霉素 140g，阿莫西林 180g，连续饲喂 12d。

仔猪转入育肥舍前后各 5d，于每吨料中加氟康王（氟苯尼考，微囊化包被的细胞因子）400g，黄芪多糖粉或板蓝根粉 800g，连续饲喂 10d；或者于每吨料中加入利高霉素 1.2kg，阿莫西林 200g，黄芪多糖粉 800g，连续饲喂

10d。可有效预防病毒性与细胞性疫病的发生与传播。

2.1.2.4　*治疗方案*

黄芪多糖注射液（每千克体重0.1ml），或香菇多糖注射液（每千克体重0.1ml），或清开灵注射液（每头仔猪10～15ml），加干扰素（每40kg体重1ml，重症加量），加转移因子（每50kg体重1ml，重症加量）；或者加倍健（每75kg体重1ml，重症加量），加倍康肽（每30kg体重1ml，重症加量），混合肌注，每日1次，连用3d；同时配合肌注30%氟苯尼考注射液，每千克体重0.1ml，每日1次，连用3d；也可用头孢噻呋、林可霉素等。

呼吸道症状明显、咳嗽、气喘者应加注冰蟾熊胆注射液，每千克体重0.1ml，每2d1次，连用2次；病仔猪改饮电解多维加葡萄糖，加抗菌肽，加口服排疫肽，混饮7d；不吃食者，下午肌注复合维生素B注射液1次。

2.2　蓝耳病（PRRS）

2.2.1　当前流行形式与特点

蓝耳病已成为危害养猪业发展的严重疫病，在猪群中广泛存在，我国猪群中蓝耳病的感染率（包括抗体阳性和病毒阳性）非常高，几乎找不到蓝耳病阴性猪场。母猪隐性感染，持续带毒，可向外排毒达112d，经胎盘感染胎儿，出生后的仔猪带毒可达86d之久。PRRSV是引发猪高热综合征和呼吸道病综合征的主要病原，造成猪大批发病而死亡。当前蓝耳病的发生与流行，在流行病学上是以持续性感染及垂直传播和水平传播为特征；在临床上则是以免疫抑制及与其他病原混合感染和继发感染为特征。仔猪发病多出现在5～13周龄的猪群中，一般从5～6周龄开始发病，8～9周龄为发病与死亡高峰，以后逐渐减少，症状表现为体温升高，可达40～41℃，呼吸困难，呈腹式呼吸，减食、消瘦、皮肤发白、被毛粗乱、眼睑水肿，少数仔猪耳部和体表皮肤发紫，断奶前仔猪死亡率为80%～100%，断奶后仔猪发病死亡率为20%～50%，如出现多重感染其死亡率更高。当前在临床上多见蓝耳病常与圆环病毒2型感染、猪瘟、伪狂犬病或猪流感发生混合感染，并继发感染猪链球菌病、猪肺疫、气喘病、传染性胸膜肺炎、副猪嗜血杆菌病及仔猪副伤寒等，使症状复杂化，增大了防治的难度和死亡率，双重感染与多重感染的病例约占发病总数的83%。目前在我国猪群中流行的病毒株仍为美洲型，但近年来在全国不同的发病地区也分离到蓝耳病病毒变异毒株。2006年从发生高热病的病猪体内分离的变异毒株在基因序列上有缺失现象，与以前的流行毒株的同源性为94%，以变异毒株接种健康试验猪时表现为前肢跪卧，后肢麻痹，不能站立。免疫组织学检查发现脊髓中央管、中脑导水管、单核细胞质呈PRRSV强阳性反应，说明分离的变异毒株对脑组织有很强的亲嗜性。

2.2.2　主要防治措施

请参照本书猪蓝耳病的流行特点与防控技术部分。

2.3　伪狂犬病（PR）

2.3.1　当前流行形势与特点

当前，在临床上发病特点已由典型向非典型发展，转为以隐性感染为主，发病不表现出季节性，而是在一定的时间和空间内发生。如一旦出现典型的临床症状，多数病例表现为与其他病原，如蓝耳病病毒、猪瘟病毒、圆环病毒2型、猪流感病毒和细小病毒等混合感染，并继发链球菌、副猪嗜血杆菌病、多杀性巴氏杆菌、支原体、大肠杆菌等，呈现出多病原感染的症候群。15日龄以内的仔猪2日龄即可感染发病，死亡率为100%。断奶仔猪感染发病率为20%～40%，死亡率在20%左右。病仔猪表现为神经症状、腹泻、呕吐等。母猪流产、产死胎和弱仔；种公猪配种能力下降，精液质量低下。伪狂犬病也是一种免疫抑制疾病，常导致免疫耐受，降低机体免疫力和抗病力，引起多病原感染的发生。

2.3.2　主要防治措施

药物保健、治疗方案与生物安全措施参照本节2.1项实施，同样可获得满意的效果。

免疫预防。伪狂犬病基因缺失弱毒疫苗，仔猪出生后第2天首免，每头每个鼻孔滴入疫苗0.5ml；35日龄2免，每头肌注疫苗1ml，加猪用转移因子或倍康肽（白细胞介素-4）0.5ml。种猪每4个月免疫1次，每年免疫3次，每次每头肌注疫苗2ml，加转移因子或倍康肽1ml，混合使用。发生伪狂犬病疫情时可用基因缺失弱毒疫苗紧急预防接种，注射后16～24h即可控制疫情。

建立健康猪群。阳性猪群隔离饲养，采血做血清中和试验，阳性者淘汰，每隔4周做1次检查，连续2次血清学检查全部为阴性为止；另一种方法是母猪产仔断奶后（21日龄断奶），尽快分开隔离饲养，仔猪到16周龄时，做血清学检查（此时母源抗体已转为阴性），所有检出的阳性猪淘汰，30日后再做血清学检查，阴性猪合群，最终建立健康的新猪群。

猪场严禁与其他动物混养，特别不要让犬、猫进入猪舍，彻底消灭鼠类，驱赶鸟类，坚持消毒制度，开展人工授精，可有效防止伪狂犬病的传播。

2.4　链球菌病

2.4.1　当前流行形势与特点

根据链球菌荚膜抗原的差异，猪链球菌可分为35个血清型（1～34和1/2），D群和S群归为1型，R群为2型，T群为荚膜15型。从病猪分离的菌株多属于1～8型，而其荚膜2型是主导菌株，毒力最强。链球菌主要存在于污染的环境、粪便、灰尘及水中，经呼吸道、消化道、生殖道及创伤（如断脐、断尾，去势、打耳号、剪牙及注射等）感染，吸血昆虫（蚊、蝇等）也可传播。仔猪感染发病多表现为败血症和脑膜炎，发病率为 30%左右，死亡率达 80%。链球菌 2 型主要危害 4～12 周龄的猪，特别是 4～6 周龄的断奶仔猪发病最多、最严重、死亡率最高，可达 50%左右。病猪体温升高至 42℃以上，流鼻液、腹泻、便血、四肢与耳朵发紫、磨牙、空嚼、倒地不起、四肢划水状、头往后仰、不能站立、1～3d 死亡。当前在养猪生产中多见链球菌病，已成为猪蓝耳病、猪流感、猪瘟与伪狂犬病的继发病，同时又与多杀性巴氏杆菌、肺炎支原体、副猪嗜血杆菌、传染性胸膜肺炎放线杆菌等为并发病，造成双重或多重感染，使病情复杂化，增大死亡率，这在猪高热病和猪呼吸道病综合征中特别多见。尤其是发生蓝耳病的猪群，极易继发链球菌病，因为蓝耳病病毒能诱导和促进链球菌病的发生。人也可感染链球菌病引起死亡，对公共卫生构成危害，应注意个人卫生防护。

2.4.2 主要防治措施

2.4.2.1 基本防治方法

仔猪出生后断脐、断尾、剪牙、打耳号、去势及注射时要严格用碘酊消毒；预防接种和治疗注射要一头猪更换一个针头；发生外伤时要及时按外科方法处理，防止伤口感染，引发该病。定期驱虫，杀灭吸血昆虫，控制传染源，消灭传播媒介，可防止该病的发生与流行。

2.4.2.2 免疫预防

猪链球菌多价灭活菌苗（包括 2 型链球菌和 C 群链球菌），仔猪于 18 日龄首免，每头肌注 2ml；30 日龄 2 免，每头肌注 3ml，免疫期为半年。接种菌苗后，可使用抗生素，不影响疫苗效果。

2.4.2.3 药物保健

仔猪断奶前、后各 5d，于每吨料中加入氟康王（10%氟苯尼考、细胞因子）400g，抗菌肽 200g，板蓝根粉 800g，连续饲喂 12d；或者于每吨料中加入服而舒（10%多西环素、细胞因子）300g，穿心莲粉 800g，溶菌酶 300g，连续饲喂 12d，可有效预防链球菌及其他细菌病的发生。

2.4.2.4 治疗方案

清开灵注射液，仔猪每头 10～15ml，加排疫肽（每 50kg 体重 1ml，重症加量），混合肌注，每日 1 次，连用 3d；同时配合青霉素（每千克体重 1.5 万国际单位）加链霉素（每千克体重 10mg），混合肌注，每日 2 次，连用 3d。

复方板蓝根注射液，每头 5～10ml，加倍健，混合肌注，每日 1 次，连用 3d；同时配合肌注头孢噻呋钠注射液，每千克体重 5mg，每日 1 次，连用 3d。

病情严重者，要采取对症治疗，如肌注 30%安乃近，每千克体重 0.2g，每日 2 次；静注 10%葡萄糖溶液 300ml，加维生素 B_1，每千克体重 0.2mg，每日 1 次；镇静可肌注氯丙嗪注射液，每千克体重 1～3mg，每日 1～2 次。

此外，强力霉素、四环素、磺胺类药物治疗效果也较好。

病死猪一律深埋或无害化处理，严禁食用、倒卖；猪舍、猪栏、场地、环境及用具要用卫康或强力消毒灵进行彻底消毒，每天 2 次。

2.5　喘气病

2.5.1　当前流行形势与特点

猪喘气病呈世界性分布，我国猪群中血清学阳性率高达 30%～50%。猪不分年龄、性别和品种都能感染，但以哺乳仔猪和断奶仔猪的易感性最高，症状明显，病死率也高。断奶仔猪一般从 6 周龄开始咳嗽、气喘，消瘦，减食，生长缓慢。该病的发生与严重程度与许多因素相关，如猪舍卫生条件差、低温阴冷、通风不良、空气污染严重、长途运输、断奶应激、饲养密度过大，饲料中缺少维生素和微量元素等可促进该病的发生和加重病情。肺炎支原体与蓝耳病病毒在临床感染上能发挥协同作用，增强彼此的致病力，共同引发猪严重的呼吸道病综合征，造成猪大批死亡；同时又为多杀性巴氏杆菌、肺炎球菌和猪鼻支原体的继发感染创造有利条件，使病症复杂化，增大死亡率。猪喘气病也是典型的免疫抑制性疾病，可抑制 T 淋巴细胞的免疫功能，使抗体产生能力下降，导致机体免疫力与抗病力低下，可见该病已是当前危害养猪生产的重要疾病。

2.5.2　主要防治措施

2.5.2.1　科学管理

加强科学饲养管理，全方位落实各项生物安全措施，消除各种应激因素对仔猪的影响，创造良好的饲养环境，有利于防止该病的发生与传播。

2.5.2.2　免疫预防

国产猪气喘病弱毒菌苗，仔猪 8 日龄每头肌注 1ml，60 日龄加强免疫 1 次，每头肌注 1ml。美国辉瑞动物保健品公司生产的猪气喘病疫苗，仔猪 1 周龄免疫接种 1 次，每头肌注 2ml。

2.5.2.3　药物保健

仔猪断奶前、后各 5d，于每吨料中加入氟康王 400g，5%爱乐新 600g，连续饲喂 10d；或者于每吨料中加入支原净 110g，强力霉素 140g，阿莫西林 160g，连续饲喂 10d。

2.5.2.4　治疗方案

穿心莲注射液（每千克体重 0.1ml），加排疫肽（每 50kg 体重 1ml），加转移因子（每 40kg 体重 1ml），混合肌注，每日 1 次，连用 4d；同时配合肌注支原净注射液，每千克体重 20mg，每日 1 次，连用 4d。

大青叶注射液（每千克体重 0.1ml）加倍健，混合肌注，每日 1 次，连用 4d；同时配合使用 20%泰乐菌素注射液，每 5kg 体重 1ml，肌注，每日 1 次，连用 4d；或者肌注长效土霉素，每千克体重 20mg，每 2d 1 次，连用 3 次。

此外，氟苯尼考、强力霉素、林可霉素、氧氟沙星、大观霉素和北里霉素等也可用于猪喘气病的治疗，治疗时要定期更换用药，防止产生耐药性和病情反复。

在进行上述方案治疗时，注意对症治疗，如气喘、咳嗽严重者可加注冰蟾熊胆注射液或炎康等；强心可用强尔心或安那加等；重症补液可用 10%葡萄糖溶液加维生素 B_1 静注。

2.6　副猪嗜血杆菌病

2.6.1　当前流行形势与特点

副猪嗜血杆菌分为 15 个血清型，在我国发生最多的是血清 4、5 型与 13 型。目前该病呈世界性分布，我国各地猪场均有该病的发生与流行。主要危害 2 周龄至 4 月龄的青年猪，特别是以 5～8 周龄的断奶仔猪最为易感，发病率为 10%～15%，病死率可高达 50%左右。当前在临床上此病已成为蓝耳病、圆环病毒 2 型感染、伪狂犬病、猪流感、猪呼吸道冠状病毒病的继发病，并与气喘病、传染性胸膜肺炎、传染性萎缩性鼻炎及链球菌病等混合发生，为猪高热病和呼吸道综合征的主要继发病原之一，对断奶仔猪造成严重的危害。由于该菌多存在于猪的上呼吸道中，成为正常的菌群。当饲养管理不良，存在各种应激因素时导致内源性感染，或使病情加重，增大死亡率。

2.6.2　主要防治措施

2.6.2.1　科学管理

加强对断奶仔猪的饲养管理，落实各项生物安全措施，防止各种应激因素的发生，可有效控制该病的流行。

2.6.2.2　免疫预防

副猪嗜血杆菌多价灭活菌苗，仔猪 12 日龄首免，3 周后 2 免，每头肌注 2ml。

2.6.2.3　药物保健

仔猪断奶前后可用喘束治加板蓝根粉，加溶菌酶或氟康王加清开灵粉，加抗菌肽，拌料连续饲喂 12d；或者于 100kg 料中加入头孢拉啶粉 100g，恩诺沙星粉 80g 或者于每吨料中加 6%替米考星 800g，阿莫西林粉 180g，连续饲喂 12d，可有效预防各种呼吸道疾病。

2.6.2.4　*治疗方案*

请参照本书副猪嗜血杆菌病的防治有关内容实施。

仔猪断奶是猪生长过程中一个重要阶段，在此阶段疫病是造成断奶仔猪死亡的主要原因。除了上述重点介绍的 6 个主要多发传染病之外，还有轮状病毒病、水肿病、猪痢疾、仔猪副伤寒及传染性胸膜肺炎等疫病，对断奶仔猪也有很大的危害，应与上述疫病一道进行综合防治，侧重提高仔猪的免疫功能和免疫力，降低各种应激因素，加强各项生物安全措施的实施，方可保障断奶仔猪的健康生长。

防控外购仔猪育肥发生疫病的技术措施

农村不少饲养育肥猪的养猪户，从规模化猪场购入断奶后的仔猪育肥，有的于购入仔猪后的第 3 天或第 5 天开始发病，并造成大批死亡，经济损失惨重。为此，笔者就购买仔猪育肥前后应采取哪些技术措施防控仔猪发病，并使其正常的健康生长做简要论述。

1　慎重购猪，严格检疫

疫病的发生多数是养猪户购猪不慎，检疫不严格而造成的。购买仔猪之前一定要调查了解几个提供商品仔猪的厂家，然后选择其中信誉高，生产管理科学，防疫好，猪群健康的一家购买。不要盲目购猪，不要同时从几家猪场或多家农户购猪混养，不要从疫区购猪，这样可以避免购猪时带入传染源和混群后发生交叉感染，造成仔猪发病而死亡。同时要严格检疫，防止购入隐性感染和潜伏期带毒的仔猪，然后才可装车运送。当前我国猪群中蓝耳病、圆环病毒 2 型感染、慢性猪瘟、猪伪狂犬病及猪喘气病等隐性感染率很高，而且存在混合感染，购猪时要特别注意对上述疫病的严格检疫。

2　运猪车辆的严格消毒

许多运猪专业户的车辆常年跨省、市、区运输猪，什么品种、类型的猪都运输，特别是运送淘汰猪与病猪后不进行彻底冲洗、消毒，又去运送猪，导致污染的交通工具在运输猪过程中传播病原体，造成疫病的发生与流行。因此，运输车辆和工具在装猪之前要彻底清扫干净，再用高压水冲洗，然后用1∶800卫康与0.2%过氧乙酸溶液交叉反复消毒3次，停留30min后可装猪运送。

3 防止发生应激反应

长途运输仔猪易引起各种应激反应，甚至在运输途中发生死亡。为此，装猪运输之前，应在车上准备好干净的青饲料和饮水，并在水中加入0.1%的高锰酸钾供仔猪饮食。同时，给每头仔猪肌肉注射1ml的猪用转移因子，或1ml倍康肽（白细胞介素-4）可有效保持仔猪机体的各系统稳定，防止各种应激的发生。

4 猪舍与环境的消毒

进猪前，要清理好猪舍，安装好饮水器和料槽，修理好损坏的门窗、猪栏、猪圈、天棚、墙壁、地面通道及排污沟等，并进行彻底清扫，用高压水枪冲洗2次，干燥后再用1∶1 000卫康、菌毒敌（1∶300）、0.2%过氧乙酸溶液等交叉反复消毒3次，空舍3d后可进猪入舍。猪舍要保持清洁卫生、干燥通风、冬暖夏凉，最适温度为18～26℃，相对湿度为60%～70%。猪舍内只准养猪，不要混养其他动物，防止相互传染疫病，影响仔猪的安全。

猪舍周围环境要填平洼地，铲除杂草，清理杂物，杀灭各种吸血昆虫、灭鼠等，并用2%火碱溶液进行消毒。猪舍进出门前设消毒池及消毒间，供人员与物品进出消毒之用。

5 仔猪的分群与调教

仔猪运送到场后，要按公、母、大、小、强、弱进行分群，日龄宜大致相同，相差不要超过7d，防止恃强凌弱，相互争斗造成伤害。饲养密度要适中，每栏以10～15头仔猪为宜，夏天气温炎热，数量宜少，冬季寒冷，数量可适当增多，以便仔猪相互取暖，但必须保证每头仔猪有0.6～0.8m^2的活动空间。对仔猪的调教主要是训练仔猪定点采食、排粪与睡卧的“三点定位”，这有利于保持圈内干燥与清洁卫生。每个栏内可悬挂1～2条铁链供仔猪玩耍，以避免仔猪咬尾和咬耳等恶癖的发生。

6 饮水

仔猪进舍后，给予饮用电解质多维，加葡萄糖粉，加阿莫西林（也可用氟苯尼考等），加黄芪多糖粉，加溶菌酶，连续饮水5d，可有效地降低各种应激反应，增加非特异性免疫力，提高抗病力，防止发生圆环病毒 2 型感染、蓝耳病、猪瘟、伪狂犬病、多种细菌性疾病和断奶后的腹泻，有利于仔猪健康生长。

7　采食

仔猪到场后，当天多饮水，少添料，前 4d 每日喂料 5～6 次，定时定量投放，每天每头仔猪的采食量可控制在 150～200g，从第 5 天开始自由采食。并在饲料中添加唯泰 C231（微生态制剂），连续饲喂 12d，能有效地改善仔猪的消化吸收功能，增加采食量，提高饲料利用率，保持消化道内菌群平衡，增强免疫力和抗病力，防止消化道多种疫病的发生。

8　补注疫苗

购买的仔猪经过长途运输，加上饲料与饲养环境的改变，易诱发饲料应激、营养应激及环境应激，可导致仔猪多种疫病的发生，造成死亡。在临床上常见的疫病主要有蓝耳病、圆环病毒 2 型感染（断奶后多系统衰竭综合征）、猪瘟、伪狂犬病、链球菌病、副猪嗜血杆菌病、喘气病、猪痢疾及回肠结肠炎等。发病多见混合感染与继发感染，发病率很高，仔猪死亡率约占猪只全程死亡率的 40%左右。因此，仔猪到场 5d 后，如其精神状态尚好，体温与食欲正常，应立即补注下列几种疫苗。

肌注猪瘟脾淋疫苗，每头 2 头份，加猪用转移因子或倍康肽，每头 0.25ml；肌注猪 O 型口蹄疫灭活高效疫苗，每头 2ml，同时肌注，一侧一针。

观察 4d 后无异常，再接种猪伪狂犬病双基因缺失活疫苗，每头 1ml；观察 3d 后无异常，再接种猪链球菌多价灭活苗（包括 2 型和 C 型链球菌），每头肌注 3ml。

观察 4d 后，再接种蓝耳病弱毒活疫苗，仔猪不要接种蓝耳病灭活疫苗，其免疫效果不理想，免疫保护力低。

9　药物保健方案

接种疫苗后仍然要注意提高机体的非特异性免疫力，所以在育肥猪的中、前期阶段要适当地进行药物保健，防止多种病毒与细菌的混合感染和继发感染。以下药物保健方案供参考。

每吨饲料中添加喘束治（泰乐菌素、强力霉素、微囊包被的干扰素、排疫肽）500g，加黄芪多糖粉 1 000g，溶菌酶 300g，连续饲喂 12d。

每吨饲料中添加氟康王（10%氟苯尼考、微囊包被的细胞因子）500g，板蓝根粉 1 000g，抗菌肽 300g，连续饲喂 12d。

每吨饲料中加抗菌肽（抗菌活性肽）300g，西尔康（多西环素、细胞因子）500g，黄芪多糖粉 1 000g，防风 300g，连续饲喂 12d。

上述药物保健方案可任意选用，每月保健 1 次，每次加药 12d，肥猪出栏前 30d 不再加药。

10 驱虫

育肥前期，全群驱虫 1 次，口服丙硫苯咪唑，每千克体重 10～12mg，可驱除体内多种寄生虫。

肥猪出栏前 1 个月停止使用各种抗生素，以保证猪产品的食品安全和人类的健康。

生产母猪群几种常见疾病的防治技术

2009 年对 18 个省、市、自治区 300 多个种猪场的调查发现，生产母猪群除了经常发生多种传染性疾病之外，普通病的发病率也很高，往往不被重视。特别是母猪产前产后发生的一些常见疾病对母猪发情、配种、妊娠健康、产仔率、哺乳、仔猪的成活率，及其繁殖性能影响很大，常造成严重的经常损失，应引起高度重视。

1 母猪“低温症”

母猪妊娠后或产仔后有时出现体温偏低，常处于 37.5℃左右，不吃料，能喝水，耳及四肢末端发凉，机体稍瘦弱，被毛粗乱，肌肉颤抖，结膜苍白，不愿运动，喜卧地。

1.1 病因

母猪“低温症”多是由于妊娠期间或产后饲养管理不良，饲料营养不全，导致母猪营养失调，体内热量不平衡而引起的。天气突变、寒冷等应激因素和体质虚弱是发病的诱因，该病多发生于寒冷季节。

1.2 防治技术

立即肌肉注射 0.1％肾上腺素 1～3ml 和 10％安那加注射液 2～10ml，或者肌注地塞米松 5mg，每日 1 次；或肌注 10％樟脑磺酸钠注射液 15ml，每日 1 次。

灵芝多糖注射液（每千克体重 0.1ml），加排疫肽（每 50kg 体重 1ml），加猪用转移因子（每千克体重 0.1ml），混合肌注，每日 1 次，连用 3 次；或者用黄芪多糖注射液（0.2ml/kg 体重），加倍康肽（白细胞介素-4，每 30kg 体重 1ml），加倍健（免疫核糖核酸，75kg 体重 1ml），混合肌注，每日 1 次，连用 3 次。

口服红糖水或者静脉（或腹腔）注射 10%葡萄糖溶液 300～500ml，加 10%维生素 C 5ml，每日 1 次。

饮用电解质多维（200g 兑水 500kg），加葡萄糖粉（200g 兑水 500kg），加黄芪多糖粉（400g 兑水 1 000kg），饮用 7d。

改喂全价饲料，提高营养标准；加强科学管理，消除一切应激因素。

猪舍保持清洁卫生、干净、干燥、保温、通风。

2　妊娠母猪便秘

母猪突然减食，饮水增多，出现排粪困难，粪球干硬附有黏液，呼吸增数，起卧不安，腹部有疼痛反应，体温正常。

2.1　病因

妊娠期间饲料中干燥谷物和含粗纤维的劣质饲料（如谷糠、蚕豆糠、干红薯蔓、花生蔓等）饲喂过多，营养不全；母猪过肥或过瘦，饮水不足，缺乏运动；妊娠后期或分娩时伴有胃肠迟缓均可造成母猪便秘。当发生热性疫病，如流感、猪瘟、高热综合征时，也可诱发继发性便秘。

2.2　防治技术

用温肥皂水或 2%小苏打水，反复深部灌肠，并用温湿毛巾按摩腹部。

用 10%硫酸钠 300ml 或硫酸镁 30g 加水也可用大黄末 50～100g 加水，用胃管 1 次投服；投药后 3～4h，皮下注射新斯的明 2～5mg，可提高疗效。

腹痛不安时，可肌注 20%安乃近注射液 3～5ml，或者肌注 2.5%盐酸异丙嗪注射液 2～4ml。

注意保护心脏，可肌注 20%安钠加 2～5ml，或者肌注强尔心注射液 5～10ml。

补液、解毒、调整酸碱平衡，静脉或腹腔注射 10%葡萄糖盐水注射液 300～500ml，加维生素 C 10ml，每日 2 次。

加强科学管理，给予全价饲料，特别是妊娠期间，要多喂易消化的饲料，适当在料中添加食盐和矿物质，常饮多维水，增加运动。

母猪妊娠时，可在产仔前 2 个月于饲料中添加微生态制剂，如金唯肽 C231 或唯肽 C231（芽孢菌、乳酸菌、肠球菌类等多种益生菌及促生长因子），每200～300g拌料1t；连续饲喂2个月，可有效地提高母猪免疫力，预防消化道多种疾病的发生。

3 胃溃疡

母猪皮肤与黏膜发白，体质虚弱，精神不振，食欲下降，排煤焦油样的干粪球，吃食时常出现呕吐，吐出黄绿色黏稠的液状胃内容物，急性发作时可见突然死亡。我国猪群中发病率为5%～25%，淘汰率可达13%以上。

3.1 病因

发生胃溃疡的原因很多，主要的病因：饲料质量不佳、粗糙、霉变、缺乏营养、缺乏纤维；日粮中玉米比例过高，粉碎过细，颗粒料饲喂时间过长；饲料中不饱和脂肪酸过多；高铜、高锌饲料；缺乏维生素E、维生素B_1和硒；各种应激因素、遗传因素，高热、寒冷，寄生虫病（蛔虫）和传染病（如猪瘟、蓝耳病）等，均可诱发胃溃疡。

3.2 防治技术

消除各种诱发病因，保证母猪的营养标准，调整日粮配比，增加维生素E、维生素B_1和硒，改进加工方法，加强饲养管理。

镇静止痛：肌注2.5%盐酸氯丙嗪4～5ml（每千克体重1～3mg），或肌注安溴注射液10ml，每日1次。

中和胃酸：口服小苏打，或抗酸剂氢氧化铝、硅酸镁、氧化镁等。

保护胃黏膜：口服次硝酸铋，每次5～10g，每日3次；或口服鞣酸蛋白，每次2～5g，每天2次。

促进溃疡愈合：香菇多糖注射液（每千克体重0.1ml），加猪用转移因子（每100kg体重1ml，重症加量），加排疫肽（五种高免球蛋白，每50kg体重1ml），混合肌注，每日1次，连用4次。

止血：止血敏，每次肌注0.25～0.5g；或维生素K，每次肌注0.03～0.05g；或安络血，每次肌注2～4ml，每日2次，连用2～3d。

抗菌：30%氟苯尼考，每千克体重0.1ml，每日1次，连用3次；或阿莫西林，每千克体重4～7mg，每日2次，连用3d。

补液：10%葡萄糖盐水注射液500ml，加维生素C 10ml，静脉注射，每日1次，连用3次。

4 母猪产后瘫痪

母猪产仔前后突然发生四肢肌肉松弛，知觉丧失，不能站立，卧地不起，精神委顿，昏睡，体温偏低，食欲减少，粪干尿少等症状。

4.1　病因

母猪妊娠期间饲养管理不当，特别是妊娠中、后期由于胎儿发育很快，母猪摄入的钙磷量严重不足或比例失调，维生素、矿物质和蛋白质缺乏，造成母猪后肢或全身无力，骨质发生变化，导致瘫痪的发生；母猪分娩时产生应激和肠道中吸收钙量减少，引起血糖和血钙突然减少，产后血压降低，使大脑皮质发生机能障碍而引发瘫痪；母猪过瘦，猪舍寒冷潮湿，助产不当，产后护理不好，都可诱发产后瘫痪。

4.2　防治技术

10%葡萄糖酸钙注射液150～200ml，加20%安钠加10ml，静脉注射，每日1次，连用3次；也可静脉注射5%葡萄糖盐水注射液500ml，加维生素C 10ml，每日1次，连用3次。

维生素D_3 5ml，维丁胶性钙10ml，分别肌注，每日1次，连用3次；口服杆诺肽口服液（微生态制剂）。每次每头20ml，每日1次，连用3次。

加强护理，防止发生褥疮；适当补充硫酸锌和硒制剂，调整其日粮，喂全价饲料；增加室外光照时间，适当运动。

5　母猪产后无乳综合征

母猪产后表现精神沉郁、不食，体温升高，乳腺肿大，不分泌乳汁，仔猪吸吮乳头时，母猪拒绝哺乳。

5.1　病因

妊娠期间饲养管理不当，饲料营养不全，缺乏蛋白质、维生素、矿物质和微量元素等；妊娠期间缺乏运动，母猪过肥，乳腺脂肪过多，抑制乳腺腺泡发育；患有严重的热性传染病，乳房疾病；过早配种，乳腺发育不全，内分泌失调和应激等都可引起无乳综合征。

5.2　防治技术

催乳灵注射液，用量按说明书规定使用，肌注，每日1次，连用3次；或用催产素，每头20～30单位，肌注，每日1次，连用3次。

鱼腥草注射液30ml，加猪用转移因子（每100kg体重1ml）或倍康肽（白细胞介素-4，每30kg体重1ml），混合肌注，每日1次，连用3次。

中药治疗：王不留行40g、穿山甲15g、木通10g、黄芪20g、当归20g、党参20g，混合煎水给母猪内服，每日1次，连用2次。

每日口服鸡蛋4个；同时静脉或腹腔注射10%葡萄糖盐水注射液500ml，加维生素C 10ml，混合注射，每日1次，连用3次。

用温湿毛巾按摩乳房，每日 2 次；改喂全价饲料，增加运动；患有其他疾病时应进行对症治疗。

6 母猪乳房炎

急性乳房炎可见乳房肿胀、发热、发硬，有疼痛感，拒绝仔猪吮乳；乳汁稀薄，变为乳清样，并含有絮状物。炎症发展成脓性时，可排出黄色脓液和组织碎片。母猪体温升高，食欲减退，喜卧地，不愿站立。慢性乳房炎可导致乳腺萎缩，乳房变小、硬固，泌乳停止。

6.1 病因

哺乳期乳房受到损伤或被咬伤，可感染多种病菌引发乳房炎；母猪产前产后饲料控制不当，发酵饲料和多汁饲料饲喂过多，可导致乳汁在乳腺泡和乳腺导管内积滞，而引起乳房发炎；母猪患有布氏杆菌病、结核病和子宫内膜炎等疾病，也可转移或波及到乳房，引起发炎。另外，母猪产后无仔猪吸乳或仔猪断奶过早，使乳汁积聚于乳房，而被细菌感染，也易导致乳房发炎。

6.2 防治技术

母猪分娩前应减少饲料的喂量，并在饲料中添加微生态制剂金唯肽 C231 或唯肽 C231。

鱼腥草注射液 30ml 加头孢噻呋钠（每千克体重 5mg）或头孢拉啶 1g，混合肌注，每日 1 次，连用 4 次。

0.25%盐酸普鲁卡因溶液 50ml，青霉素 80 万单位，链霉素 50 万单位，混合后于乳房实质与腹壁之间的空隙，用注射针头刺入后注入，每日 1 次。

10%葡萄糖溶液 500ml，卡那霉素 100～150 万单位，地塞米松 5～10ml，维生素 C 10ml，混合静脉注射，每日 1 次，连用 3 次。

产房要清洁卫生，干燥，定期消毒；产前产后要用 0.1%的高锰酸钾溶液或 0.1%新洁尔灭溶液擦洗乳房和乳头；仔猪出生剪平犬齿，以防咬伤母猪乳房。

7 母猪子宫内膜炎

母猪产仔后常呈排尿动作，卧地时从阴道流出红色污秽的分泌物，混夹有胎衣碎片，食欲减少，有的母猪体温升高。慢性炎症时，可见从阴门流出脓性絮状分泌物，或者不发情，屡配不孕，母猪消瘦。

7.1 病因

母猪产后或流产后发生子宫内膜炎，多数是由于分娩或流产时产道受到损伤、污染、胎衣不下或胎衣碎片残存，子宫弛缓恶露滞留，致使病原微生物侵入而引发子宫内膜炎；人工授精时消毒不严，母猪过度瘦弱，抗病力低下，卵泡激素缺乏，黄体激素过多，以及布鲁菌病、弧菌病、滴虫病等，都可引发子宫内膜炎。

7.2　防治技术

分泌物过多时可先用2%小苏打水（小苏打0.05%，食盐0.8%），或0.1%高锰酸钾，或1%明矾溶液冲洗子宫；冲洗后，肌注催产素10～30国际单位，促使子宫内的分泌物充分排出，再向子宫内放入青霉素100万单位和链霉素80万单位，每日1次，连用3次。

鱼腥草注射液30ml，加抗菌肽（每60kg体重1ml），或者加头孢噻呋钠（每千克体重5mg），混合肌注，每日1次，连用3～4次；也可肌注阿奇霉素——氟苯尼考注射液，每千克体重0.2ml，每日1次，连用3～4次；此外还可用长效土霉素、庆大霉素、恩诺沙星、强力霉素等治疗。

产前8h肌注得米先长效注射液10ml，可预防子宫内膜炎。

猪舍与产床要保持清洁卫生，干净、干燥；助产与难产时处理要严格消毒，操作正规；产后要注意消毒地面与猪体，防止病菌侵入；人工授精严格操作，严格消毒。

中小型猪场疫病防治技术

随着我国农业产业化改革的不断深入，有力地带动了广大农村养猪业的发展，也加快了中小型养猪场和乡镇牧业小区的建设步伐，形势很好。现笔者就中小型养猪场在保障好养猪业的健康发展中如何做好疫病的防治工作，减少不应有的经济损失，提出以下的意见。

1　日常预防措施

1.1　把好引种关

引种之前要先调查后购猪。调查包括了解出售种猪的猪场的防疫情况及猪群的健康状况，应从重点种猪场引种，因为重点种猪场一般品种优良，猪群健康水平高，可避免因引种而带入病原，造成疫病的发生。严禁从猪贩子手中购买种猪，也不要同时从几个不同的种猪场购入不同日龄、不同品种的仔猪，因为不同来源的猪场健康水平不一样，来自不同的环境，混群饲养后易发生混合感染，威胁种猪群的健康。

引进种猪要严格检疫，认真检查耳标、免疫标识，否则不要购买。

1.2 猪场场址与猪舍

1.2.1 场址选择

猪场要至少离居民区、工厂、商店及其他畜牧场 1 000m 以上，并处于居民区的下风方向。选择地势高，干燥平坦，排水良好，水源充足，水质好的场地建舍。建封闭式的猪舍，生产区、管理区与生活区分开。并按全进全出的生产模式分别建配种妊娠舍、产仔哺乳舍、保育舍及育肥舍（自繁自养），以便按照集约化生产的特点进行各个阶段的生产，严格做到全进全出，只有这样才能提高饲养管理效率。

1.2.2 猪舍的基本要求

猪舍要冬暖夏凉，通风透光，干燥清洁；门窗、通道、猪圈、猪栏、料槽、饮水器、排污沟、消毒池及饲料间等设计要科学合理，便于生产操作和人与物流动。

1.3 消毒

引种前，猪舍要彻底清扫，去除各种污染物与杂物，然后用高压水枪冲洗干净，干燥后用2%火碱液全面消毒 1 次，干燥后再用清水冲洗 1 次，第 2 天再用1%菌毒敌，或 0.5%强力消毒灵，或 0.3%过氧乙酸溶液喷雾消毒 1 次，空舍 3d 后即可进猪。

猪舍周围的环境要彻底铲除杂草、清理污物，排除积水，填平坑沟，消除蚊、蝇等吸血昆虫的孳生场地。猪舍安装纱窗、门帘、防止吸血昆虫和野鸟进入猪舍。

猪舍的日常消毒每周进行 1 次，带猪消毒可使用 1∶1 200 卫康、1∶2 000 消毒威、0.1%过氧乙酸或 0.1%次氯酸钠等消毒药进行。外环境的消毒每月进行 1 次，重点是排污沟、污水池、通道及出入口等处，可用漂白粉或生石灰进行。消毒时不要长期使用一二种消毒药，应定期更换消毒药液，以免病原体产生抗药性。

1.4 隔离检疫

种猪选好后要雇用专用运猪车，经彻底清洗消毒后用于运送猪。种猪运到场地后应进入隔离舍，隔离检疫 1 个月。

种猪进场后饮用清洁干净的饮水，4h 后适当喂一些饲料，不可过饲，3d 后可转入正常的饲喂。并从第 2 天开始在每吨饲料中加入西尔康（多西环素、细胞因子）500g，连续饲喂 7d，或者在每吨水中加入阿莫西林粉 200g，溶菌酶 300g，转移肽 500g，连续饮水 7d。如此可以降低猪的应激，预防呼吸道病与消化道病。

猪群状态稳定后，于种猪引进到场后的第4～5天开始补注猪瘟兔化弱毒疫苗1次，每头肌注细胞苗6头份；注射猪瘟疫苗后4～5d，再补注猪O型口蹄疫高效灭活疫苗1次，每头肌注2ml；再隔4d后，补注伪狂犬病双基因缺失灭活疫苗1次，每次肌注2头份。再隔4～5d后，每头肌注蓝耳病弱毒活疫苗2头份。

种猪隔离20d左右，全群驱虫1次，伊维菌素每千克体重0.3mg，皮下注射1次即可。

日常的驱虫可用“全灭”长效驱虫注射液，每33kg体重肌肉注射1ml。后备母猪配种前14d注射1次，“通灭”，剂量同“全灭”，肌注。种公猪每年春、秋各注射1次；断奶仔猪转群时注射1次，屠宰前50d停止用药。

检疫结果为健康的猪群，可进入生产区正常饲养管理。

1.5 灭鼠与杀虫

1.5.1 灭鼠

用卫公灭鼠剂、敌鼠钠盐或杀鼠灵等灭鼠药制成毒饵投放于鼠洞口、出入与活动场地灭鼠，注意防止猪误食而发生中毒。

1.5.2 杀虫

用蚊蝇净10g溶于500ml水中或加强蝇必净250g溶于2.5L水中，喷洒猪舍、地面、墙壁、门窗、栏圈、通道及排污沟等，每周1次，杀灭蚊、蝇等吸血昆虫，对猪没有毒害作用。

1.6 药物预防

1.6.1 种母猪

后备母猪配种前20d，每吨料中加入溶菌酶400g，10%氟苯尼考500g，干扰肽800g，转移肽600g，连续饲喂7d；母猪分娩前、后各7d，每吨料中加入西尔康800g、抗菌肽200g，口服排疫肽400g，连续饲喂14d。用以预防呼吸道、消化道和生殖道等疾病的发生。种公猪的预防可参照此方案实施。

1.6.2 断奶仔猪

断奶仔猪于断奶前、后各5d，按每吨料中加入支原净120g，强力霉素140g，阿莫西林粉180g，连续饲喂10d。可以降低断奶应激、防止呼吸道与消化道等疾病的发生。

仔猪出生后，3日龄时每头肌注0.1%亚硒酸钠和牲血素各1ml，预防仔猪贫血、缺硒和腹泻。7日龄时开始补料，小公猪10日龄（商品仔猪）去势，21～28日龄断奶。

1.6.3 育肥猪

3 月龄时，按每吨料中加入奇健（黄芪多糖粉）500g，干扰肽 800g，转移肽 600g，溶菌酶 400g，连续饲喂 7d 或者按每吨料中加入氟康王（10%氟苯尼考）600g，抗菌肽 200g，穿心莲粉 1 500g，连续饲喂 7d。

1.7 免疫预防

正常免疫接种程序参照本书有关章节的内容。

1.8 建立疫病监测制度

种猪群应每半年进行 1 次疫病检验，每季度进行 1 次免疫监测，比如猪瘟、口蹄疫、蓝耳病、伪狂犬病等。通过疫病监测，可了解疫病免疫效果与机体抗体水平，如果抗体水平低，应查找原因，进行重免；通过疫病检验，可及时发现疫情，提前进行预防与监控。

1.9 加强科学的饲养管理，采取综合防制措施

按国家规定的种猪饲养标准，给予优质全价饲料，保证猪的营养需要。严禁饲喂发霉、变质、腐败、冻结的饲料。

猪场禁止饲养家禽、犬、猫、牛、羊等动物，不准其他动物进入场区。

坚持“全进全出”制度，分娩舍、保育舍和育肥舍必须做到全进全出，防止交叉感染及母子间传播。

饲养员、兽医、管理人员要经消毒后（最好是淋浴），更换工作服、鞋才能进入生产区工作，互不串舍，工具与用具不串换使用，非生产人员及外单位人员一律不准进入生产区。

粪便、污物要堆积发酵处理，死亡猪尸体要无害化处理。

1.10 严格执行国家规定的兽医药物的休药期

肥猪上市前 20d，停止使用各种抗菌类、激素类、镇静类、兴奋类药物和兽用生物制品等，以免造成猪体内药物残留，影响公共卫生和人民的身体健康。

2 发生疫情时的控制措施

2.1 严格隔离病猪

发生疫情时，要立即隔离病猪、专人管理，并进一步作出诊断，采取综合性防治措施控制疫情的蔓延。

2.2 疫情报告

发现重大动物疫情时，应按《动物防疫法》的规定封锁疫点，全面彻底消毒，控制传染源，尽快扑灭疫情。

2.3　防止疫情扩散

确诊疫病后，根据疫病的性质，有治疗价值的要积极进行治疗，无治疗价值的一律淘汰处理；急性烈性病猪要立即扑杀销毁、深埋、作无害化处理，严禁食用或倒卖病死猪肉，严防疫情扩散和危害公共卫生。

2.4　药物控制

对未出现临床症状的假定健康猪群和受到威胁的猪群，可用药物进行控制。用药方案可参照本节中的药物预防方案实施，可有效地预防呼吸道、消化道和泌尿系统的传染病。

2.5　紧急免疫接种

对尚未发病和受威胁的猪群要根据疫病的种类和性质，采用相应的疫（菌）苗进行紧急免疫接种，以提高猪群的自身免疫力，防止疫病的发生与传播。

2.6　病猪的治疗

对于有治疗价值的病猪，于确诊后立即进行治疗，最好先做药敏试验，选用最敏感、抗菌作用最强、疗效最佳的抗菌药物、抗病毒药物、高免血清、干扰素、免疫核糖核酸、白细胞介素-4、猪用转移因子及排疫肽等对病因进行治疗，同时结合对症疗法和支持疗法实施综合性治疗，可收到良好的效果，以减少因疫病而造成的经济损失。

当前农村猪病发生流行的原因与对策

1　当前农村猪病发生、流行的原因

1.1　引种检疫不严格，带入了隐性感染的传染源

部分种猪场对猪群不进行疫病检测，把隐性感染或潜伏期感染的猪卖给农民，不少农户盲目引种，并从不同的种猪场引种；有的为省钱，从猪贩子手中买种猪。引种时，当地兽医站有时名为检疫，实际只是收钱不检疫，致使农户直接引入了隐性感染或潜伏期感染的病猪。而且农户没有隔离舍，引进猪直接进到饲养舍，与原猪群混群饲养，一旦发生应激，即可引发疫病的暴发与流行。购猪时使用的运输专业户的车辆都是常年跨省、市、区的运输猪的车，运送淘汰猪及病死猪后往往不能彻底清洗干净、消毒，污染的交通工具再用于运输易于传播病原，造成疫病的发生与传播。

1.2 农村猪舍简陋，饲养环境污染严重

农村养猪户的猪舍多数比较简陋，冬季不保温，夏季不防暑，通风不良，有害气体严重超标；猪场多数四通八达，没有围墙，户连户，舍连舍，场连场，谈不上隔离封闭饲养；夏季高温潮湿，蚊蝇等吸血昆虫和鼠类泛滥，传播各种病原；场里的粪尿和污水到处排放，长期得不到无害化处理，饲养环境严重污染，破坏生态平衡。生物安全措施与消毒措施不完备，也很难落实到位，给各种病原体的生存与繁殖提供了适宜环境，这是造成猪群中常年疫病流行的主要原因之一。

1.3 免疫预防观念淡薄，免疫程序不合理

有的养殖户只接种猪瘟疫苗，或者猪用三联苗（猪瘟、丹毒、肺疫），其他疫苗很少使用，加之免疫程序不合理，免疫密度不够，以及对疫苗的储存与使用不当，特别是由于当前兽医生物制品市场的混乱，无批准文号、无生产厂家、无检验证书的产品充满市场，致使农户的猪群免疫后得不到可靠的保护，甚至造成免疫失败，这样的猪群随时都存在暴发疫病的危险。

1.4 消毒方法不科学

养猪户对于消毒比过去重视，但由于消毒方法不科学，工作不到位，往往达不到预期的目的。有的对猪舍没有彻底的清洗干净和冲洗，就盲目地喷洒消毒药液，消毒效果甚差；有的消毒药不按规定配制，使消毒药液的浓度不是过稀就是过浓，消毒药液过稀不能杀灭病原体，消毒药液过浓浪费药物；有的消毒药配制后不及时使用，放置时间过长，降低消毒药的效果；有的长期使用1～2种消毒药，不定期更换不同种类的消毒药，致使病原产生耐药性，降低了消毒的效果；有的农户图省钱，购买了假劣消毒药，使用后达不到消毒的目的；消毒时多注意到猪圈、地面、排污沟及通道的消毒，而忽视了猪舍的空间、门窗、墙壁、料槽及用具的消毒，留下死角，给病原体留下了生长繁殖的空间，保存了传染源。

1.5 驱虫、灭鼠、杀虫工作不到位

农村养猪户对种猪能定期驱虫，但对保育猪和育肥猪很少进行驱虫。灭鼠多在秋冬季节进行1次，也很不彻底。对杀灭吸血昆虫认识不足，特别是夏秋季节吸血昆虫泛滥，也很少实施应对措施。驱虫、灭鼠及杀虫工作不到位，不重视，措施不力，这也是造成猪病传播与流行的一个重要原因。因为鼠类可传播20多种人畜共患病和动物传染病以及几十种寄生虫病；蚊蝇等吸血昆虫能携带100多种细菌、20多种病毒、30多种原虫。这些传播媒介和传染源，不仅传播猪的许多疫病，而且对公共卫生的安全构成重大的危害。

1.6 滥用抗生素现象严重

农村养猪户在饲料中添加抗生素药物作饲料添加剂十分普遍，有的养猪户长期在饲料中添加土霉素碱和金霉素粉等抗生素，由于这些抗生素能抑制体内的敏感细菌，也能破坏肠道的正常菌群平衡，长期大量的使用，可降低机体的免疫功能，造成机体消化机能紊乱和细菌耐药性的产生。有的甚至添加违禁药物，如盐酸克伦特罗（瘦肉精）、氯霉素与呋喃唑酮等，导致药物残留，严重影响肉产品的质量，危害公共卫生的安全。在对猪病治疗中滥用抗生素的现象也非常严重，对猪病没有作出正确诊断，就盲目用药，许多农户把青霉素与磺胺类药物当作治疗猪病的“万能药”。而且药物的用量越用越大。如一农户发现猪只发热，每头猪肌注青霉素高达 960 万单位，再加上 300 万单位的链霉素，每日注射 2 次，认为药量大治疗效果好，好得快。这是非常错误的。治疗时不科学合理地配伍药物，任意加大药物的使用剂量，致使细菌性病原的抗药性越来越严重，也使细菌性传染病混合感染与继发感染的危害性加重，增大了猪病防治的难度，造成严重后果。

2 应采取的对策

2.1 尽快改变农村传统养猪模式，建设牧业小区养殖

牧业小区的建设要在统一规划下，选择在居民点的下风方向、地势高燥、土质透气水性好的向阳场地建设，离公路交通与居民区 1 000m 以上。每栋猪舍之间的间距为 20m，以利于光照和通风。每栋猪舍进出口设消毒池，小区大门应设置车辆消毒池和人员消毒间。小区内的净道为水泥地面，宽度为 6～8m，运送饲料；污道宽度为 4m，运送粪污，并设置发酵池或沼气池，处理粪污。厂区围墙内外，道路旁，猪舍间等处可植树种草，以改善场区空气和形成防护屏障。一个牧业小区建多大规模，猪舍建多少，多大为好，一定要从养猪的生产实际需要出发，规模以适度为好。

2.2 发展生态养猪，走产业化生产之路

环境保护是养猪业可持续发展的必由之路，不重视养猪污染环境的问题，将会使养猪业陷入恶性循环，使人类和其他生物生存环境日益恶化。要建设生态养猪牧业小区，大力发展生态养猪，确保饲养环境的安全。猪场排出的粪尿与污水可先在沼气池中发酵，进行无害化处理。

2.3 慎重引种，严格检疫

2.3.1 要有计划有目的地引进种猪

不要盲目引种，更不要从猪贩子手中购猪。一定要选择饲养管理严格、兽医防疫卫生制度健全、猪群健康水平高、信誉度好、售后服务质量好的规模化

种猪场引种。最好是先调查后引种，不要轻信广告。

2.3.2 做好进猪前的各项准备工作

进猪前，要做好饲料、疫苗和常用药品的准备工作；彻底清扫隔离猪舍，冲洗干净后选用2%火碱溶液消毒1次，然后再用卫康或强力消毒王（1∶500）或1%菌毒敌等消毒剂消毒2次，空舍3d后可进猪。

2.3.3 运猪车辆要严格消毒

运猪车先要彻底清扫干净，再反复用高压水冲洗，然后用卫康消毒液消毒2次。装猪时按猪大小分装，数量要适中，不能超量装载。夏季运猪要避免高热，防止中暑；秋冬季要防寒保温，避免贼风，防止感冒。车辆要均速行驶，尽可能减少各种应激的发生。装猪前1h，给每头猪肌注猪用转移因子0.25ml，可有效防止应激。

2.3.4 隔离观察

猪运回后进入隔离舍隔离观察30d，按猪只大小分栏，每栏密度适中。从进栏的第1天开始，于100kg水中加阿莫西林200g，饮用7d。猪进栏后让其休息4h，再喂少量饲料，连续适应3d后可按正常状态饲喂。并从猪到场后第4天开始，于每吨料中加10%氟苯尼考180g和强力霉素160g，连续饲喂12d。到场7d后要根据本场和当地疫病流行情况，补注猪瘟、口蹄疫、伪狂犬病和蓝耳病疫苗，确保种猪的安全。在隔离期20d左右驱虫1次，并按3%的比例采血进行1次血清学检验，健康者方可作为种猪饲养，不合格者淘汰。

2.4 制定科学合理的免疫程序

参照本书有关部分的内容实施。

2.5 重视药物保健

参照本书有关部分的内容实施。

2.6 坚持严格的消毒制度

猪舍门前建一消毒池，里面置麻袋，加入2%火碱溶液或1%菌毒敌溶液，也可用5%来苏儿溶液，每周更换1次不同的药液，供人员进出猪舍时消毒使用。

消毒时要彻底清扫干净后，再用高压水枪反复冲洗，干燥2d后，用消毒药反复消毒3次，每天1次。各处的消毒及消毒药如下，供参考。

猪舍的地面、通道、猪圈、猪栏、墙壁、空间、天棚、门窗、运动场地、用具等可用卫康、百菌灭（1∶300）、敌菌杀（1∶100）、灭毒净（1∶200）或0.5%强力消毒灵等喷雾或洗刷消毒。

下水道与排污沟等可用2%火碱溶液、灭毒净（1∶200）或百菌灭（1∶300）等消毒。

饮水器、水管及水箱等可用含有效氯20%以上的漂白粉，稀释成3%溶液浸泡或冲洗消毒，也可于10L水中加百毒杀1ml，对饮水进行消毒。

产房与产床用卫康、抗毒威或灭毒净进行消毒，母猪产仔后乳房可用0.1%高锰酸钾溶液或0.1%新洁尔灭溶液擦洗消毒后再让仔猪吃初乳。

猪舍内带猪消毒常用0.5%强力消毒灵溶液、卫康或0.015%百毒杀溶液喷雾猪体消毒。

粪便可用发酵池法或堆积法进行消毒，也可用5%氨水喷洒消毒；尿液与污水用含氯25%的漂白粉消毒，即于100ml尿液或污水中加漂白粉3g，拌均匀后作用2h再排放。

猪舍周围外环境要填平低洼地和水坑，铲除杂草和垃圾，每半个月清扫1次，每月用卫康、5%来苏儿溶液或灭毒净喷雾消毒1次。

工作服、鞋、帽、用具定期更换、消毒；医疗器械、注射用器等煮沸消毒，每用1次消毒1次。

垫草、垃圾及尸体等集中烧毁，或于无人区、离居民点200m以外的地方挖坑深埋，坑深2.5～3m，长宽根据需要而定，底部撒上生石灰，放入尸体后再撒一层生石灰，最后填土夯实即可。

消毒的次数，正常情况下每周消毒1次，发生疫情时每天消毒2次。消毒时工作必须到位，不要留下死角。定期更换不同的消毒剂，按使用说明书规定配制药液的浓度，不要任意改变药液浓度。配置好消毒药液后应立即使用，放置时间不要超过4～6h。消毒时工作人员穿工作服、胶靴、戴口罩和手套等，注意个人防护。

2.7　定期驱虫、灭鼠与杀虫

2.7.1　驱虫

引进后备种猪后隔离检疫20d左右驱虫1次，配种前15d驱虫1次；生产母猪于仔猪断奶后，配种前驱虫1次；种公猪每年春、秋各驱虫1次；断奶仔猪转入保育舍后驱虫1次；育肥猪4月龄驱虫1次。可用伊维菌素，每千克体重0.3mg，肌肉注射；或者用“通灭”或“全灭”，每33千克体重1ml，肌肉注射；也可在每吨饲料中加2g阿维菌素或伊维菌素粉，连续饲喂7d，间隔10d后再喂7d。驱虫时注意防止药物中毒，如出现中毒症状，可注射肾上腺素或阿托品等急救。驱虫后猪排出的粪便要清扫干净，堆积发酵处理。

2.7.2　灭鼠

每季度进行1次全面的灭鼠，饲料间与库房可随时进行。利用灭鼠剂投放于鼠类的洞口、出入处与活动场地进行灭鼠。鼠尸统一收集无害化处理。注意防止猪误食而发生中毒。

2.7.3 杀虫

每年的夏、秋季节要做好杀灭吸血昆虫的工作，防止蚊、蝇、蜱、虻等吸血昆虫叮咬传播疫病。可用0.05%蝇毒磷或蚊蝇净（10g 药溶于 500ml 水中），或加强蝇必净（250g 药溶于 2.5L 水中混匀），喷洒猪舍、地面、墙壁、门窗、猪圈、猪栏、通道及排污沟等，每周 1 次，对猪体没有毒害作用。

霉菌毒素中毒的危害与防控措施

霉菌的种类很多，产生霉菌毒素的霉菌广泛存在于空气、土壤、水及腐败的有机物中。对猪危害严重的霉菌毒素主要来源于发霉变质的各种谷物，比如玉米、大麦、小麦、糠麸及棉籽等。这些谷物是猪的主要饲料，如保管不当，造成谷物发霉变质，以此饲料常年喂猪，可引发猪发生霉菌毒素中毒，这对当前我国养猪生产构成重大威胁，危害性越来越严重，应引起高度重视。

1 霉菌毒素的种类及其危害

1.1 霉菌毒素的种类

目前已知霉菌毒素有 200 多种。在我国最常见的、对养猪业危害最大的主要有黄曲霉毒素、T-2 毒素、玉米赤霉烯酮毒素等；此外，还有烟曲霉毒素、赭曲霉毒素等。上海卫秀余研究员等 2009 年检测报告显示：饲料中检测出 T-2 毒素占 92.4%、黄曲霉毒素占 25%、玉米赤霉烯酮毒素占 56.3%、烟曲霉毒素占 48.6%、赭曲霉毒素占 5.7%。

1.2 霉菌毒素的危害

1.2.1 黄曲霉毒素的危害

黄曲霉毒素可引起肝细胞变性、坏死、出血；影响 DNA、RNA 的合成与复制；抑制细胞分裂、蛋白质、脂肪的合成与线粒体的代谢；破坏溶酶体的结构和功能；还具有致癌、致突变和致畸作用等。

1.2.2 T-2 毒素的危害

T-2 毒素能刺激皮肤和黏膜，引起口腔与肠道黏膜溃疡与坏死，导致呕吐和腹泻；毒素进入血液中能产生细胞毒作用，损伤血管内皮细胞，破坏血管壁的完整性，使血管扩张、充血、通透性增高，引起全身各器官出血。

1.2.3 玉米赤霉烯酮毒素的危害

此毒素属于类雌激素物质，可引起猪雌激素亢进症，使猪的生殖器官机能和形态发生变化，导致小母猪阴道、阴户红肿等，呈现霉菌性炎症反应。

霉菌毒素还能溶解淋巴细胞，降低T淋巴细胞和B淋巴细胞的活性，使体液免疫和细胞免疫调节机能受到抑制，抗体产量减少，出现免疫麻痹与免疫耐受，致使免疫应答低下。同时，还可引起大脑神经化学物质分泌发生改变，如脑桥去甲肾上腺素分泌减少，下丘脑和脑桥5-羟吲哚乙酸与5-羟色胺的比例升高，导致猪不食、呕吐、肌肉协调性降低与嗜睡。

2　诊断要点

2.1　临床特征

急性中毒：病猪沉郁，不食，体温正常，有的升高至40℃，粪便干硬，垂头弓背，步态不稳。有的呆立不动，有的兴奋不安，流涎，角弓反张，皮肤表面出现紫斑，死前有神经症状。

慢性中毒：食欲下降，精神委顿，体温正常，消瘦，皮毛粗乱，皮肤发紫，行走无力，结膜苍白，生长缓慢，有异食现象，有的呕吐、腹泻。后期嗜睡，抽搐，后肢不能站立。

种猪中毒：空怀母猪不发情，不孕。妊娠母猪阴户、阴道肿胀，乳房肿大，严重时阴道脱出；早产、流产、产死胎和弱仔等。种公猪乳腺肿大，包皮水肿，睾丸萎缩，性欲减退等。

2.2　病理变化

急性中毒主要病变为贫血、出血与黄疸。全身黏膜、浆膜、皮下和肌肉出血；肾脏、胃肠道出血、水肿；肝肿大，脾出血，心内外膜出血，血液凝固不良等。

慢性中毒主要病变为急性中毒性肝炎，肝肿大，变硬；腹腔有大量腹水，淋巴结水肿、充血；肾苍白、肿胀等。

2.3　实验室诊断

根据发病情况，结合临床症状和病理变化可作出初步诊断。确诊需要进行实验室诊断，做霉菌分离培养，测定饲料中毒素含量，并进行毒物鉴定等，即可作出正确诊断。

3　预防措施

据有关方面的调查，我国饲料及原料被霉菌毒素污染情况较严重，其污染率高达30%～40%，由于夏季多雨，气候温热潮湿，南方各省、市、自治区的污染问题更加严重。玉米、大麦、小麦、糠麸、棉籽等在温度25～30℃，相对湿度为80%～90%，原料中水分含量为17%～18%的情况下，如保管不妥，最易引起霉菌生长繁殖。因此，购买玉米一定要做好质检，买优质玉米，放于干燥、通风、低温处储存，严防发霉变质。

严禁饲喂发霉变质的饲料，特别是种公猪、妊娠母猪和哺乳仔猪对霉菌毒素十分敏感，会造成严重损失，切不可饲喂。

饲料严重发霉应全部废弃。轻度发霉的饲料先用清水反复冲洗 3 次，再用 0.1%漂白粉水溶液浸泡 3h，然后再用清水冲洗至无色，放置 2h 后烘干，能除去 60%～90%的毒素，粉碎后加除霉剂或脱霉剂，拌匀后喂猪。不能喂妊娠母猪、种公猪和哺乳仔猪，只能喂育肥猪。每头每天喂量不能超过 0.5kg（不超过 5ppb 就可不致中毒）。

脱霉剂或除霉剂不要用化学合成制剂，长期使用化学合成的除霉剂对机体免疫细胞有损害与抑制作用。建议使用复合型的防霉剂，安全，除毒能力强，效果好。如大连三仪集团研发的复合生物驱霉素包含产霉型益生菌及代谢产物、纳米级高纯度复合矿物质、特殊佐剂等，采用第四代脱霉技术，实现霉菌的“双向”清除，保育猪、育肥猪，每吨饲料中添加 400～500g，种猪，每吨饲料中添加 500～1 000g，可长期使用；或者 100 克该品加入 200kg 水中饮用，每天 2 次。此外还有霉毒脱- SP（每吨料中添加 1～1.5kg）、霉卫宝（每吨饲料中添加 1～1.5kg）、古博士吸霉灵（每吨饲料中添加 1.5～2kg），还有脱霉一100、万香保、克霉霸等，均可选用。

饲喂种公猪与妊娠母猪的饲料，为防止发生霉菌毒素中毒，可选用下列方案进行保健。每月 1 次，每次 12d。方案具有提高机体免疫力、抑制病原菌与霉菌的生长繁殖，保肝利胆与解毒排毒之功能。

[方案 1] 每吨饲料中加入甘草粉 200～300g，黄芪多糖粉 1 000～1 500g，转移肽（转移因子）800～1 000g，大蒜素 200～300g，溶菌酶 400g，连续饲喂 7～12d。

[方案 2] 每吨饲料中加入甘草粉 200～300g，黄芪多糖粉 1 000～1 500g，排疫肽（五种高免球蛋白，口服型）400g，抗菌肽 200～300g，大蒜素 200～300g，连续饲喂 7～12d。

平常加强对猪群的饲养管理，经常检查饲料的质量与保管情况、猪的饲饮情况和猪群的状况，发现问题及时处理。猪舍要保持清洁卫生、干燥、通风；定期进行消毒，清除污水污物；做好免疫预防等。只有采取综合的防控技术，才能有效地防止猪群发生霉菌毒素中毒。

4 霉菌毒素中毒的治疗

立即停止饲喂发霉变质的饲料，改喂全价料，适当地提高饲料中的蛋白质、维生素与硒的含量，特别是增加维生素 C 的添加量。

病猪不吃料，改饮电解多维（200g 兑水 1 000L），加葡萄糖粉（200g 兑水 1 000L），口服排疫肽（免疫球蛋白，100g 兑水 300L），黄芪多糖粉（400g 兑水 1 000L），混饮 7～12d。

治疗原则：提高免疫力，解毒排毒，恢复体能，可采取支持疗法与对症治疗。治疗方案如下，供参考。

硫酸钠 25～50g，液体石蜡 50～100ml，加水 500～1 000ml，灌服，以保护肠黏膜，排除肠内毒素。

穿心莲注射液（每千克体重 0.15ml），排疫肽（高免球蛋白，每 50 千克体重 1ml，重症加量），转移因子（每 40 千克体重 1ml，重症加量），混合肌注，每日 1 次，连用 3d。可提高免疫力，缓解免疫抑制，中和毒素，控制细菌与病毒继发感染。

25%葡萄糖注射液 200～300ml，25%维生素 C 5～8ml，40%乌洛托品 20～60ml，10%樟脑磺酸钠 5～8ml，混合静注，每日 1 次。以解毒，保护肝与肾功能，强心利尿。

止血敏 2～4ml 或者维生素 K_3 3～8ml，肌注，每日 2 次。以制止中毒所造成的内脏器官出血。

兴奋不安，有神经症状，可用苯巴比妥 0.25～1g，以注射用水稀释后肌注，每日 1 次。

种母猪发生霉菌毒素中毒时，临床治愈后或者流产后，要加强饲养管理，可在饮水中添加排疫肽、电解多维、维生素 C、甘草粉等，连续饮用 12d。30d 内可正常发情，发情时不要配种，推迟 1 个发情期再配种，有利于母猪保持其生产性能，健康妊娠与产仔。

规模化养猪场的消毒

消毒是贯彻“预防为主”方针的一项重要的技术措施，其目的在于消灭被传染源散播于外界环境中的病原体，以切断传播途径，阻止疫病的继续蔓延。规模化养猪场的消毒有重要意义，实施时应注意以下问题。

1　消毒药品的选购原则

消毒药品要具有以下特点：杀灭病原体能力强、广谱高效、作用迅速；对人和动物无毒害作用；对金属制品、木制品、塑料制品、用具及衣物等无腐蚀作用；对环境及供水无污染作用等。

消毒药品除了杀灭病原能力强之外，还要不易诱发病原产生耐药性；不因自然界存在有机物及蛋白质等（如坏死组织、脓汁、渗出液、粪便及痰液等）而影响杀菌效果。

消毒药品要性质稳定、不易氧化分解或易燃、易爆。

消毒药品要易溶于水、使用方便、便于储藏。

消毒药品要价格合理、容易购买。

2 猪场常用消毒药品及其使用方法

2.1 猪场非生产区的消毒方法

猪场大门前的消毒池长度为车轮 2 个周长以上，消毒药品可选用 2%～3%的火碱溶液、1%菌毒敌、1%复合酚、1%农福或 1∶800 的消毒威等。冬季寒冷季节可在消毒池中加入适量的食盐，防止冻冰而影响消毒。消毒液每周更换 1 次，2 种不同的消毒药品每月更换 1 种。

非生产区人员进出的通道，每周喷雾消毒 1 次，可选用 1∶300 菌毒灭、0.3%过氧乙酸或 3%来苏儿溶液等进行消毒。

外来人员进入非生产区，洗手消毒可选用 1∶300 碘酸溶液或 0.1%新洁尔灭溶液；人员的体表汽化喷雾消毒可选用 1∶500 全安（复方戊二醛溶液）或 1∶1 200 绿养宁溶液进行喷雾消毒。

办公室、会议室、宿舍、厨房及餐厅等，每季度消毒 1 次，可选用 1∶1 000卫康、1∶1 000 百毒杀或 1∶1 000 消毒威进行喷雾消毒。

非生产区的外环境，平常要经常清扫，除去杂物，每季度消毒 1 次，可选用 1∶300 消毒威（复方煤焦油酸溶液）、3%来苏儿、0.5%强力消毒灵或 0.3%过氧乙酸溶液等进行喷雾消毒。

场外生产的各种肉制品一律不准带入猪场，避免带入传染源。

2.2 猪场生产区的消毒方法

非生产人员、场外人员、外地各种车辆及活动物等一律禁止进入生产区，谢绝参观。生产人员从外地回场，要进行消毒，并在非生产区隔离 2d；进入生产区时，先行淋浴，更换消毒工作衣、帽与鞋等；进入猪舍时，先在隔离间更换猪舍内的劳动服与鞋，然后再参加猪群的饲养工作。

猪舍门口的消毒池，选用 2%火碱、1∶300 消灭威、1∶300 菌毒灭（复合酚）或 3%来苏儿溶液等，3d 更换药液 1 次，不同种类的消毒药品轮换使用。

更衣室的消毒，选用 1∶1 800 消毒威、1∶1 200 绿养宁、1∶1 000 百毒杀或 1∶200 农福溶液等，每周喷雾消毒 1 次（发生疫情时 3d 消毒 1 次），每月更换消毒药的种类 1 次。

猪舍的通道、地面、猪圈、猪栏、运动场地、墙壁、天棚、门窗、设备及用具等，每天要清扫干净，每周消毒 1 次（发生疫情时每 2d 消毒 1 次），选用 1∶1 000 卫康、1∶1 500 消毒威、1∶300 菌毒敌、0.02%百毒杀或 0.3%过氧乙酸溶液等，进行喷雾消毒。

猪舍下水道与排污沟，选用 2%火碱、1∶300 菌毒灭、1∶100 爱迪伏消毒液或 1∶800 百菌灭等进行消毒，平常每周 2 次，发生疫情时每天 1 次。

猪场的供水设备、饮水器、水管及水箱等，可用含有效氯 20%以上的漂白粉稀释成 3%溶液浸泡或冲洗消毒，也可于 10L 水中加百毒杀 1ml、1t 水中加消毒威 15g 或 1t 水中加碘酸 0.8kg 消毒后，连续饮水 5～7d。消毒水也可用于擦洗料槽，保持料槽清洁干净。

赶猪通道、隔离舍与装猪台，每次使用前后都要清扫干净，再冲洗 3 次后进行消毒，可选用 1∶800 消毒威、1∶800 卫康、0.5%强力消毒灵或 1∶1 000绿养宁等消毒剂，进行喷雾消毒。

医疗器械与注射用具等可用煮沸的方法消毒，器械还可用酒精或新洁尔灭消毒。

进入生产区的各种物品、用具、工具及药品等要通过专用消毒间消毒后才能带入猪舍使用。常见用紫外线灯光照射或熏蒸的方法进行消毒。按每立方米的消毒空间，用 36%甲醛溶液 28ml，高锰酸钾 14g，混合一起，封闭熏蒸 24h。

生产区内的专用运送饲料车与运猪车等，每次使用前后都要冲洗干净后进行消毒，可选用 0.5%强力消毒灵、1∶1 000 消毒威、0.3%过氧乙酸溶液等进行喷雾消毒。

保育箱的消毒，可选用 1∶500 碘酸、1∶1 500 全安或 0.1%新洁尔灭溶液喷雾消毒，每 3d 用 1 次。

带猪消毒，可选用 1∶1 000 卫康、1∶2 000 消毒威、1∶500 全安、1∶200 农福、1∶1 000 百毒杀、0.1%新洁尔灭、0.1%过氧乙酸等溶液喷雾消毒，每月 1 次，发生疫情时每周 1 次。

猪场污水的处理，处理污水的方法有沉淀法、过滤法与化学方法等，如于每升污水中加漂白粉 2.5g，拌匀后静止 2h 再向外排放。粪便可通过堆积发酵（生物热消毒）和沼气池等方法处理。

猪舍外环境的消毒，对生产区内的道路、空地、场地等，每月清扫 1 次，除去杂草杂物，填平低洼沟池，定期进行全面消毒，防止吸血昆虫孳生。可选用1∶800卫康、1∶300消毒威或1∶200过氧乙酸溶液进行喷雾消毒。

死亡猪与污染的杂物应选择离猪场200m以外的无人区挖坑进行深埋处理，找土质干燥、地势较高、地下水位较低的地方挖坑，坑深3m，长宽根据实际需要而定，坑底部撒上生石灰，再放入尸体，放一层尸体撒一层生石灰，最后填土夯实。周围环境用3%来苏尔或0.3%过氧乙酸溶液喷雾消毒1次。

3 常见病原的敏感消毒剂

对不同的病原体要选用杀灭力最强的消毒药品才能收到良好的效果。

口蹄疫病毒：2%火碱、0.3%过氧乙酸、1%强力消毒灵、1∶800卫康、1∶800消毒威、1∶400菌毒消等均可在极短的时间内杀灭之。

猪瘟病毒：2%火碱、5%漂白粉、1∶800消毒威、1∶800卫康、1∶300消杀威、1∶600菌毒消等对猪瘟病毒有很强的杀灭作用。

蓝耳病病毒：1∶800消毒威、1∶800卫康、1∶400菌毒消、1∶500全安、1∶300消杀威、1%强力消毒灵等对其均有很强的杀灭作用。

猪伪狂犬病毒：1%火碱、5%石炭酸、1∶1 000卫康、1∶1 000消毒威、1∶600菌毒消等对其均有很强的杀灭作用。

圆环病毒：0.5%强力消毒灵、3%火碱、1%菌毒敌、1∶800卫康、1∶800消毒威、1∶300消杀威等对其均有很强的杀灭作用。

细小病毒：2%火碱、0.5%漂白粉、0.5%强力消毒灵、2%菌毒敌、1∶800卫康、1∶300消杀威等对其均有很强的杀灭作用。

猪流感病毒：1∶50碘酸、1∶1 000卫康、1∶1 000消毒威、1∶300消杀威、5%碘伏等对其均有很强的杀灭作用。

乙型脑炎病毒：常用消毒药品均可杀灭之。

猪流行性腹泻病毒、传染性胃肠炎病毒与轮状病毒：1∶800百菌灭、1∶800百毒杀、1∶1 000卫康、1∶300消杀威、1∶300菌毒敌等均有很强的杀灭作用。

各种病原性细菌：应用卫康、消杀威、消毒威、火碱、强力消毒灵、菌毒灭、菌毒敌、碘酸、过氧乙酸、碘伏、漂白粉、来苏儿、新洁尔灭等消毒药品对病原菌均有很强的杀灭作用。

4 消毒注意事项

兽药市场上消毒药品种类多种多样，要注意选择品牌和信誉好的厂家，消毒药品的质量才能得到保证。不要贪图便宜，使用伪劣产品，这样不仅影响养猪生产，无法保证猪的健康，而且会造成经济损失。

养猪环境中存在许多有机物，这些物质与消毒药物具有亲和力，可结合成不溶性的化合物，能阻止消毒药物作用的完全发挥，因此，在实施消毒之前，一定要将环境中的有机物清除干净，再进行消毒。

正确使用消毒药品，按其使用说明书的规定与要求配制消毒药液，药量与水量的比例要准确，不可随意加大或减少药物的浓度，否则会影响消毒效果，严重者还会引起不良后果。比如饮水消毒要严禁任意加大水中消毒药的浓度，这样做虽然有效地杀灭了水中的病原微生物，但也能杀灭或抑制猪体肠道内的正常菌群，造成猪腹泻或继发肠道疾病。

不要任意将 2 种不同种类的消毒药品混合使用，或同时消毒同一种物品，因为 2 种不同的消毒药品混合使用可能会因物理或化学性的配伍禁忌而使消毒药物失效。

不要长时间使用一种消毒药物消毒一种消毒对象，这样会造成病原菌产生耐药性，影响消毒效果。因此，消毒时一定要定期更换不同的消毒药品，方能保证常年的消毒效果。

消毒时消毒药物要现用现配，尽可能在规定的时间内一次用完，如果配好的消毒药物放置时间过长不用，会使消毒药液的浓度降低或完全失效。

消毒时操作人员要戴防护用品（如口罩、手套、眼镜、胶靴、工作服等），以免消毒药液刺激眼、手、皮肤及黏膜等。同时也要注意消毒药物对猪群与物品的伤害，安全第一。

有条件的猪场，消毒后应采取样品进行消毒效果的检验，以便发现问题，加以改正，进一步提高消毒效果。

规模化猪场寄生虫病的防治措施

猪的寄生虫病不仅严重影响肉品的产量和质量，而且严重危害动物与人类的健康。做好猪群中寄生虫病的防治工作，这是规模化猪场综合性防疫体系中的重要防治技术之一，对建立猪场的生物安全体系，提高猪群的健康水平与公共卫生安全都具有十分重要的意义。

1　当前规模化猪场寄生虫病的特点

猪感染寄生虫就其感染和散播来讲，一般分为两类。一类是不需要中间宿主的“土源性”寄生虫，例如猪蛔虫、毛首线虫和球虫等；另一类是需要中间宿主的“生物源性”寄生虫，例如猪的肺丝虫、棘头虫等。当前，由于全国规模化猪场密集，加之饲养环境日益恶化，污染越加严重，便于直接传播的寄生虫病传播，易造成猪群发病；其次，规模化猪场一般都集中饲养在圈舍之中，猪不易接触中间宿主。因此，需要中间宿主才能传播的寄生虫病不易发生，例如猪囊虫病、血吸虫病、后圆线虫病等寄生虫病在规模化猪场发生很少，主要发生于广大农牧区散养猪中。而不需要中间宿主的寄生虫，例如猪蛔虫病、猪结节虫病、猪鞭虫病、仔猪类圆线虫病、猪疥螨病和弓形虫病等，均是规模化猪场常见多发的寄生虫病。

2 规模化猪场寄生虫病的防治措施

2.1 预防性驱虫

预防性驱虫是依据养猪场与当地寄生虫病的流行规律和生物学情况进行定时投药，以杀灭或驱除猪体内或体表寄生的寄生虫。这是规模化猪场防治寄生虫的主要措施，其方法与要求如下：

2.1.1 选择驱虫药的原则

理想的驱虫药必须广谱、高效、低毒、安全、适口性好、使用剂量小、使用方便、猪体内残留量低、价格低廉、便于保管。

2.1.2 猪场寄生虫控制程序

种公猪每年春、秋各驱虫 1 次。后备母猪配种前 14d 驱虫 1 次。妊娠母猪分娩前 7～14d 内驱虫 1 次。哺乳仔猪断奶后驱虫 1 次，仔猪及育肥猪转群前驱虫 1 次。新引进的猪群在隔离检疫 30d 期限内，安排驱虫 1 次。所有的母猪及公猪于配种前 2 周进行体外驱虫 1 次。

2.1.3 驱虫药物及其使用方法

2.1.3.1 体内驱虫

通灭：每 33kg 体重 1ml，全场使用，每年用 1～2 次即可。

伊维菌素：每千克体重 0.3mg，皮下注射 1 次即可，必要时可间隔 7～9d 后重复注射 1 次。能驱杀猪的肠道线虫及疥螨等。

爱比菌素：每次每头猪肌肉注射 0.4～0.5ml，作用同伊维菌素。

阿维菌素：每千克体重 0.3mg，1 次内服，能驱杀猪蛔虫、结节虫、线虫、肾虫、鞭虫、肺丝虫、疥螨、血虱等。

阿力佳（虫克星）：粉剂（含量为 0.2%），每 35kg 体重用 5g 药拌料饲喂，怀孕母猪按常量的 2/3 给药，吃奶仔猪不能使用。能驱杀猪的多种线虫、体外虱、螨、蜱、蝇、蛆等。

左旋咪唑：每千克体重 8mg，溶于水后，混入料中或饮水中给药，必要时，在首次用药后经 2～4 周再用药 1 次，效果更佳。妊娠母猪不能使用。用于驱杀猪蛔虫、类圆线虫、胃虫、结节虫及肺丝虫等。

丙硫苯咪唑：每千克体重 5mg，拌入料中给药，妊娠母猪不能使用。用于驱杀猪的胃肠道线虫、肺丝虫、绦虫、囊尾蚴等。

盐酸氯苯胍：每千克体重 12～24mg，口服，可防治猪球虫病及弓形虫病等。

2.1.3.2　体外驱虫

双甲脒：双甲脒油乳剂，浓度为 12.5%，该药 1 升加水配成 250 升，用于体表喷洒或涂擦，可杀灭螨、虱、蚤、蚊、蝇、虻等昆虫。

杀虫脒：油乳剂，使用浓度为 0.1%～0.2%，体表喷洒，可杀灭疥螨、虱、蚤、蚊及蝇等昆虫。

螨立克：体表喷洒使用浓度为 1%溶液，可杀灭疥螨等。

精制敌百虫：体表喷洒使用浓度为 1%～2%，可杀灭疥螨、虱、蚊、蝇、蚤等体外寄生虫。

2.1.4　驱虫注意事项

根据猪场猪群中发病情况及当地寄生虫病的流行状况，制定周密可行的驱虫计划，有步骤地进行驱虫。

驱虫前应进行粪便虫卵检查，弄清本场猪体内的寄生虫种类及严重程度，以便有效地选择最佳的驱虫药物，安排适宜的驱虫时间。

驱虫时，要严格按照所选用的驱虫药物的说明书所规定的剂量、给药方法以及注意事项等进行，不得随意变更药物用量和使用方法，否则易引发事故。

驱虫后注意观察猪群，对出现严重反应的猪只要立即查找原因，并及时解救。

驱虫后猪排出的粪便和虫体应集中妥善处理，防止扩散病原。同时加强对猪舍内外环境的消毒与杀虫，防止猪重复感染。

猪屠宰前 15～30d 停止使用驱虫药，以免猪体药物残留，影响公共卫生的安全。

2.2　外环境灭虫

很多寄生虫的虫卵和幼虫对外界环境有一定的抵抗力，为了防止猪重复感染，必须消灭外界环境中的寄生虫虫卵。因此，搞好饲养环境的卫生，也是预防猪群感染寄生虫的重要措施之一。

2.2.1　环境灭虫

环境灭虫是一项综合性的工作，应全方位着手，着重做好以下几个方面的工作：

配种妊娠舍、产仔舍、保育舍及育肥舍要分开，实行分段多点式饲养，严格做到每舍“全进全出”，这样有利于消灭传染源，防止交叉传染。

妊娠母猪分娩前14d用伊维菌素或阿维菌素驱虫1次；临产前4d用温水将母猪全身彻底洗刷干净，并用0.01%的新洁尔灭溶液或百菌消－30（1∶1 000浓度）对猪体喷雾消毒，再进入已彻底消毒的清洁产仔舍待产。

母猪分娩后，要将产床清洗干净，特别是粪便要勤扫除，并进行消毒。

饲料和饮水要清洁干净。

猪舍地面、墙壁、猪栏、猪圈要每天清扫干净，不要有积水和粪尿，并定期进行消毒。

饲养人员要淋浴后进入猪舍，工具及用具等也要定期消毒。

仔猪断奶后，母猪下床，给仔猪驱虫1次，然后转入已消毒的清洁保育舍饲养。

2.2.2 粪便的处理

感染猪的体内储存有大量的寄生虫虫卵和幼虫，并随粪便排出，在外界适宜条件下可发育成感染性幼虫，如污染饲料或饮水，易造成猪群重复感染。因此，每天要将猪舍打扫干净，彻底清除粪便，将粪便排放到距离猪场50m之外的集中点，进行堆积发酵，利用生物热杀灭虫卵和幼虫。

2.2.3 消灭中间宿主

猪场要尽力改善饲养环境的卫生，创造不利于各种寄生虫中间宿主（如蚊、蚂蚁、甲虫、蜗牛等）隐匿和滋生的条件，消灭了中间宿主，就可消灭其体内的感染性幼虫，可使没有进入中间宿主的幼虫无法完成其发育。

2.2.4 消灭吸血昆虫和储藏宿主

吸血昆虫和储藏宿主媒介可起到携带和传播病原的作用，因此，要利用各种有效的化学药剂消灭这些媒介，减少环境的污染，可控制和减少猪群的寄生虫感染。

2.3 猪场寄生虫的监测

猪场应通过对猪的粪便检查和剖检对寄生虫病进行监测，每年2次，以确定是否存在寄生虫，弄清猪群中寄生虫的种类和危害程度，以便有针对性地选择有效药物进行驱虫，防止寄生虫病在猪场的发生与流行。

2.4 免疫预防

寄生虫也有自身的抗原或特异抗原，能够刺激动物机体产生保护性免疫应答。目前，血吸虫病致弱虫苗已处于试用阶段、鸡球虫病有强毒苗和致弱苗，牛巴贝斯虫基因工程苗和疟疾基因工程苗，以及弓形虫虫苗已在国外开始试用。虽然猪的寄生虫病目前还没有可使用的疫苗，但随着分子生物学技术的发展，寄生虫免疫学研究的不断深入和各种虫体的抗原变异机理的不断被揭示，必将会有更多的寄生虫虫苗问世。

发展生态养猪是保障畜产品安全的有效途径

大力发展生态养殖是21世纪畜牧业发展的新模式，是实现社会经济与环境协调、持续发展的有效途径之一。随着社会的发展和科学技术的进步，我国几千年来的传统畜牧业，一家一户的养猪生产方式已经受到全面的冲击。当前要在科学发展观的指导下，用现代生物科学的先进技术改造我国的养猪业，以提高养猪生产的效益，减少污染物的排放，降低养猪过程对环境的污染和人类的危害，提供安全的绿色畜产品，促进我国养猪业的可持续发展，已成当务之急。

1　农村养猪生产中存在的主要生态问题

1.1　农村养猪环境污染严重，威胁着畜产品的安全和人类的健康

几千年来的一家一户养猪生产，其猪舍十分简陋，没有围墙，房前屋后建猪圈，舍连舍、户连户、场连场，谈不上隔离封闭式饲养；猪舍冬不保暖，夏不防暑，空气污浊；猪舍的粪便和污水随意排放，长期得不到无害化处理，造成饲养环境严重污染；夏季高温潮湿，蚊、蝇等吸血昆虫和鼠类泛滥，传播各种病原微生物，引起疫病的发生和流行。据测定，1头猪年产粪尿约2t，如果每天用水冲洗后向外排放，1头猪的日污水排放量约30kg。据国家环保总局调查，我国每年畜禽粪便产生量约为19亿t，是工业固体废弃物的2.4倍。在动物排泄物中，除含有氮化合物、磷、钙、可溶性无氮物及药物等对环境造成污染外，废弃物中还可携带100多种细菌和病毒造成空气、水源及土壤的污染。世界上污染严重的20个城市中有16个在中国，中国有60%以上的河流和湖泊已被化学物质、工业废弃物和有毒物质污染，其中养殖业污染是其根源之一。当这些自然的生态环境遭到破坏时，必将会严重威胁畜产品的安全和人类的健康，这是一个不应忽视的重大问题。

1.2 大量使用抗生素和重金属添加剂后果严重

农村养猪户由于缺少技术指导，常年在饲料中添加土霉素碱、金霉素粉、磺胺类药物及激素类兽药喂猪；或者在防治猪病中盲目超量使用抗生素，又不遵守休药期，造成严重的不良后果。使用这些兽药做添加剂或治疗，能抑制猪体内的一些敏感细菌，达到防治疾病的目的。但是长期使用，特别是滥用，不仅能破坏肠道的正常菌群平衡，而且会降低机体的免疫功能，导致机体消化机能紊乱、细菌产生耐药性和药物残留。甚至违法使用禁止兽药做饲料添加剂，造成食物中毒事故的发生。如 2006 年上海市发生的瘦肉精食物中毒，造成全市 9 个区 336 人次中毒，引起社会广泛的关注。

饲料中长期超量添加微量元素和重金属添加剂，虽然对猪的生长有一定的促进作用，但使饲料配比不合理，营养不均衡，可导致猪的生产性能下降。特别是铜和锌元素能在动物的肺脏中大量沉积，人食用后影响身体健康；同时这些元素可随粪便排到环境中，在土壤中富集，造成重金属污染、磷污染、氨污染。最终危害人类的健康和土壤中的植物生长。

由上可见，养殖业的源头污染严重危害着食品的安全和人类的健康，其中滥用抗生素和激素类，长期使用重金属添加剂导致食品源头的污染成为主要问题，应引起高度重视。

1.3 饲料的污染直接影响到无公害猪肉的生产

环境对动物饲料的污染多种多样：①工业生产中排放的有毒物质、有害气体、污水、残渣及化学物质等造成饲料污染；②农业生产中使用的各种农药和化肥对饲料原料的污染；③饲料生产与保存过程中其本身滋生某些微生物引起饲料发霉变质，如曲霉菌、镰刀菌及青霉菌等引起玉米、豆粕、麸皮等发霉变质，以此用作饲料喂猪可导致毒素中毒而造成死亡。当前，养猪生产中排放的粪尿与污水可污染土壤、水源与空气，致使饲料作物在生长过程中从污染的土壤和水中获得有毒的物质又造成对饲料原料的污染；再用这些被污染的饲料作物生产饲料用于喂猪，不仅对猪体本身造成危害，提供这样的畜产品也严重威胁着人类的健康。

2 当前农村发展生态养猪的对策

2.1 改变农村传统的养猪模式，建设牧业小区养殖

农村传统的养猪模式是一家一户的庭院式养猪，规模小，猪舍简陋，冬不保温，夏不防暑；粪污长期得不到无害化处理，饲养环境恶劣；技术水平与生产水平很低，抗市场风险能力差；疫病常年流行，严重影响公共卫生的安全等，弊端很多。在当前农村养殖业的转型时期，一定要抓住机遇逐步将一家一

户分散养猪改变为规模化牧业小区养殖，结合社会主义新农村建设，规划建设一批标准化牧业小区养殖。当地政府应在土地、资金与技术方面予以支持与引导，做到统一品种、统一技术与统一管理，使牧业小区实行自繁自养、专业化生产。这样不仅有利于疾病的防控，保障公共卫生的安全，保护生态环境；而且有利于提高养猪生产的科学技术水平，保障猪健康生长，保障产品质量，提高农民抗市场风险的能力，这是农村养猪生产发展的方向。

牧业小区的建设要统一规划，选择在居民点的下风方向，地势高燥，土质透气透水性好的向阳场地建设，离公路交通与居民区 1 000m 以上。猪舍间的间距为 10m，以利于光照和通风。每栋猪舍进出口设消毒池，小区大门应设置车辆消毒池和人员消毒间。小区内的净道多为水泥铺设，宽 6～8m，用于运送饲料；污道宽 4m，用于运送粪污，场内并设置发酵池或沼气池，处理粪污。猪场的水井要离猪舍 30m 以上，水井周围 5m 以内为卫生防疫区，禁止污染周围环境。厂区围墙内外，道路旁，猪舍间等可植树种草，以改善场区空气，也有利于形成防护屏障。牧业小区的规模一定要根据养猪的生产实际需要出发，以适度为好。

2.2 发展生态养猪，走产业化生产之路

环境保护是养猪业可持续发展的必由之路，不重视养猪对环境的污染，将会使养猪业陷入恶性循环，使人类和其他生物的生存环境日益恶化。因此，在改变一家一户庭院式养猪方式时，要建设生态养猪牧业小区，大力发展生态养猪，统一处理牧业小区排放的粪污，确保饲养环境的安全。发展生态养猪要做到三个相结合：一是养猪与环保相结合，发展养猪业不能破坏农村的生态环境，不能走“先污染后治理的老路”，要牧业小区建设与粪污处理建设同步进行，确保养猪业持续协调的发展；二是养猪与种植业相结合，猪场排出的粪尿与污水可先在沼气池中发酵，进行无害化处理，再引入果园、菜园和田地循环利用，即“猪一沼一果园、菜园、田地”模式，这是循环利用资源的一种好形式；三是生态养猪牧业小区与规模饲养相结合，实行规模化、产业化、安全化生产经营，以屠宰加工企业为龙头，以生态养猪牧业小区为基地，以市场为导向发展养猪产业化集团生产，即公司＋基地＋农户模式。这样不仅能降低农民养猪的成本，有效地防控疫病，保证产品质量安全，提高市场竞争力；而且有利于提高养猪生产效益，保护生态环境，促使农民走专业化生产发展之路。

2.3 配制环保型饲料，确保畜产品的安全

中国农业部先后颁布了《食品动物禁用的兽药及其化合物清单》和《禁止在饲料和动物饮水中使用的药物品种目录》明确禁止氯霉素、激素类、类

激素类和安眠镇定类29种兽药用于食品动物，限制8种兽药作为动物促生长制剂使用。但仍有少数厂家为自己的经济利益，置国家法律法规于不顾，继续在饲料中添加禁用药物，给养猪业生产和公共卫生的安全带来严重后果。国家应加大打击力度，确保饲料的安全，才能保障畜产品的安全。发展生态养猪一定要使用环保型饲料和绿色添加剂，如使用酶制剂、微生态制剂、中草药、酸制剂及大蒜素等。农业部已批准12种有益菌种可用于微生态调整剂和饲料添加剂，对动物无毒副作用，无药物残留、不产生耐药性，而且能提高饲料中蛋白质和氨基酸的利用率，有效地降低氮和磷的排出量，减少氮气和硫化氢的产生。

2.4 严格遵守药物的休药期，防止畜产品药物残留

农村养猪户由于缺少科学技术，盲目滥用兽药现象比较严重，不按规定的休药期停止用药，造成畜产品中药物残留，食用这样的畜产品后，对人产生致癌、致畸、致突变作用，危害公共卫生的安全。为防止兽药在动物体内残留，确保动物性食品的卫生安全，让人民群众吃上“放心肉”、喝上“放心乳”，国家先后颁布了《中华人民共和国兽药规范》、《兽药质量标准》和《兽药管理条例》等法律法规，从兽药的原料、生产、质量、检验、休药期、管理、包装、保管、使用及经销都有严格的要求。但是，当前仍有假兽药与劣质兽药、无批准文号与质量标准的兽药流入市场，严重干扰了兽药市场的正常秩序，损害了养猪业的健康发展。对当前的兽药生产与市场经营要进一步进行整顿与规范，特别要注意在市场上流动的黄芪多糖（包括注射剂与粉剂）、头孢类、氟苯尼考、土霉素等兽药，因为在防控猪的高热病时这些兽药应用比较多，需求增加，不合格产品也就随之流入市场。猪场消毒时，要指导养猪户尽可能不用或少用强酸、强碱及醛类等消毒药，以避免造成污染生态环境，危害人与动物的安全。

2.5 转变观念，确保农村生态养猪的健康发展

要改变农村几千年来的传统养猪观念与方式，发展生态养猪，使我国的养猪生产真正走上又好又快的现代化畜牧业发展之路，首先要做好宣传教育工作，学习先进的科学技术，引导农户转变旧观念，树立环保意识与食品安全意识，坚持科学发展观。同时国家应出台一些有关的优惠政策和支持措施，建一批牧业示范小区。为养猪户提供优良健康的种猪群，提供环保型饲料与各种市场供求信息，有针对性地举办各类技术培训班与讲座，技术服务上门，按国家《动物防疫法》规定做好动物疫病防控和保健工作，只有这样才能在建设社会主义新农村中帮助农村发展生态养猪，并使其健康持续发展。

当前动物药品生产中存在的主要问题与建议

药物是用于治疗、预防与诊断疾病的物质。动物药品在保障动物健康与促进畜牧业的发展中具有重要的作用。但是，当前我国的兽药市场非常混乱，在动物药品生产与市场流通中都存在不少急需解决的问题。这些问题的存在难以保障我国畜牧业的健康发展与动物性食品的安全，应引起大家的关注。

1　动物药品生产环节存在的主要问题

1.1　新兽药少，仿制兽药多

我国动物药品生产企业的产品中国家一、二类兽药很少，大多数为仿制兽药。经国家批准的一类兽药只有海南霉素（抗球虫药）、乙酰甲喹（抗菌药）和喹烯酮（抗菌促生长剂），目前还没有全面投放市场。新兽药很少，这与快速发展的养殖业和巨大兽药市场很不协调。国内仿制的动物药品主要是粉剂、散剂、预混剂以及原料仿制等。注射剂与复杂的抗生素制剂仿制较少，因为菌种问题与复杂的生产工艺等技术问题不好解决，仿制较为困难。

1.2　新兽药研发能力弱

当前国家新兽药的研发速度不到1%，真正有研发能力的兽药企业全国只有十几家。其原因表现在以下几个方面。

1.2.1　动物药品研发新药成本高、时间长、风险大

研发一个新兽药一般需要5～8年的时间，而且需要投入企业销售额10%～15%的资金，还要承担市场风险。目前国家对此投入资金少，重视不够；企业不敢投入，怕担风险，极大地影响了新兽药的研发。

1.2.2　缺少专业人才，技术创新能力弱

据有关业务部门调查，中国真正从事动物药品研发的人员不到1 000人，专门从事动物药品研发的专业技术人才不到500人。没有技术人才，科技创新就是一句空话。

1.2.3　许多兽药生产企业无研发能力

全国现有兽药生产企业2 000多家，90%以上是中小型企业，年产值在2 000万元以上的兽药企业只有200多家，大多数企业是制剂厂，西药原料厂

有150家左右，中药原料厂只有十几家。兽药厂数量多，但规模小，技术水平低，研发能力差，重复生产十分严重。多数兽药生产企业每年只能维持自身的运转，拿不出资金去搞兽药研发。缺资金、缺技术人才、缺设备，严重阻碍了兽药的研发与创新。

目前国内兽药市场的混乱，产品价格的波动，知识产权得不到保护等问题的存在，也严重影响了新兽药研发，应引起关注。

1.3 动物药品种类少，剂型单一

我国的动物药品主要是针对食品动物生产的，其中60%以上为抗菌药物，其他兽药发展缓慢，如抗寄生虫类药物和宠物用药开发不多。1987—2007年国家批准的兽药企业生产的兽药品种总计294种，其中抗生素72种，化学抗菌药78种、抗蠕虫药62种、抗球虫药12种、消毒剂20种、促生长剂15种、其他药35种。抗生素与化学抗菌药占51%以上。

动物药品的剂型多数为注射剂与口服剂，而长效缓释剂、长效控释剂、透皮吸收剂、微囊剂、浇泼剂、乳房内注入剂与子宫注入剂等新剂型很少，造成临床上使用不方便，影响药物效果。

1.4 动物用中草药制剂科技含量低

中药是我国的国宝，发展前景非常广阔。目前全国有中药材生产基地600多个，常年种植400多种中草药材，产量为30万t，占全国中药材供应量的70%，还有400多种野生中草药材，资源十分丰富。2007年国家批准49家中药材GMP企业生产动物用中药制剂。由于中药研发滞后，缺乏国家标准，生产工艺简单，检测手段落后等，造成动物用的中药制剂品种多而杂，技术含量不高，疗效不确实，严重影响动物用中药制剂的生产与发展。

1.5 动物用疫苗质量亟待提高

2007年全国有67家GMP企业生产动物用疫苗共计164种，约1 277亿头份，产值达50亿元人民币，但疫苗的合格率仅为87.6%。存在的主要问题是科技创新能力差，产品结构不合理，生产工艺落后（纯化技术、浓缩技术、检测技术滞后），产品质量不稳定，试剂与保护剂质量不过关等，致使我国动物疾病免疫预防缺乏可靠的保障。

2 动物药品流通环节存在的主要问题

2.1 假兽药产品数量过大

2008年第一季度动物药品质量抽检共1 144批，不合格产品有718批，为假兽药的占不合格产品总数的62.8%，其中四川、湖北、重庆、安徽、黑龙江、广东、江西、陕西、河南、山东、广西等地的兽药企业生产产品的合格率

不足80%，并有30家企业被列为重点监控企业，登报点名。不合格产品一直在兽药市场上流通，给畜牧业的健康发展造成严重危害。

2.2 假冒GMP企业非法生产动物药品者甚多

有不少非GMP企业假冒GMP企业生产动物药品，贴假标签，印假批准文号，或者打着与某某厂家合作生产的旗号，将非法生产的产品推进兽药市场，欺骗广大用户。

2.3 合法企业（通过GMP认证企业）生产非法产品

有一些通过GMP认证的企业，套用批准文号（用1个批准文号生产几种兽药）生产多种兽药；有的还擅自改变产品组方（生产组方与申报批准的产品组方不一致）；有的使用已宣布废止的地方标准与批准文号生产兽药，以假乱真，造成兽药市场的混乱。2008年上半年共检查出这类假兽药682批，占不合格动物药品产品总数的54.9%。

2.4 生产中蓄意造假与流通环节售假问题非常严重

当前兽药市场出售的许多动物药品有效成分含量不足，粗制滥造；疫苗抗原含量不够，佐剂质量差等问题普遍存在。产品抽样检查发现，经营环节与使用环节抽检的合格率明显低于生产环节抽样检查的产品。不少厂家在送检产品上大玩手法，骗上欺下，非法谋利。

2.5 药物名称与作用名不符实，欺骗用户

有的厂家在其药品有效成分中随意加上含有免疫增强因子、增食因子、促生长剂等，以扩大药物作用，欺骗用户选购；有的厂家在药物使用说明书上标明本药可治十几种疾病，并一针见效，夸大药物的疗效，提高宣传效应，以达到促销之目的；有的厂家在产品中偷偷加进被禁止使用的利巴韦林等化学抗病毒药物，但不告知用户，借以增强其产品的功效与推销数量。这些行为严重违反了《兽药管理条例》，但在兽药市场不是少数。

3 几点不成熟的建议

目前应从动物药品生产环节与市场流通环节两个方面严格整顿兽药市场秩序，加大执法力度。坚决查处无批准生产文号、无GMP生产厂家、无兽药标准的假劣兽药与生产单位，规范兽药市场秩序，依据国家颁发的《兽药管理条例》，从快、从严、从重处罚非法生产者与非法经营者，从源头上切断假劣兽药进入市场，确保畜牧业健康持续的发展与动物性食品的安全。

加大动物药品与疫苗的研发力度。国家要尽快制订我国动物药品发展规划，加大资金投入，加强人才培养，加大监管力度，用法律与政策为兽药生产企业构建新兽药研发与科技创新的平台，全面提高我国动物药品的质量与参与

国际市场的竞争力。

全面提高动物疫苗的质量。当前要全面提高现有动物疫苗的质量，特别是要侧重提高疫苗的保护力和佐剂与试剂的质量，保持动物疫苗的稳定性、可靠性与安全性，确保动物疫苗的免疫效果，以防止动物重大疫病的发生与流行，这是当务之急。同时，要加大资金投入与技术培训，研发新型疫苗，用于动物免疫，为我国畜牧业的持续、健康发展提供科技保障。

慎重选择兽药用于动物疫病的防控。广大养殖户，在防控动物疫病时要慎重选用兽药，购买兽药时一定要认真查看兽药批准文号，产品质量标准、生产许可证、生产日期、保存期以及药品包装物和使用说明书等。严防购进无兽药批准文号、无GMP生产厂家、无产品质量标准的“三无”产品。当前兽药市场上，有效成分含量不足，假冒的黄芪多糖、板蓝根、头孢类药物、氟苯尼考、强力霉素、阿莫西林、土霉素以及假清开灵、干扰素、转移因子均有发现。有的企业将猪瘟细胞苗加入到猪瘟脾淋苗中向市场出售，谋取私利等。广大用户一定要睁大眼睛，识别真假，以免受骗。假冒伪劣动物药品进入兽药市场，不仅冲击了正规守法的动物药品企业的生产与发展，扰乱了兽药市场秩序，而且对养殖业与公共卫生安全也造成严重的危害，要坚决依法查处。

部分新产品在猪病防控中的应用

1 新产品名称

1.1 猪疫康（芽孢杆菌活菌制剂）

猪疫康含有高浓度益生菌及其代谢产物（活性蛋白等），有效活菌数达5亿/g，微囊包被，定域缓释。该品能刺激机体产生多种细胞因子，抑制细菌与病毒DNA（RNA）的转录和复制，有效地控制各种混合感染与继发感染；活化免疫细胞，增强免疫机能，提高免疫力和抗病力。在临床上配合优质抗生素间隔交换使用，效果更明显。

100g猪疫康可拌料800kg或兑水1 500kg，混饲或混饮，重症加倍量。

1.2 副猪清

副猪清含有多菌株副猪嗜血杆菌细菌素、细胞因子与特殊的佐剂，有效活菌数每克达5亿，微囊缓释，靶向给药。其具有强大的靶组织渗透作用，通过生物拮抗，有效地阻断副猪嗜血杆菌与靶细胞受体的结合，从而控制副猪嗜血杆菌的感染。由于多菌株副猪嗜血杆菌细菌素联合应用，因此，对多种血清型的副猪嗜血杆菌均具有良好的抗感染作用。接种副猪嗜血杆菌疫苗时，配合使用该产品，可明显地增强疫苗的免疫效果，提高机体的免疫力。

500g 副猪清可拌料 2t 或兑水 4t，混饲或混饮，能长期使用。

1.3　加立健

加立健含有肠球菌等多种益生菌及其发酵代谢产物等，有效活菌数每克达 5 亿。该产品能传递特异性和非特异性细胞免疫信息，激活 T 淋巴细胞，增强细胞免疫；促进 B 淋巴细胞活性，增强体液免疫，增加抗体滴度，提高机体的免疫力和抗病力。与疫苗免疫同时使用，可解除免疫抑制，提高抗体水平和整齐度，减少免疫应激的发生。治疗时与优质抗生素合用，可有效提高疗效，促进病后的免疫系统修复，使机体尽早康复。还可以补充有益菌，保护肠黏膜，调节胃肠平衡，促进营养物质的消化与吸收，使动物生长快。

500 克加立健，可拌料 2 000kg 或兑水 4 000kg，混饲或混饮，能长期使用。

1.4　优康

优康含盐酸沙拉沙星与佐剂，该品具有广谱的抗病毒作用，能阻断病毒 RNA 与宿主细胞核糖体结合，抑制病毒蛋白的翻译和多肽链的合成；该产品能增强自然杀伤细胞（NK 细胞）和杀伤细胞（K 细胞）的杀伤活性，调节免疫监视作用；能促进 B 淋巴细胞转化并分泌 IgG 抗体，增强组织相容性抗原和外周血单核细胞表面 FC 受体的表达，增强巨噬细胞的吞噬作用，调控自身免疫，降低应激反应。该产品还具有抗致肿瘤病毒的作用，增强机体抗肿瘤能力。

每 5ml 该产品用于家畜 400kg 体重，肌注，每日 1 次，连用 3～4d，重症加量。

1.5　黑客

含有枯草芽孢杆菌及其深层发酵代谢产物，微囊包被的免疫晶蛋白。免疫晶蛋白能影响病毒核酸的复制和蛋白质合成，干扰和抑制病毒繁殖，具有广谱的抗病毒作用。免疫晶蛋白还可以刺激机体淋巴细胞的分化，使其快速活化分泌各种细胞因子，提高机体非特异性抗病毒和抗细菌的能力。该产品还具有修复调节肠道菌群平衡、促进消化吸收功能，加快病后康复的作用。其与中药制剂和优质的抗生素联合使用，可有效地预防和治疗猪的病毒混合感染与细菌继发感染。

500 克黑客，可拌料 2 000kg 或兑水 4 000kg，混饲或混饮，治疗量加倍。

2 新产品在猪病防控中的应用

2.1 猪病的药物保健

2.1.1 药物保健的重要性

针对猪各个生长发育的不同阶段，有目的、有针对性地选用有关药物进行日常药物保健，可有效提高机体免疫力和抗病能力，减少猪病的发生与流行，这是一项重要的防控措施，是“预防为主”方针的重要组成部分，应高度重视。

2.1.2 选用保健药物的原则

用于保健的药物必须对猪体没有任何毒副作用，不产生药物残留，不诱导产生耐药性，并具有抗病毒、抗细菌、抗应激以及提高机体免疫力和抗病力的功能。

2.1.3 目前临床上常用于保健的药物

细胞因子类：猪疫康、黑客、加立健、细菌素、副猪清、干扰素、转移因子、溶菌酶、免疫核糖核酸、白细胞介素、抗菌肽、排疫肽等。

中药制剂类：黄芪多糖、人参多糖、灵芝多糖、香菇多糖、红花多糖、茯苓多糖、猪苓多糖、板蓝根、柴胡、穿心莲、鱼腥草、双黄连、金银花、大青叶、连翘、甘草等。

抗生素类：泰拉菌素、施美芬、头孢噻呋、头孢拉啶、多西环素、强力霉素、林可霉素、泰乐菌素、替米考星、氟苯尼考、支原净、氧氟沙星、阿莫西林、恩诺沙星、环丙沙星等。

2.1.4 药物保健方案

2.1.4.1 哺乳仔猪的药物保健

[方案 1] 仔猪 1～2 日龄，每头用副猪清 2g 兑水 20ml 稀释后口服，每日 1 次，可有效预防仔猪腹泻与多种细菌感染。

[方案 2] 猪疫康 100g 拌料 800kg，连续饲喂 7～14d。

[方案 3] 3 日龄每头仔猪肌注牲血素 1ml、0.1%亚硒酸钠一维生素 E 注射液 0.5ml，补铁、补硒，防止发生缺铁性贫血和腹泻。

2.1.4.2 保育仔猪的药物保健

[方案 1] 副猪清 300g、黄芪多糖粉 1 500g、板蓝根粉 1 500g、细菌素 100g 拌入 1t 料中，饲喂 7～12d。

[方案 2] 清开灵粉 2 000g、副猪清 300g、细菌素 100g、氟苯尼考 200g，拌入 1t 料中连续饲喂 7～12d。

[方案 3] 颗粒料不好添加药物，可改为饮水。电解质多维（200g 兑水

1t)，加葡萄糖粉（200g 兑水 1 000L），加黄芪多糖粉（400g 兑水 1 000L），加细菌素（100g 兑水 2 000L），加猪疫康（100g 兑水 1 500kg），连续饮水 12d。

[方案 4] 保育仔猪转入育肥舍之前 7d 驱虫 1 次，丙硫苯咪唑，每千克体重 10～20mg，口服 1 次。

2.1.4.3　育肥猪和后备种猪的药物保健

[方案 1] 每吨饲料拌入副猪清 300g、细菌素 100g、黑客 250g、黄芪多糖粉 1 500g、板蓝根粉 1 500g，连续饲喂 7～12d。

[方案 2] 每吨饲料拌入猪疫康 100g、细菌素 100g、加立健 500g、黄芪多糖粉 1 500g、板蓝根粉 1 500g，连续饲喂 7～12d。

[方案 3] 猪疫康 100g 兑水 1 500kg、黄芪多糖粉 400g 兑水 1 000kg、细菌素 100g 兑水 2 000kg、加立健 500g 兑水 4 000kg、电解质多维 200g 兑水 1 000kg、葡萄糖粉 200g 兑水 1 000kg，混合饮用 7～12d。

2.1.4.4　生产母猪的药物保健

[方案 1] 每吨饲料中拌入清开灵粉 2 000g，猪疫康 120g，细菌素 150g，氟苯尼考 200g，连续饲喂 14d。

[方案 2] 每吨饲料中拌入鱼腥草粉 4kg，猪疫康 120g，加立健 500g，细菌素 150g，连续饲喂 14d。

[方案 3] 每吨饲料中拌入 5%爱乐新 800g，细菌素 150g，加立健 500g，猪疫康 120g，黄芪多糖粉 2 000g，连续饲喂 14d。

[方案 4] 每吨饲料中拌入副猪清 300g，黄芪多糖粉 2 000g，细菌素 150g，板蓝根粉2 000g 拌入 1t 料中，连续饲喂 14d。

2.2　病猪的治疗

传染性疾病在猪病中危害最大，临床上治疗首先用药要侧重提高机体的整体免疫力，采用细胞因子疗法与抗病毒疗法、抗细菌疗法和对症治疗相结合的综合方法进行治疗，可收到满意的疗效。部分常见病可参考以下方案治疗。

2.2.1　高热病与呼吸道病

[方案 1] 清开灵注射，小猪每次 10～15ml，中猪 15～20ml，大猪 20～30ml，加优康（400kg 体重 5ml，重症加量），每日 1 次，连用 3～4d；同时肌注头孢噻呋钠（5mg/kg 体重）或头孢拉啶注射液，每日 1 次，连用 3～4d。饮用电解多维（200g 兑水 1 000L），加葡萄粉（200g 兑水 1 000L），加黄芪多糖粉（400g 兑水 1 000L），加猪疫康（200g 兑水 500L），加细菌素（200g 兑水 2 000kg），连续饮水 7d。下午肌注 1 次复合维生素 B 注射液（0.1ml/kg 体重），每日 1 次，连用 2 次。

[方案 2] 黄芪多糖注射液 0.2ml/kg 体重，加优康（每 400kg 体重 5ml，重症加量）混合肌注，每日 1 次，连用 3～4d；同时肌注 30%氟苯尼考注射液（每千克体重 0.1ml），每日 1 次，连用 3～4 次。饮用电解多维，加葡萄糖粉、板蓝根粉、加立健（500g 兑水 400kg）、细菌素（200g 兑水 2 000kg），混合饮水 7d；同时下午肌注复合维生素 B 注射液，每日 1 次，连用 2 次。

2.2.2 猪高热不退（43℃）、不食、精神沉郁，皮肤发紫、粪干

[方案 1] 柴胡注射液（0.2ml/kg 体重），加优康混合肌注，每日 1 次，连用 3～4 次；同时肌注长效多西环素注射液（0.05ml/kg 体重），每 2d 1 次，连用 2 次。饮用电解多维加葡萄糖粉，加板蓝根粉，加副猪清（500 克）、氟本尼考（400 克），兑水 2 000L，饮水 7d；下午肌注复合维生素 B，按每千克体重 0.1ml 给予，每日 1 次，连用 2 次；一般 3d 即可吃料。

[方案 2] 银黄注射液（金银花、黄芪、柴胡、连翘等），按每千克体重 0.2ml 给予，加优康混合肌注，每日 1 次，连用 3～4 次；同时肌注泰拉菌素，每 40kg 体重 1ml，每 2d 1 次，连用 2 次，或者肌注施美芬（第四代头孢类），每 25kg 体重 2ml，每日 1 次，连用 3～4 次。饮用电解多维加葡萄糖粉，加立健（500 克）、头孢拉啶（500 克），兑水 2 000L，饮水 7d，同时下午肌注复合维生素 B 注射液，每日 1 次，连用 2 次。

2.2.3 猪高热不退、呼吸道症状严重、流鼻液、咳嗽、喘气、腹式呼吸、不食

[方案 1] 板蓝根注射液（0.1ml/kg 体重），加优康混合肌注，每日 1 次，连用3～4d；同时肌注泰乐菌素注射液或者头孢类药物，每日 1 次，连用 3～4 次。饮用电解多维加葡萄糖、黄芪多糖、副猪清（500 克）、氟苯尼考（400 克）兑水 2 000L，混合饮水 7d；同时下午肌注复合维生素 B 注射液，每日 1 次，连用 2 次。

[方案 2] 射干注射液（射干、茵陈、金银花、板蓝根、黄芪、蒲公英、灵芝多糖、党参等），按每千克体重 0.2ml 给药，加优康混合肌注，每日 1 次，连用 3～4d。同时肌注头孢类药物，或林可霉素（每千克体重 10mg 给药），每日 1 次，连用 3～4d。饮水与调整胃肠机能用药同方案 1。

2.2.4 病毒混合感染后继发链球菌（有神经症状）和弓形虫病等

[方案 1] 清开灵注射液，加优康混合肌注，每日 1 次，连用 3～4d；同时肌注 30%磺胺间甲氧嘧啶注射液（每千克体重 0.1ml），每日 1 次，连用 3～4d；饮用电解多维加葡萄糖粉、穿心莲粉、副猪清（500 克）、加立健（500 克），兑水 2 000L 混合饮水 7d；有神经症状者，加注氯丙嗪注射液（1～3mg），每日 1 次，连用 2 次。

［方案 2］穿心莲注射液（每千克体重 0.1ml），加优康混合肌注，每日 1 次，连用 3～4d；同时肌注磺胺六甲氧嘧啶（每千克体重 0.05g），每日 2 次，连用3～4 次；饮用电解多维加葡萄糖粉、板蓝根粉、副猪清、加立健，混合饮水 7d；下午肌注复合维生素 B 注射液，每日 1 次，连用 2 次。

2.2.5　病毒混合感染后继发副猪嗜血杆菌，传染性胸膜肺炎、猪肺疫、喘气病等

［方案 1］清开灵注射液加优康混合肌注，每日 1 次，连用 3～4 次；同时肌注泰乐菌素或林可霉素，每日 1 次，连用 3～4 次。饮水加电解多维加葡萄糖，加副猪清（500 克），加氟苯尼考（400 克）兑水 2 000L，饮水 7d。下午肌注复合维生素 B，每天 1 次，连用 2 次。

［方案 2］仙方活命三联注射液（板蓝根、大青叶、白芷、紫花地丁、蒲公英等，每千克体重 0.2ml）加优康混合肌注，每日 1 次，连用 3～4 次；同时肌注施美芬注射液或林可霉素注射液（每千克体重 10mg），每日 1 次，连用 3～4 次，饮水与开胃进食用药同方案 1。

2.2.6　多病原感染后继发附红细胞体病

［方案 1］香菇多糖注射液（每千克体重 0.2ml）加优康混合肌注，每日 1 次，连用 3～4 次；同时肌注复方多西环素（每千克体重 0.1ml），每日 1 次，连用 3～4 次或者肌注长效多西环素注射液；下午肌注血虫净（每千克体重5～7mg），每日 1 次，连用 2 次。饮水：电解多维、葡萄糖粉、板蓝根粉、猪疫康（200g）、加立健（300g），兑水 1 000L，连饮用 7d。

［方案 2］灵芝多糖注射液（每千克体重 0.1ml）、优康混合肌注，每日 1 次，连用 3～4 次；同时肌注长效土霉素（每千克体重 10～20mg），每日 1 次，连用 3 次；下午肌注复方三氮脒（每千克体重 0.1ml），每日 1 次，连用 3 次。饮水：电解多维、葡萄糖粉、加立健（500g）、氟苯尼考（400g），兑水 2 000L，连饮 7d。

2.2.7　母猪产前高热不食、流产、产死胎或弱仔；产后高热不食，乳水不足等

［方案 1］鱼腥草注射液（每千克体重 0.2ml）、优康混合肌注，每日 1 次，连用3～4 次；同时肌注头孢噻呋钠注射液（每千克体重 5mg），每日 1 次，连用3～4d，不食者下午加注复合维生素 B 注射液，每日 1 次，连用 2 次。饮水：电解多维、葡萄糖粉、黄芪多糖粉、猪疫康（200g）、细菌素（300g），兑水 1 000L，连饮用 7d。

［方案 2］双黄连注射液（每千克体重 0.2ml）加优康混合肌注，每日 1 次，连用 3～4 次；同时肌注复方阿齐霉素注射液（每千克体重 0.1ml），每日

1次，连用3～4次。饮水：电解多维、葡萄糖粉、加立健（500g）、板蓝根粉、副猪清（500g），兑水2 000L，连饮7d；开胃用复合维生素B注射液，每天下午肌注1次，连用2d。

种猪的饲养管理要点

种猪的饲养管理包括种公猪和种母猪的饲养管理。管理得好可使母猪繁殖能力强、受胎率和产仔率高；种公猪精液量大、精子质量高、配种能力强。这样就可以使种猪群稳产高产，持续提供大量的断奶仔猪和商品肉猪，提高猪场的经济效益。可见种猪是养猪场的基础，养好种猪是养猪生产的关键。

1 后备种母猪的饲养管理

1.1 后备母猪的选择

后备母猪要求身体结实，被毛有光泽，四肢发育均匀、粗壮有力，肢蹄结构良好；乳房发育正常，乳头7对以上，没有瞎乳头与火山乳头；生产性能好，产仔率高，生长速度快，胴体品质良。

1.2 隔离检疫

引进后备母猪后要隔离观察1个月，隔离区采取全进全出方式，种猪进栏前猪舍要彻底清扫、冲洗、消毒。

1.3 药物预防

种猪进入隔离舍后，在水中加电解多维（200g兑水1 000L）、排疫肽（5种免疫球蛋白，100g兑水300L），或者加溶菌酶（400g兑水1 000L）和穿心莲粉（或大青叶粉），连续饮用5d。可防止应激、腹泻和各种疾病的发生。

1.4 补注疫苗

猪群稳定后，于第6天立即补注猪瘟、伪狂犬病、蓝耳病与口蹄疫4种疫苗。每头猪分别接种疫苗2头份，每隔4d接种1种疫苗，直至完成4种疫苗的接种。

1.5 检疫

观察20d左右，采血检查病原1次，凡带毒者一律不准作后备种猪用，应淘汰处理。

1.6 驱虫

于结束隔离之前驱虫1次。可选用通灭（驱体内外寄生虫），每33kg体重肌注 1ml，全群使用，1 次即可。

1.7 饲养环境

隔离观察结束后转到后备母猪舍饲养，要求猪舍清洁卫生，干净，干燥，通风良好；温度保持在 18℃左右；饲养密度适中，每天保持 10h 左右光照。

1.8 饲饮

饮用干净清洁的水。50kg 体重的猪自由采食，饲喂含有全价蛋白质和氨基酸平衡的饲料，保证其营养的需要。100kg 至配种前每日限饲 2.5～3.0kg 饲料，控制膘情。营养水平不要过高，过高会使母猪过肥，影响排卵，发情周期不正常，妊娠率下降；营养水平过低则会使后备母猪发育受阻、发情期推迟、繁殖能力下降。严禁饲喂发霉变质的饲料，否则造成不良后果。

1.9 诱情与发情

后备母猪初配年龄为 7～8 月龄，体重在 110～130kg。一般体重在 70kg 以上的青年母猪（170～190 日龄）即可进行诱导发情，方法是让母猪与成年种公猪每天接触 20min，或者肌注 PG600、乙烯雌酚等激素催情。每天早晚各查情 1 次，当母猪达到其第 2 个或第 3 个发情周期时可以进行配种。

1.10 配种

母猪发情后在 24～56h 排卵，卵子在输卵管内能生存 8～12h；精子在子宫内可保持活力 24h。当第 1 次观察到发情之后，于 12～24h 进行第 1 次交配，在第 1 次交配后 8～12h 再进行第 2 次交配，每次交配持续 10～20min（初产母猪配种 3 次，经产母猪配种 2 次）。配种时间以早、晚饲喂料前 1h 进行为好。配种时要保持安静，配种后要赶猪走动，但不要让猪弓腰或躺下，以免精液倒流。母猪的发情周期平均为 21d，配种后 21d 若不再发情，可初步认定已受胎（假发情除外），做好配种登记，填写配种表。

2 妊娠母猪的饲养管理

2.1 防止胚胎死亡

母猪的妊娠期大约为 114d，妊娠第 1 个月要特别注意，配种后的 9～13d，这是受精卵的着床期；配种后的第 3 周为胚胎器官的形成分化期，这两个时期是胚胎死亡的高峰期。所以，妊娠后的第 1 个月不准给母猪注射疫苗、添加含有抗生素的饲料，但可以在饲料中添加微生态制剂，如金唯肽 C231 或唯泰 C231 等，每吨料加入 400g，可长期饲喂。

2.2 饲饮

妊娠后第 1 个月，营养水平不一定要很高，但饲料的质量要好。严禁饲喂过酸、过热、过冷、发霉、变质的饲料，否则会造成严重后果。妊娠的前

75d，每天每头猪喂料 1.8～2.2kg，75～100d，每天每头喂料 2.5～2.8kg，100～110d，每天每头喂料 3.0～3.5kg，产前 3d 可减少饲料的喂量，产前 1d 和产后 1d 不喂料只饮水，添加电解多维，加葡萄糖粉，加排疫肽等，饮用清洁干净的水。

2.3 饲养方式

圈养，每栏 3～5 头为宜，按猪的大小和性情强弱分群。妊娠后期最好单栏饲养。

2.4 精心管理

猪舍要求冬暖夏凉，温度控制在 16～20℃；舍内要清洁卫生，干净、干燥，通风良好；不要驱赶惊吓猪，防止各种应激；定期消毒、驱虫、药物保健、免疫，防控各种疾病的发生。

妊娠后期的母猪易患便秘，导致母猪分娩困难，分娩时间延长，可能引发仔猪缺氧窒息而死亡。因此，母猪分娩前 1 个月可在饲料中添加微生态制剂，如唯泰、金唯肽、替抗素等，按每吨料中添加 400g，饲喂至分娩，可有效预防妊娠母猪的便秘，提高免疫力与抗病力。母猪分娩前 2 周驱虫 1 次。

3 哺乳母猪的饲养管理

3.1 母猪分娩前的准备工作

产房要清扫干净，彻底消毒 3 次，空圈 3d 后进猪；准备好保温箱、饮水器、料槽以及修理好门窗等。

准备好高锰酸钾、碘酊、干净毛巾、手套、照明灯、剪牙与断尾器械、注射用具、塑料盆、消毒液等。

母猪提前 3d 进入产房，上产床前母猪先用 40℃的温水将全身冲洗干净，并喷雾消毒，然后待产。这样可有效防止初生仔猪发生疾病，确保产仔安全，母子健康。

3.2 分娩

母猪分娩时间为 30min 至 6h，平均为 2.5h，平均出生间隔在 15～20min，产仔时间超过 45min 说明母猪分娩不正常，应实施人工助产，也可使用催产素，促使其分娩。

母猪分娩前要用 0.1%高锰酸钾溶液擦洗乳房及外阴部；仔猪出生后先用清洁干净的毛巾擦去口鼻中的黏液，使仔猪尽快用肺呼吸，然后再擦干全身；使仔猪躺卧，把脐带中的血反复向仔猪腹部方向挤压，在距仔猪腹部 5～6cm 处剪断脐带，断面用 5%碘酒消毒。然后将仔猪放入保温箱中，10min 后吃初乳，并固定乳头。

3.3　饲喂

母猪分娩前3～5d开始减料，减至原喂量的2/3，分娩后6～8h喂稀料，产后2～3d逐渐加料，产后5～7d可改为湿拌料，每日喂3次。哺乳母猪的采食量＝（2.5～3.5）kg＋0.25×哺乳仔猪数。饲料中增喂蛋白质和优质的青饲料，或在饲料中添加微生态制剂。必须保证饲喂全价日粮，使母猪产后康复快，并保证供给仔猪充足的奶水。

3.4　饲饮

给予清洁的饮水，每头母猪每天需要饮水5～10kg，其分泌的乳汁中含水量为80%左右。

3.5　产后护理好

产后可用40℃的温水毛巾擦洗乳房，连续数天。防止乳头受伤，以免影响仔猪吮乳。产房要清洁干净，干燥，温度保持在18～20℃为好。夏季防暑，冬季防冻。及时除去猪舍内的污物、污水，保持空气新鲜、流动。

母猪产后5d，天气暖和，阳光充足，可到户外活动，每天20min；半个月后可使其自由活动，多晒太阳，以增强抗病力，尽快恢复体况。

4　空怀母猪的饲养管理

空怀母猪提倡小群饲养，每圈4～6头为宜。同时断奶的母猪饲养在一个栏内，可以自由活动，并能相互促进发情。

断奶后的母猪一般膘情较差，应立即给予适宜的高水平日粮。增加一些维生素，促进母猪尽快发情、配种。

给空怀母猪提供清洁、卫生、干燥、空气新鲜的环境，温度保持在14～16℃，有利于促使母猪发情。

采取按摩乳房，加强运动与饲养，并实施公猪诱情、药物催情等方法，促进空怀母猪发情与排卵，以便尽早配种。

发情配种前要接种好猪瘟、伪狂犬病、口蹄疫、蓝耳病及细小病毒病等疫苗，以保证母猪的特异性免疫力，防止相应疾病的发生。

5　种公猪的饲养管理

单栏饲养。种公猪单栏饲养，每头猪舍面积6～7m^2。猪舍要求清洁、干净、干燥、阳光充足、地面平整不光滑、空气新鲜，温度以18～20℃为宜。注意冬防寒，夏防暑。

建立良好的生活制度。饲喂、运动、采精、配种、刷拭、清扫圈舍等各项作业都应相对固定时间进行，利用猪的条件反射养成习惯，形成生活制度，便于管理。

运动。种公猪每天要运动2次，上下午各1次，每次行程为2km。夏季早晚运动，冬季中午运动。有利于促进食欲，增强体质，提高性欲和精液品质，并能防止肥胖、性欲低、四肢疾病的发生。

合理饲喂。根据配种与产仔季节，调节公猪的饲养标准，全年供给公猪所需均衡的营养物质，防止过高或过低，以保证公猪常年旺盛的配种能力。每天喂2～3次，日饲量每头为2.3～3.0kg。

刷拭与修蹄。每天定时用刷子刷拭猪体，热天结合淋浴冲洗，保持皮肤清洁卫生，促进血液循环。对不良蹄形要进行修蹄。

种公猪初配年龄为8～10月龄，自然交配，1头种公猪可承担20～30头母猪的配种任务；人工授精时，1头种公猪可承担500头母猪的配种任务。

定期检查精液品质。每月检查精液品质1～2次，发现精液品质下降，要查找原因及时解决。

按每年的免疫计划与驱虫计划给种公猪接种疫苗并驱虫。关键是要免疫好猪瘟、伪狂犬病、口蹄疫和蓝耳病疫苗，以保证种公猪的特异性免疫力与良好的配种能力。

细胞因子在禽病防控中的科学应用

基因工程白细胞介素-2 临床使用效果观察

疫苗免疫在预防和控制畜禽传染病方面发挥了极大的作用，随着畜牧业的发展，养殖规模在逐步扩大的同时，养殖环境恶化程度在加剧，畜禽传染病的控制难度在增加，疫苗的免疫失败现象越来越多，免疫失败往往引起疫情导致养殖效益下降。大连三仪生物工程研究所研制的家禽基因工程白细胞介素-2是利用基因工程手段获得的鸡白细胞介素-2克隆化基因在原核生物大肠杆菌中高效表达的活性蛋白产物，能诱导机体细胞免疫，并增强体液免疫，非特异性增强疫苗的免疫效力和抗应激能力、降低疫苗免疫反应，为验证其临床使用效果，笔者先后在秦皇岛市北港镇、抚宁县牛头崖镇等几个大型鸡场做了使用跟踪观察试验，现将结果报告如下。

1 材料与方法

1.1 试验鸡

秦皇岛正大有限公司孵化场出售的肉仔鸡艾维因雏，分别饲养在皇岛市北港镇、抚宁县牛头崖镇。

1.2 试剂

药品：白细胞介素-2：大连三仪生物工程研究所提供。疫苗：秦皇岛正大有限公司防疫程序中所规定的疫苗。

1.3 试验方法

1日龄雏鸡在入舍前随机分成2组，一组试验，一组对照。并保证试验期间2栋鸡舍基本相同的养殖环境（温度、湿度、通风、供水、供药）和饲养方式。

试验组分别在5日龄（MA5＋Clone30）、14日龄（法倍灵）、21日龄（新支）免疫，疫苗防疫时把白细胞介素-2与疫苗混合在一起并以点眼、滴口、饮水的方式进行免疫，而对照组在相应日龄仅做常规疫苗的免疫，不加白细胞介素-2。

2 结果与分析

2.1 抗应激效果观察

对照组免疫新支二联苗后鸡群出现甩鼻、呼噜、喷嚏现象，用泰乐菌素控制 3d，鸡群基本稳定，接种完法氏囊苗后，部分鸡有打蔫现象；而试验免疫后鸡群状况良好，无上述反应，活泼，采食状况良好。

2.2 免疫增效及提高抗病能力效果观察

笔者曾在试验期间跟踪随访，发现试验组大大降低了新城疫、法氏囊、传染性支气管炎的发病率，鸡群采食良好，均匀度好。对大肠杆菌病也有较好的抵抗作用，下面是试验鸡场死淘数记录，见表 1、表 2。

表 1　秦皇岛市北港镇某鸡场养殖全程死淘数记录

单位：只

日　龄	1～4	6～13	15～20	22～35	36～出栏（45）	总计
试验组（n=5 000）	23	91	11	140	200	465
对照组（n=5 000）	22	99	50	290	426	887

表 2　抚宁县牛头崖镇某鸡场养殖全程死淘数记录

单位：只

日　龄	1～4	6～9	10～13	15～20	22～35	36～出栏	总计
试验组（n=5 000）	27	26	54	43	107	151	408
对照组（n=5 000）	71	61	55	95	180	282	744

对表 1～2 各日龄死亡数进行 t 检验，结果显示，1～4 日龄，6～9 日龄差异显著（$P<0.05$），对照组明显高于试验组，这主要是因为鸡雏进饲养户后人为因素管理失误造成，经过及时供药，加强管理后，对照组鸡群在 10 日龄趋于稳定。10～13 日龄差异不显著（$P>0.05$），15～20 日龄，22～35 日龄，36～出栏，2 组之间差异显著（$P<0.05$）。全程数据的统计显示试验组死亡量明显低于对照组，并且差异显著。

3 效益分析

效益分析见表 3、表 4。

表 3　秦皇岛市北港镇某鸡场

组　别	试验组	对照组	差　值
存活率（%）	90.7	82.2	8.5
料肉比	2.1	2.15	−0.05
出栏均重（kg/只）	2.61	2.50	0.11
欧洲效益指数	251	212	39
毛利（元/只）	2.02	1.08	0.94

注：欧州效益指数$=\frac{\text{存活率}\times\text{出栏均重}}{\text{料肉比}\times\text{试验天数}}$，表 4 同。

表 4　抚宁县牛头崖镇某鸡场

组　别	试验组	对照组	差　值
存活率（%）	93	87.2	5.8
料肉比	21	2.16	−0.06
出栏均重（kg/只）	2.59	2.51	0.08
欧洲效益指数	238	211	27
毛利（元/只）	2.25	1.63	0.62

4　小结

如何有效预防疾病和提高疫苗免疫效果、提高肉鸡养殖效益是所有从事养殖行业的专业人员所关心的，在局部地区笔者应用家禽基因工程白细胞介素-2与疫苗同时使用，经过一个养殖周期后，结果证明白细胞介素-2在提高成活率、减少免疫应激方面是有效的，在秦皇岛正大公司配套价格情况下，可增加毛利0.60～0.90元/只，由于白细胞介素-2是具有活性作用的细胞因子，无药物残留及毒副作用，在现场生产中具有实际推广意义。由于试验场所不具备抗体监测的条件，未能对试验鸡群（疫苗免疫的同时加白细胞介素-2）与对照组的鸡群就疫苗的抗体水平进行监测，未能体现白细胞介素-2能够增强疫苗的免疫功能、使抗体水平更为整齐的效果，笔者期待在进一步的试验中进行探讨。

家禽基因工程白细胞介素-2对疫苗的免疫增效试验报告

白细胞介素是由免疫活性细胞产生的一类细胞因子，这类细胞因子在参与机体免疫功能的调节上发挥着很重要的作用。一部分白细胞介素已通过基因克隆表达生产。白细胞介素目前已成为生物制剂研究的热点。本试验中用到的基因工程白细胞介素-2（以下简称白细胞介素-2）是由大连三仪生物工程研究所研制的一种生物药品，为进一步观察和验证白细胞介素-2在临床上对家禽免疫所发挥的作用，特委托辽宁省动物保健技术研究中心进行以下试验。试验分别在非免疫鸡群进行新城疫和禽流感免疫时加上白细胞介素-2并设置试验对照，以观察差异。在鸡群进行相应免疫后1周开始监测相应抗体，以间隔1周的时间连续监测5次，试验组禽流感免疫鸡群在监测抗体5次后淘汰。新城疫免疫鸡群在进行新城疫免疫后6周进行鸡新城疫攻毒试验。观察使用白细胞介素-2后，对强毒攻击的保护力提高程度。现将试验结果报告如下。

1 材料与方法

1.1 材料

白细胞介素-2　由大连三仪动物药品有限公司提供，批号：200203309，用法是与相应冻干疫苗混合后点眼、滴鼻。

抗原　鸡新城疫抗原由中国兽医药品监察所提供，批号：20011107。禽流感抗原由哈尔滨兽医研究所提供，H9批号：20020308；H5批号：20020418，由辽宁省动物检疫站购买。

疫苗　新城疫冻干苗由辽宁益康生物制品厂提供，批号：20020317；新城疫灭活油苗由哈尔滨兽医研究所提供，批号：20020201。禽流感灭活油苗由哈尔滨兽医研究所提供，H9型批号：20020416；H5型批号：20020313，由辽宁省动物检疫站购买。

鸡新城疫种毒　由中国兽医药品监察所提供，编号：AV1611a

非免疫鸡　1日龄海兰褐由沈阳市畜牧兽医科学研究所提供。

饲料　由沈阳市正成饲料厂提供，不含任何药物添加剂。

试验场地　辽宁省动物保健技术研究中心动物室。

试验时间　2002年6月3日至2002年8月10日。

1.2 试验方法

1日龄非免疫鸡进入试验场后经过5d的饲养观察，将健康活泼的非免疫鸡群在6日龄随机分成8组，1个对照组，7个试验组。其中试验1～3组为新城疫试验组，试验4～7组为禽流感试验组，第8组为对照，每组20只，试验鸡群置于同一饲养场所按相同的饲养管理方式进行饲养并开展试验，新城疫和禽流感的疫苗免疫均在7日龄进行。

1组：进行新城疫免疫，免疫方式为白细胞介素-2＋新城疫冻干苗＋灭活油苗，按说明剂量把白细胞介素-2与新城疫冻干苗混合后点眼、滴鼻，同时颈部皮下注射新城疫灭活油苗0.2ml/羽。

2组：进行新城疫免疫，免疫方式为新城疫冻干苗＋灭活油苗，按说明剂量把新城疫冻干苗以点眼、滴鼻的方式进行免疫，同时颈部皮下注射新城疫灭活油苗0.2ml/羽。

3组：进行新城疫免疫，免疫方式为新城疫灭活油苗，按说明剂量颈部皮下注射 0.2ml/羽。

4 组：进行禽流感免疫，免疫方式为白细胞介素-2+禽流感灭活油苗。白细胞介素-2 按说明剂量点眼、滴鼻，同时颈部皮下注射 H5 型禽流感灭活油苗 0.2ml/羽。

5 组：进行禽流感免疫，免疫方式为禽流感灭活油苗，按说明剂量颈部皮下注射 H5 型禽流感灭活油苗 0.2ml/羽。

6 组：进行禽流感免疫，免疫方式为白细胞介素-2+禽流感灭活油苗，白细胞介素-2 按说明剂量点眼、滴鼻，同时颈部皮下注射 H9 型禽流感灭活油苗 0.2ml/羽。

7 组：进行禽流感免疫，免疫方式为禽流感灭活油苗，按说明剂量颈部皮下注射 H9 型禽流感灭活油苗 0.2ml/羽。

8 组：对照组，不做任何免疫。

试验组与对照组鸡群在进行相应疫苗免疫后的 5 周内每周采 1 次翅静脉血并进行 HI 抗体监测。疫苗免疫后 5 周时间内进行 5 次抗体监测后，淘汰禽流感试验组鸡群，对新城疫试验组和对照组鸡群进行新城疫攻毒试验，用 AV1611 株 ND 强毒按 100EID_{50}的剂量胸部肌肉注射 1ml，观察 7d。

2　试验结果

新城疫抗体平均水平见表 5，禽流感抗体平均水平见表 6，新城疫攻毒试验结果见表 7。

表 5　新城疫 HI 抗体检测结果

组别	1 周	2 周	3 周	4 周	5 周	平均
1	5.14	6.00	6.97	6.00	5.37	5.90
2	5.00	5.33	6.83	5.17	5.00	5.47
3	3.86	4.50	5.33	5.00	4.50	4.64
8	0	0	0	0	0	0

表 6　禽流感 HI 抗体检测结果

组别	1 周	2 周	3 周	4 周	5 周	平均
4	5.57	7.50	6.33	5.83	5.67	6.18
5	5.00	6.67	6.00	5.50	5.00	5.63
6	5.63	7.33	7.17	5.67	5.53	6.27
7	6.00	5.83	6.17	5.17	5.00	5.63
8	0	0	0	0	0	0

表7　新城疫攻毒死亡鸡数量统计

组别	12h	24h	36h	48h	72h	96h	累计
1	0	0	0	0	0	0	0
2	0	0	0	1	1	0	2
3	0	1	1	2	1	0	5
8	精神不振、食欲减退	出现临床症状	3	6	8	3	20

3　分析与讨论

表1鸡群新城疫HI抗体监测结果显示，各组试验鸡均在免疫7d后产生一定水平的抗体，试验1、2组鸡抗体水平明显高于试验3组，3个组在免疫后21d抗体水平达到最高，继而抗体以一定幅度逐渐下降。其中试验1组鸡ND抗体水平高于试验2组0.43，差异显著（$P<0.05$），高于试验3组1.26，差异极显著（$P<0.01$）。试验2组鸡只ND抗体水平高于试验3组0.83，差异显著（$P<0.05$），空白对照组鸡只新城疫抗体水平为0。

表2鸡群禽流感HI抗体监测结果显示，各组试验鸡均在免疫7d后产生一定水平的抗体，试验4组、试验5组、试验6组鸡禽流感抗体水平在免疫后14d达到高峰，试验7组鸡禽流感抗体水平在免疫后21d达到高峰，继而抗体以一定幅度逐渐下降。其中试验4组鸡禽流感抗体水平高于试验5组0.55，差异显著（$P<0.05$），试验6组鸡禽流感抗体水平高于试验7组0.64，差异显著（$P<0.05$），空白对照组鸡禽流感抗体水平为0。

攻毒试验结果：试验1组鸡只没有发病和死亡；试验2组鸡有发病死亡，死亡率为10%；试验3组鸡发病死亡率为25%；非免疫鸡全部死亡。发病鸡呈典型的新城疫临床症状。

4　结论

进行新城疫免疫的同时使用白细胞介素-2，能够显著提高新城疫抗体水平。以冻干苗和灭活油苗进行新城疫免疫的鸡群抗体滴度明显高于仅仅进行新城疫灭活油苗免疫组的抗体水平，这与目前新城疫的免疫现状一致。

进行禽流感免疫的同时使用白细胞介素-2，能够提高禽流感抗体水平，并且比试验7组提前1周达到禽流感的抗体高峰。新城疫和禽流感免疫试验3、7组均在21d达到抗体高峰，这一现象与禽流感的免疫缺乏冻干苗做基础免疫有关，也和白细胞介素-2作为基因工程免疫调节剂能够特异刺激家禽机体产生细胞免疫、非特异增强家禽机体体液免疫有关。

新城疫强毒攻击试验结果表明，用白细胞介素-2与新城疫疫苗同时免疫的试验组的存活率远高于不使用白细胞介素-2的新城疫疫苗免疫组，尤其高于仅仅做新城疫灭活油苗的免疫鸡。强毒攻击试验结果表明高抗体鸡群并不是安全的，抗体只能中和进入血液内野毒，并不能作用于已经进入宿主细胞内的野毒，这与有关资料报道的新城疫“高抗体水平虽能抑制鸡群发病，但不能清除病毒”是吻合的。

鉴于试验条件限制和种毒来源及安全因素，本试验未进行禽流感强毒攻击试验，禽流感抗体水平的高低与鸡感染禽流感病毒后保护率的相关性数据有待进一步试验。

白细胞介素-2降低疫苗免疫对鸡上呼吸道损伤的试验报告

为观察新城疫、传染性支气管炎疫苗免疫对家禽上呼吸道的损伤程度、单苗及联苗免疫对呼吸道是否存在免疫伤害差异以及疫苗免疫时使用白细胞介素-2是否能降低疫苗对呼吸道的损伤，作者进行了相关试验。结果显示，新城疫、传染性支气管炎疫苗免疫后确实对呼吸道产生损伤，尤其是存在病原菌感染时更为明显；在疫苗免疫的同时，使用白细胞介素-2能够降低疫苗免疫对上呼吸道的损伤。

1　试验材料

1.1　试验动物

10胚龄非免疫鸡胚，由扬州大学比较医学中心提供。

1.2　试验疫苗

鸡新城疫弱毒苗（批号：200210）、鸡传染性支气管炎弱毒苗（批号：200210）和鸡新城疫-传染性支气管炎二联多价弱毒苗（批号：200211），均由扬州大学生物制品研究开发中心提供。

1.3　试验药品

家禽基因工程白细胞介素-2（批号：03012002），由大连三仪动物药品有限公司提供。

1.4 试验菌株

大肠杆菌 O_{26} 分离株，中等毒力菌株，由扬州大学畜牧兽医学院传染病教研组提供。

2 试验方法

10 胚龄的非免疫鸡胚孵化出壳并饲养 8d 后随机分为 15 组，每组 4 只，每 3 组为一大组，第一大组中的 3 小组分别用不同的疫苗免疫；第二大组中的 3 小组在疫苗免疫的同时使用白细胞介素-2；第三大组的 3 小组在进行疫苗免疫的同时接种大肠杆菌；第四大组的 3 小组进行疫苗免疫的同时使用白细胞介素-2 并接种大肠杆菌，第五大组的 3 小组为对照组，分别为不做任何免疫的空白组、接种大肠杆菌组、单独使用白细胞介素-2 组。

疫苗及药物使用方式：按照相应说明采用点眼、滴鼻的方法接种疫苗和白细胞介素-2。大肠杆菌菌株接种于 LB 肉汤，37℃培养 18h，调整细菌浓度为 1×10^{8}CFU/ml。疫苗免疫 6h 后，口服接种大肠杆菌，接种量为 0.2ml/只。

以上试验鸡群置于同一饲养条件饲养，3d 后剖检每只鸡，取喉头和气管，固定后制作组织切片，光镜下观察。

3 试验结果与分析

各组鸡继续饲养 3d 后，取每只鸡的喉头和气管，制作组织切片，光镜下观察。喉头病变主要表现为纤毛脱落，淋巴组织充血和淋巴细胞增生；气管的病变为纤毛脱落。

具体结果见附表 8。

表 8 各组鸡上呼吸道组织学变化

组别		气管纤毛	喉头纤毛	喉头淋巴组织
一组	ND	2/4 少量脱落、2/4 比较显著脱落	1/4 少量脱落、3/4 比较显著脱落	2/4 少量淋巴细胞（LC）增生、2/4LC 显著增生；4/4 喉头充血
	IB	4/4 比较显著脱落	2/4 少量脱落、2/4 比较显著脱落	1/4 少量 LC 增生、3/4LC 显著增生；4/4 喉头充血
	ND-IB	4/4 比较显著脱落	1/4 少量脱落、2/1 比较显著脱落；1/4 显著脱落	1/4 少量 LC 增生、3/4LC 显著增生；4/4 喉头充血
二组	ND-IL-2	4/4 基本无脱落	4/1 少量脱落	4/4LC 显著增生；4/4 喉头充血

（续）

组　别		气管纤毛	喉头纤毛	喉头淋巴组织
二组	IB-IL-2	4/4 基本无脱落	1/4 基本无脱落、3/1 少量脱落	1/4 少量 LC 增生、3/4LC 显著增生；3/4 喉头充血
	ND-IB-IL-2	3/1 基本无脱落、1/4 少量脱落	3/4 基本无脱落、1/4 少量脱落	1/4 少量 LC 增生、3/4LC 显著增生；1/4 喉头充血
三组	ND-*E. coli*	4/4 比较显著脱落	1/4 少量脱落、2/1 比较显著脱落；1/4 显著脱落	1/4 少量（LC）增生、3/4LC 显著增生、3/4 喉头充血
	IB-*E. coli*	4/4 比较显著脱落	3/4 比较显著脱落、1/4 显著脱落	1/1 少量 LC 增生、3/1LC 显著增生；4/1 喉头充血
	ND-IB-*E. coli*	4/4 比较显著脱落	2/4 比较显著脱落、2/4 显著脱落	1/1 少量 LC 增生、3/4LC 显著增生；4/4 喉头充血
四组	ND-IL-2-*E. coli*	3/4 少量脱落、1/4 比较显著脱落	3/1 基本无脱落、1/4 比较显著脱落	2/4 少量 LC 增生、2/4LC 显著增生；4/4 喉头充血
	IB-IL-2-*E. coli*	1/1 基本无脱落、3/1 少量脱落	4/4 少量脱落	1/4 少量 LC 增生、3/4LC 显著增生；3/4 喉头充血
	ND-IB-IL-2-*E. coli*	4/4 少量脱落	2/4 少量脱落、2/4 比较显著脱落	1/4 少量 LC 增生、3/1LC 显著增生；3/4 喉头充血
五组	空白对照组	4/4 基本无脱落	4/4 基本无脱落	2/4 无 LC 增生；2/4 少量 LC 增生
	IL-2	4/4 基本无脱落	4/4 基本无脱落	2/1 无 LC 增生；2/4 少量 LC 增生
	E. coli	2/4 少量脱落、2/4 比较显著脱落	2/4 基本无脱落、2/4 少量脱落	2/1 无 LC 增生；2/4 少量 LC 增生；4/1 喉头充血

在本试验中，使用每种疫苗后，均可引起喉头和气管发生病变，病变发生率为 100%，但使用联苗组与使用单苗组的喉头和气管的病变程度没有明显差异。

在使用疫苗并感染大肠杆菌的试验组中，呼吸道损伤程度较单独使用疫苗严重得多，其喉头纤毛的脱落程度明显加重。

在使用疫苗同时使用白细胞介素-2 的试验组中，呼吸道损伤程度明显减轻，主要表现在纤毛的脱落程度减轻。

4　结论

白细胞介素-2 可降低疫苗免疫对上呼吸道的损伤。

家禽在进行以上疫苗免疫的同时配合使用白细胞介素-2 能有效地减轻上

呼吸道损伤程度，因此，为降低疫苗免疫对上呼吸道造成的损伤，保证免疫效果，在疫苗免疫的同时使用白细胞介素-2可提高免疫效果。

以上结论是在雏鸡阶段进行试验后的结果，在大日龄是否存在如此症状并导致家禽呼吸道症状和相应危害有待进一步试验。

家禽基因工程干扰素和白细胞介素-2临床应用报告

随着国内对食品安全问题重视的升温，养殖生产中存在的药物残留的问题得到业内外人士的普遍关注。家禽基因工程干扰素，在家禽肿瘤和病毒感染性疾病的临床应用中，使用效果好、无药物残留、作用速度快、持续时间长，不论是肉仔鸡、蛋鸡、种鸡均可使用。现将有关该产品的作用及临床使用情况报告如下，供大家参考。

1 干扰素的作用

干扰素是利用基因工程技术获得的生物制剂，具有广谱抗病毒和免疫调节功能，应用于家禽肿瘤和病毒性疾病的治疗，能迅速缓解各种病症，并最终抑制各种病毒性传染病的发生和流行。

干扰素从细胞内释放出来，可保护与其接触后的其他细胞不受感染。干扰素对未感染细胞的作用是通过对它们的DNA去抑制作用而实现的。由于这种去抑制作用，未感染细胞产生一种叫做翻译抑制蛋白（TIP）的物质，它能阻止病毒RNA侵占细胞核糖体，因而抑制病毒的复制，最终达到阻断病毒在机体内的复制的作用。

2 干扰素的临床应用

2.1 鸡新城疫

2000年9月份，江苏如东景岩养鸡户许某，饲养4 500只蛋种鸡，在100日龄，临床表现呼吸道症状、精神沉郁、采食减少、排黄绿色稀粪，曾用多种抗病毒药及抗菌药物治疗，仍无明显好转，死亡达200只。经剖检诊断为鸡新城疫。使用干扰素加白细胞介素-2注射，并结合抗菌药物综合治疗后，仍有10余只鸡死亡，第3天鸡群恢复正常。

2.2　传染性脑脊髓炎

2000年10月份以来，海安县许多养鸡场突然产蛋下降，鸡群采食、粪便、蛋质、蛋色无任何变化，产蛋率下降20%～40%。经调查发现，主要是由于脑脊髓炎病毒侵袭所致。使用干扰素加白细胞介素-2饮水同时配合一些药物治疗后，比单独使用一些促蛋药物，能明显提前4～7d使产蛋率恢复发病前的水平。

2.3　传染性法氏囊病

2000年11月，江苏海安双楼镇养鸡户王某，饲养1 000只蛋鸡，28日龄由于免疫法氏囊疫苗后，断喙引起的应激，而导致免疫失败，引发法氏囊病。使用干扰素加白细胞介素-2饮水，同时配合抗菌药物防止继发感染，第3天鸡群康复。

2.4　传染性喉气管炎

2000年11月，海安县西场镇养鸡户刘某，1 000只肉鸡，35日龄，每天死亡达20余只，经剖检诊断为传染性喉气管炎。经使用干扰素加白细胞介素-2饮水，同时配以抗继发感染的药物综合治疗后仅死亡14只，全群第3天采食增加，后再继续辅助治疗3d后，鸡群痊愈。

3　注意事项

由于家禽基因工程干扰素对病毒性疫苗使用后有干扰作用，因此在正常疫苗免疫120h前后不能使用干扰素。

进行注射治疗时，应用生理盐水稀释，稀释液不能加温，每只鸡使用一个针头，也可用200个针头，每100个针头轮换蒸煮消毒后使用，以免在注射时相互交叉感染，注射治疗时用一次即可。注射效果好。

饮水治疗时，应使用发病鸡群的双倍量，以防止鸡饮水量过少而达不到预期效果。饮水使用时，可以用不含有消毒药的自来水、井水。

在对症治疗的情况下，可以与抗病毒药和抗菌药联合使用，并辅以常规消毒，达到内外兼治的效果。

不能把干扰素当成急救药、万能药，应该坚持“科学管理、精心饲养、预防为主、防治结合”的原则，这样才能使干扰素和白细胞介素-2在预防和治疗中发挥其应有的作用。

重组家禽干扰素在家禽疾病防制中的应用效果

干扰素（Interferon，IFN）是由英国科学家 Alick Isaacs 和 Jean Lindernann 于 1957 年利用鸡胚绒毛尿囊膜研究流感病毒干扰现象时首先发现的。它是细胞受到病毒感染，或者受核酸、细菌内毒素、促细胞分裂素等作用后，由受体细胞分泌的糖蛋白。这种具有高度生物学活性的糖蛋白能够干扰病毒的繁殖，称之为干扰素。干扰素被发现时，人们以为其抗病毒活性为其唯一特性，随着研究的不断深入，人们逐渐发现 IFN 除了具有抗病毒活性外，还具有免疫调节、抗肿瘤等生物学功能。近几年来，随着干扰素在一些病毒性疾病、肿瘤性疾病的治疗方面取得良好疗效，干扰素的研究一直是病毒学、细胞学、分子生物学、临床医学、免疫学、肿瘤学等相关领域的热点。

1　IFN 在病毒性疾病中的应用

近年来，病毒性疾病已成为危害养禽业最重要的疾病之一。传播速度快，流行范围广，而且还呈上升趋势，在中国几乎所有禽群都可能发生。虽然有多种药物用于治疗，但传统药物很难根治，且极易复发。病毒性疾病的特点一方面是发病率高，各种日龄的禽都可感染，容易引起多种疾病的继发感染，使雏禽生长发育迟缓，成禽产蛋率下降；另一方面是死亡率高。目前，预防和控制病毒性疾病时，只能靠疫苗主动免疫产生抗体，但又受到疫苗质量、禽体状况、养殖环境等诸多因素的影响。发生病毒性传染病，主动防疫未达到效果，常常导致免疫失败，家禽不能获得全面免疫保护。按传统方法治疗，很难在短时间内控制病情，而利用 IFN 可有效地治疗病毒性疾病。

IFN 治疗病毒性疾病发挥作用较快，可在几分钟内使机体处于抗病毒状态，并且机体在 1～3 周时间内对病毒的重复感染有抵抗作用。据新疆玛纳斯县兽医站（以下简称玛纳斯兽医站）马忠莲等、江苏海安县家禽检疫站（以下简称海安县检疫站）李荣盛等、天津市北辰区康地万达肉鸡服务站（以下简称康地万达服务站）高树云等、辽宁省动物保健技术研究中心（以下简称辽宁动保中心）、吉林省农安县康牧动物门诊部（以下简称康牧门诊部）、农业部青岛动物检疫所（以下简称青岛动检所）王玉东等对家禽的主要病毒性疾病用家禽干扰素进行了预防和治疗的统计分析，取得了较好的效果。

1.1　在治疗鸡新城疫（ND）中的应用

ND是由NDV引起的一种主要侵害鸡和火鸡的急性、高度接触性传染病。育成期和产蛋期的鸡及肉仔鸡均可发生，是养鸡行业最常见、危害最严重的病毒性传染病。多年来，由于多种原因，造成非典型ND或亚临床型ND的发病率很高，使主动防疫失去应有的作用。传统方法，有Ⅰ或Ⅳ系苗紧急接种，存在一定缺陷，抗体水平低下时，鸡群用后不但无效，反而会造成更多的死亡。用卵黄抗体或者抗NDV血清治疗ND时，效果也不十分明显。而且制备抗NDV血清和卵黄抗体时，易带入细菌和其他病毒，非但治不好ND，反而会传染上其他传染病。而利用IFN治疗ND时，就可避免上述两类治疗方法中的不利因素，起到对病毒性疾病的有效治疗。经玛纳斯县兽医站、江苏海安县检疫站对6户63 000只ND鸡的治疗统计，其中肉鸡2户，蛋鸡4户，用IFN注射后，第2天就能迅速降低死亡率，鸡群精神逐渐恢复，产蛋率也开始回升。典型病例：2001年8月7日，赵某饲养的8月龄蛋鸡5 500只，产蛋率为98%，1周前发病，病鸡咳、喘、食欲减退，曾用环丙沙星饮水，支喉消炎散拌料，用药未见效果。继而产蛋率下降，剖检11只病鸡，临床诊断为非典型ND。用IFN注射，并采取综合措施，治疗第2天，整群病鸡精神明显好转，食欲增加，死亡停止，产蛋开始回升，约2周后产蛋恢复到92%，以后再无复发。

1.2　在治疗传染性法氏囊病（IBD）中的应用

据玛纳斯县兽医站、海安县检疫站、康地万达服务站对6户26 300只肉鸡，5户1万只蛋鸡，发生IBD后，用IFN治疗，治愈率达95%左右。典型病例：某养鸡户饲养肉鸡3 065只，26日龄发生IBD，发病达60%，曾用囊病康、黄芪灵等中药治疗，效果不明显，死亡率达12%。用干扰素注射后，第2天死亡率降到2%，第3天停止死亡，治愈率98%。据辽宁省动保中心2001年用IFN治疗IBD试验结果，使用IFN治疗已感染IBDV的家禽效果明显。并发现发生IBD后使用IFN的时间越早，治疗IBD的效果越好。这与IFN的作用机理有关，IFN并不直接杀灭病毒，而是诱导鸡体宿主细胞产生数种酶干扰病毒的基因转录或病毒蛋白组分的翻译，从而达到阻断病毒侵害机体的目的。

1.3　在治疗传染性支气管炎（IB）中的应用

据玛纳斯县兽医站、康地万达服务站、康牧门诊部对6户15 000只肉鸡、3户15 500只蛋鸡，发生IB后用IFN治疗，治愈达94.5%，典型病例：吉林农安县某养鸡户饲养肉鸡3 500只（25日龄），2003年3月25日来门诊，临床诊断为IB。采取如下治疗方案：①用IFN二倍量肌肉注射；②优质电解质多维，加适量葡萄糖饮水5d；③微生态制剂畜禽生命宝（3 000只/瓶），每天1次，集中饮水2h，连饮3d；④肾可舒每袋加150kg水，夜间全程饮水；⑤加强带鸡消毒，适当提高舍温，并且降低日粮中蛋白水平（降低8～10个百分点）。7d后鸡群恢复健康。

1.4 在治疗传染性喉气管炎（ILT）中的应用

据玛纳斯县兽医站、康地万达服务站、海安检疫站对137 000只肉鸡，3户14 600只蛋鸡，发生ILT后用IFN治疗效果较好。典型病例：玛纳斯县兽医站报道，治疗1户6 200只蛋鸡，产蛋率由92%下降到81%。IFN治疗后，1周内产蛋率恢复到92%。

1.5 在治疗产蛋下降综合征（EDS）中的应用

产蛋下降综合征是一种腺病毒引起的以产蛋突然下降，产异常蛋为特征的病毒性传染病。一般都靠疫苗主动预防，一旦发生EDS，产蛋急剧下降，很难控制。玛纳斯兽医站治疗2户8 400只鸡，鸡群发病时最高产蛋从91%降到50%，用IFN治疗后，4d产蛋上升到78%。

1.6 在治疗鸡痘（FP）中应用

2001年9月，天津北辰大张庄一户饲养8 300只肉鸡，21日龄出现皮肤型鸡痘，用IFN（按500只/瓶）注射，同时用阿莫西林饮水，采取综合措施，5d后治愈。

1.7 在治疗禽脑脊髓炎（AE）中应用

2001年10月，海安县很多养鸡户蛋鸡产蛋突然下降，鸡群采食、粪便、蛋质、蛋色无任何变化，产蛋率下降2～4成，临床和试验室诊断为禽脑脊髓炎病毒侵袭所致。用IFN注射的同时配合一些药物，1周内产蛋率恢复到发病前水平。

1.8 在病毒性疾病混合感染时的应用

一般情况，ND、IBD、IB、ILT相互混合感染和继发感染的情况多见，共治疗4户27 600只鸡，在死亡率达到24.5%的情况下，用干扰素注射后治愈率达95%左右。其中冯某16日龄7 600只肉鸡，ND、IBD、大肠杆菌病并发，死亡率14%，IFN注射后，相应使用抗生素和采取综合保健措施，第2天死亡率为1%，第5天病愈。

1.9 在治疗马立克病（MD）中应用

山西省临汾市兽医站报道，某户饲养海兰白蛋鸡1.8万只，126日龄发现部分鸡精神萎靡，冠有些萎缩、发白，有一部分鸡瘦弱，有的鸡出现劈叉状，坐骨神经肿胀，为正常2倍左右，发黄。死亡率增加。临床诊断为MD，用

IFN（500 只/瓶）肌肉注射，3d 后鸡群状态好转，康复较好。

2　用 IFN 作开口药进行生物预防

2001 年，康地万达服务站对 6 户 16 730 只鸡，应用 IFN 做 2 日龄开口药，用户反映鸡雏比以前抗病能力增强，死亡减少，7 日龄成活率达 99.2%，比以前未用 IFN 的批次成活率提高 2～3 个百分点。

3　治疗鹅副黏病毒病

扬州大学焦库华 2005 年报道，江苏省某县一农户，饲养白鹅 480 只，52 日龄，6d 内死亡 150 只，临床诊断为鹅副黏病毒、大肠杆菌和霉菌混合感染。用干扰素 3 倍量，用生理盐水稀释（1ml/只）注射，白介素饮水，强力霉素（每千克体重 30ml）拌料给药。病重的每天注射庆大霉素，2 次/d。水中补饲电解质多维，1 周后鹅群恢复正常。

4　治疗鸭瘟与鸭浆膜炎混合感染

安徽省安庆市六畜兴牧业服务中心吴晓明 2006 年报道，安庆市一养鸭户，饲养青年蛋鸭 4 000 羽，50 日龄突然发病，日死亡 100 只左右，诊断为鸭瘟与鸭传染性浆膜炎混合感染。用鸭干扰素（每瓶 300 只），安力健 B 项（每瓶 300 只），分别用生理盐水稀释混合后注射，每日 1 次，连用 3d。配合使用氟苯尼考、双黄连口服液，1 日 1 次，用 5d。采用综合的生物安全措施，1 周后康复。

5　临床应用 IFN 的体会及使用时应注意的问题

IFN 是我国首个应用于家禽临床的基因工程产品，主要用于病毒感染、免疫抑制和肿瘤疾病的预防和治疗。7 年来，全国各地应用效果显著。现将临床体会及应用时注意事项介绍如下：

家禽 2 日龄作开口药，可预防 MD、ND、AI、IBD、IB 等病毒性疾病。

使用疫苗前或后间隔 96h 使用 IFN，防止 IFN 对疫苗的干扰破坏作用。

发生病毒性疾病，使用 IFN 治疗后仍需要使用疫苗免疫，保证鸡群得到很好的免疫保护。这是因为 IFN 不影响抗体的消长，不能产生主动性免疫，不能产生抗体，建立正常的家禽免疫仍需要在使用 IFN 后进行疫苗免疫。

临床应用 IFN 治疗病毒病，用得越早，效果越好。

IFN 是基因工程产品，无药残和毒副作用。

6 IFN 的作用机理

6.1 IFN 的分类及基因结构

现在一般将 IFN 分为Ⅰ型和Ⅱ型。Ⅰ型干扰素又包括 α-IFN 和 β-IFN。α-IFN 是单核细胞产生的相对分子质量 18 000 的多肽。β-IFN 主要是由成纤维细胞产生的相对分子质量 20 000 的糖蛋白，主要参与抗病毒、抗肿瘤作用。Ⅱ型又称免疫 IFN，即 γ-IFN，主要是由 T 细胞和 NK 细胞产生的相对分子质量 21 000～24 000 的单体糖蛋白，其大小取决于糖醛化程度，共同具有 18 000的多肽成分，主要参与诱导组织相容性抗原（MHC）的表达，其抗病毒作用比Ⅰ型 IFN 弱。

α-IFN 有多种亚型，各亚型均含 165～166 个氨基酸，结构相似。其活性形式为单体，尽管一些干扰素在翻译后进行 N-糖苷键型和 O-糖苷键型糖基化修饰，但大多数亚型都没有糖基化。目前已鉴定出的 α-IFN 非等位基因至少有 15 个；β-IFN 由单基因编码，含 166 个氨基酸残基。β-IFN 分子中含有 3 个半胱氨酸残基，其中能形成二硫键的 Cys31-Cys141，它与 α-IFN 的 Cys29-Cys138 结构同源。第 17 位的半胱氨酸巯基游离。

γ-IFN 也是由单基因编码的，其天然活性形式为 N-糖基化的同源二聚体。γ-IFN 有不同于Ⅰ型干扰素的细胞表面结合受体。γ-IFN 不含半胱氨酸，在第 25 位和第 97 位的 Asn 处有 2 个 N 糖基化位点。此外，还有来源于白细胞的 ω-IFN，它含 172～174 个氨基酸残基。不同类型 IFN 分子具有不同程度的氨基酸同源性（α-IFN 与 β-IFN 分子同源性为 28%，与 ω-IFN 分子同源性高达 60%）。

α-IFN 与 β-IFN 的结构基因均定位于人的第 9 号染色体上，而且都不含有内含子，γ-IFN 基因定位于第 12 号染色体上，共含有 3 个内含子。动物γ-IFN 基因 4 个外显子编码数目相近的氨基酸，每一个外显子包含 5′UTR 编码 19 个氨基酸的信号肽序列和 22 个氨基酸的成熟蛋白质；外显子 2、3、4 分别编码 23、60、40 个氨基酸，外显子 4 包含终止子与 3′UTR，外显子 2 与 4 编码的氨基酸序列具有高度保守性，分别为 56.5%与 42.5%。3 个内含子准确插入 2 个密码子之间的开放阅读框。内含子都具有保守性序列，包括 5′GT 与 3′AG。尽管氨基酸序列存在差异，但Ⅰ型干扰素具有相似的三维结构，都由紧密排列的 α 螺旋结构域构成，并表现出相似的生理生化特征，如对 pH 的稳定性和对同类细胞表面受体的识别相似。

6.2 IFN 的生物学功能

IFN 具有很高的生物活性，其比活性为 108 个单位/毫克蛋白质，其抗病毒作用无特异性，是广谱抗病毒物质。其保护作用具有相对的种属特异性，如家禽产生的干扰素只能保护家禽，不能保护其他动物。IFN 对机体的生命活动具有极其重要的意义，目前的研究结果表明，已知的 IFN 几乎可以影响生物体免疫反应的全过程，同时 IFN 对细胞的作用过程和功能也是多方面的。这些作用既有针对生理生化过程的，也有针对基因表达的。IFN 从产生到发生作用的过程，构成了生物体一个基本的生命活动单元。因此，IFN 生成和作用过程的研究对于人们认识生命本质，治疗疾病等方面意义非常重大。

6.2.1　α/βIFN 的生物学功能

抗病毒作用：α/βIFN 具有广谱抗病毒作用，其作用机理：a. 通过抑制某些病毒的吸附、脱壳和最初的病毒核酸转录，病毒蛋白质合成以及成熟病毒的释放等不同环节；b. 通过 NK、巨噬细胞和 CTL 杀伤病毒感染靶细胞。

抑制某些细胞的生长：如抑制成纤维细胞、上皮细胞、内皮细胞和造血细胞的增殖，其机制可能通过使细胞和造血细胞停留在 G0/G1 期，降低 DNA 合成，下调 *C-MRC*、*C-FOS* 等细胞原癌基因转录水平，下调某些生长因子受体表达，如 EGFR、胰岛素-IR 和 M-CSFR 等。

免疫调节作用：α/βIFN 也具有一定的免疫调节活性，其作用机理：a. 激活单核巨噬细胞，促进巨噬细胞杀死吞噬的病原微生物；b. 促进细胞表面 MHCⅠ类和Ⅱ类抗原的表达，激活 $CD4^+$ Th 细胞，促进抗原识别，放大免疫反应；c. 促进巨噬细胞 B7 抗原表达，促进 CTL 杀伤靶细胞；d. 促进淋巴细胞分化，促进 CTL 成熟，促进 B 细胞分泌抗体；e. 激活嗜中性白细胞，上调嗜中性白细胞的呼吸爆发。

抑制和杀伤肿瘤细胞：α-IFN、β-IFN 主要通过抑制肿瘤细胞增殖和促进肿瘤细胞凋亡发挥抗肿瘤作用，它还可以通过抑制肿瘤血管形成，激活机体先天性免疫应答，提高巨噬细胞、NK 和 CTL 的杀伤水平，激活机体特异性免疫应答，抑制和杀伤肿瘤细胞。

6.2.2　γ-IFN 的生物学功能

诱导单核细胞、巨噬细胞、树突状细胞、皮肤成纤维细胞、血管内皮细胞和星状细胞等 MHCⅠ类抗原的表达，使其参与抗原提呈和特异性免疫的识别过程。此外，γ-IFN 可上调内皮细胞 ICAM-ICD54 表达，促进巨噬细胞杀伤病原微生物。

促进 LPS 体外刺激小鼠 B 淋巴细胞分泌 IgG2，降低 IgG1、IgG2b、IgG3 和 IgE3 和 Ig 产生以及 FCER 表达，促进 SAC 诱导的人 B 淋巴细胞增殖。

协同 IL-2 诱导 LAK 活性，促进 T 淋巴细胞 IL-2R 表达。

诱导急性期蛋白质合成，诱导髓样细胞分化。

6.3 IFN 抑制病毒复制的作用机理

有很多类型的细胞在被某些病毒感染几小时内就能产生 IFN，几天内能达到高浓度，能在初次免疫反应尚未形成之前，发挥免疫作用。IFN 由宿主细胞的基因编码。病毒感染细胞后，病毒遗传物质和宿主细胞核糖体作用，使靶细胞产生 IFN 的编码基因去抑制，产生 IFN。IFN 从细胞内释放出来可保护与其接触后的其他细胞不受感染。IFN 对未感染细胞的作用是通过对它们的 DNA 去抑制作用而实现的。由于这种去抑制作用，未感染细胞产生一种称作翻译抑制蛋白（TIP）的物质，TIP 结合于核糖体，使病毒 mRNA 与宿主细胞核糖体的结合受到抑制，故而妨碍了病毒蛋白、病毒核酸以及复制病毒时所需的酶的合成，使病毒的繁殖受到抑制。该过程即：病毒进入细胞→病毒 RNA 附着于宿主细胞核糖体→使形成干扰素 mRNA 的宿主细胞 DNA 顺反子去抑制→干扰素 mRNA 刺激干扰素产生→干扰素进入细胞→使形成翻译抑制蛋白 mRNA 的细胞 DNA 顺反子去抑制→TIP 形成并结合到核糖体→TIP 阻止病毒 RNA 结合到核糖体。

IFN 并不影响宿主细胞本身的 mRNA 与核糖体的结合，所以不妨碍宿主细胞的生长。

应用家禽基因工程干扰素生物预防和治疗鸡病临床报告

肉鸡病毒感染性疾病的有效治疗一直是困惑鸡病防治的重大难题之一。至今仍没有一类能特异性、有效杀灭鸡病毒病病原，干扰和抑制其病原复制的药物。家禽基因工程干扰素（以下简称“干扰素”）填补了防治鸡病毒病的空白，它的疗效已得到业界同行的充分肯定。“干扰素”在临床上的应用对鸡病防治工作产生很大的影响。

1 用“干扰素”作开口药进行生物预防

临床应用“干扰素”做 1 日龄开口药，6 户，16 730 只肉鸡中，4 户饲养肉鸡 9 830 只鸡雏较强壮，用“干扰素”按 2 000 只/瓶用量，饮水投服（2h 内服完）。在饲料中添加 4%产酶益生素和电解质多种维生素。另 2 户饲养肉鸡 6 900 只鸡雏较弱，有脐带炎，用“干扰素”按 2 000 只/瓶用量，饮水投服

(2h 内服完)，同时在水中投服阿莫西林和电解质多种维生素。用户一致反映鸡雏比以前抗病能力增强，死亡减少，7 日龄成活率达 99.2%。

2　“干扰素”临床应用效果

2.1　治疗传染性支气管炎

2001 年 9 月 10 日天津北辰沙庄村赵永沪饲养肉鸡 2 500 只，29 日龄发现部分鸡出现咳嗽，啰音，精神不振，靠边闭眼缩头，不吃不喝的鸡有 200 多只，现场解剖 7 只，气管严重出血，有黏液及干酪样物胸腺紫色出血，萎缩，心冠弥漫性出血较严重。腺胃肿胀严重，有的为原来的 2 倍左右，外壁感染发红。临床诊断为传染性支气管炎。当日，按 500 只/瓶，饮水中投入“干扰素”5 瓶，白细胞介素-2，5 瓶。第 2 天，精神不好的鸡减少一半，4d 后恢复正常。

2.2　治疗传染性喉气管炎

2001 年 8 月 22 日，天津北辰刘召庄村田连勇饲养肉鸡 11 700 只，35 日龄。其中一号棚饲养肉鸡 3 600 只，死亡 37 只。肉鸡呼吸极度困难，拔脖，甩血样黏液，出现呼吸极度困难的声音。现场解剖 8 只，见到喉部有出血斑块，血紫红色，喉部有红色黏液，有的呈干酪样堵塞致死。心冠脂肪弥漫性出血，胸腺肿大、红色。8 只鸡症状基本相同，临床诊断为喉气管炎。当日采取全群注射“干扰素”，每瓶加注射用水 250mL，按每只 0.5mL 肌肉注射。按 500 只/瓶水中投白细胞介素-2，限 1h 内饮完。同时服用呼喘通散 4d，经过 4d 治疗，鸡康复。

2.3　治疗鸡痘

2001 年 9 月 6 日，天津北辰大张庄赵士风饲养 8 300 只肉鸡，21 日龄出现皮肤型鸡痘，在腿、爪、眼睑、鸡冠等处长出鸡痘。用“干扰素”按 500 只/瓶用量，饮水中投服（限 1h 内饮完），同时用阿莫西林饮水 5d。将病重鸡挑出，用青霉素按每只鸡 1 万单位肌肉注射。用过氧乙酸每天带鸡消毒 2 次，地面每周用火碱消毒 2 次。夜间用蚊香驱蚊。采取综合措施，控制了鸡痘的传播。5d 后治愈。

2.4　治疗传染性法氏囊病

2001 年 9 月 20 日天津北辰区王秦庄赵永强饲养肉鸡 4 500 只，40 日龄早晨发现 100 多只精神不好的鸡，闭眼缩脖，靠边不吃不喝，死亡 11 只，解剖后，其中 6 只有典型传染性法氏囊症状，其余为大肠杆菌病症状，临床诊断为传染性法氏囊病，混合感染大肠杆菌病。当日按 500 只/瓶用量，每只鸡肌肉注射 0.5mL 干扰素，配合大肠杆菌必杀和阿莫西林饮水投服 5d，第 2 天精神好转，死亡 5 只，第 5 天死亡 1 只，鸡群康复。

3 讨论与小结

“干扰素”是基因工程制剂，具有广泛的抗病毒作用，强烈的免疫调节作用。适用于疫苗免疫失败后家禽病毒性疾病的治疗。

雏鸡开口用“干扰素”，主要是预防1日龄易感的呼肠孤病毒、禽肾炎病毒、传染性支气管炎病毒、马立克病毒、网状内皮增生症病毒、鸡传染性贫血病毒、鸡白血病毒、新城疫病毒等病毒的感染。

注射时应用生理盐水稀释，每只鸡注射0.5mL。注意针头、注射器消毒，生理盐水应为常温，高温易破坏“干扰素”的药效。现配现用，时间不能超过2h。同时使用白细胞介素-2，可提高免疫整齐度和免疫水平，减少各种免疫抑制，保证免疫效果。

由于“干扰素”对病毒性疫苗有干扰作用，因此，在正常疫苗免疫前后36h不能使用。

饮水治疗应双倍量。水中不应含消毒剂。

不能把“干扰素”当成灵丹妙药，万能药。应坚持内外兼治，综合治疗效果更好。

干扰素在畜禽病毒性疾病应用的临床观察

畜禽的病毒性疾病已成为危害畜禽业最为重要的疾病之一。它们不但传播速度快，流行范围广，而且还呈上升趋势。

1 干扰素在畜禽毒性疾病治疗中的应用

对于禽病来说，近年来我国新近出现的禽病很多。鸡传染性贫血、传染性病毒性腺胃炎、鹅副黏病毒病、鹅出血性败血性肝炎、低致病性禽流感、禽网状内皮增生症、J亚群白血病等都是由病毒引起的疾病，部分病原体的变异和超强毒株的出现导致临床疾病复杂化，症状非典型化。由于鸡群抗体水平不均匀，在受到强毒或野毒侵袭后出现非典型新城疫就是最明显的例证。抗原结构的变异和血清型的多变，使单靠疫苗的预防控制越来越困难。有些病毒性疾病的发病机理到现在还不太清楚，没有可靠的疫苗进行防制。

有些疾病发生后，用活苗紧急预防接种往往会加重病鸡的死亡，部分地区用卵黄抗体或高免血清治疗，效果也不十分明显，而且制备卵黄抗体和血清时易带入其他细菌和病毒，造成污染，容易感染其他疾病。

干扰素的应用可以避免这些不利因素，使用干扰素后再隔一段时间接种疫苗可以调节机体的免疫力，在临床上作者收集了以下病例，应用干扰素后均取得很好的效果。

病例 1：江苏省镇江丹阳某农户饲养了5 000套罗曼蛋鸡，40日龄，1d内死亡30只，还有100多只发病。临诊鸡咳嗽，精神差，大便稀，粪便呈黄绿色。经调查，免疫程序为7日龄用ND - IB二联苗滴鼻，15日龄用IBD苗滴鼻，20日龄用IBD重复1次，33日龄用IB - H52滴鼻，尚未防疫禽流感苗。剖检病变为腺胃乳头出血，肝脏肿大，表面有大小不一的出血点，肾脏肿大出血，盲肠扁桃体肿胀出血，坏死，喉头出血，黏液较多。取肝、脑进行病毒分离，并进行HA和HI试验，诊断为ND。

治疗意见：干扰素3倍量，用生理盐水稀释（1ml/只）并注射；保康液（白细胞介素- 2，IL - 2）饮水，增强免疫力；强力霉素每千克体重30mg拌料内服。加强饲养管理，补充多维。1周后电话回访，鸡群病情已得到有效控制。

病例 2：江苏省盱眙县某农户，饲养白鹅480只，52日龄，6d内死亡150只，临诊病鹅气喘，口鼻流出较多黏液，大便稀。已用青霉素、庆大霉素等治疗而未见效。20日龄注射鹅ND - AI二联苗。剖检病变为肠黏膜有弥散性大小不一的出血性溃疡灶，肝脏肿大，有大小不一针尖状灰白色坏死点，胆囊扩张，气囊炎，腹膜有大量灰黄色纤维素性渗出，腺胃乳头出血，脾脏肿大，表面有白色坏死灶，心冠脂肪有黄色胶胨水肿，肺脏瘀血，表面有霉菌结节。取肝脾病变组织进行细菌培养和病毒分离，并进行HA和HI试验，诊断为鹅副黏病毒、大肠杆菌和霉菌的混合感染。

治疗意见：干扰素3倍量，用生理盐水稀释（1ml/只）并注射；保康液（白细胞介素- 2，IL - 2）饮水，强力霉素每千克体重30mg拌料内服。病重的每天注射庆大霉素，每天2次。加强饲养管理，注意环境卫生，补充多维。1周后电话回访，鹅群已恢复正常。

另外干扰素还用于鸡传染性支气管炎（IB）、传染性法氏囊病（IBD）等病毒性疾病的治疗。干扰素广谱的抗病毒作用已在临床上得到证实。

2　干扰素在家畜病毒性疾病治疗中的应用

在家畜病毒性疾病中，近来流行的猪繁殖与呼吸综合征（PRRS）和猪圆环病毒（PCV－2）引起的断奶仔猪多系统衰竭综合征（PMWS）严重影响了养猪生产，造成了巨大损失。目前，单一的致病因子在临床上已很少出现，往往是复杂的混合感染，这给临床诊治带来非常大的困难。比如猪的呼吸道疾病应作为复合性疾病来认识，按照猪呼吸系统综合征（PRDC）来对待。引起猪呼吸系统感染的病原体很多，可以分为两类，一类是潜在的原发病原，一类是继发病原。PRRSV和PCV－2都是潜在的原发病原，它们除了本身的直接危害之外，还会造成免疫抑制，可使低致病性的病原体引起多种疾病综合征发生，甚至达到难以控制的程度，还可能对疫苗接种反应增强，副作用加大或使免疫失败。目前，还没有比较好的方法能够治疗。干扰素的应用可以减少疾病带来的损失。在临床实践中起到了很好的效果。在临床上曾碰到由于猪圆环病毒的感染导致免疫抑制，造成猪瘟感染的病例。

病例3：江苏省金坛西阳某养殖户共饲养325头白猪，4月龄，已死亡18头，主诉还有85头发病，临诊病猪气喘、咳嗽，体温升高，达41℃。已用环丙沙星等治疗而未见效。这批猪从沭阳购进，回来后即注射猪瘟-猪丹毒二联苗，喂的是自配料，发病后已用4～5头份猪瘟单联苗接种。剖检病变为全身有弥漫性的出血斑，肺脏肿大，表面有较多褐色斑块，出血，肝脏稍肿，胆囊扩张，回盲瓣淋巴结严重出血，膀胱黏膜增厚，肾脏肿胀，皮质轻微出血，心包积液，心冠脂肪呈黄色胶冻样水肿，腹壁黄染，肠系膜淋巴结肿胀出血。取肺、淋巴结送扬州大学传染病实验室PCR检测为猪圆环病毒和猪瘟的混合感染。

治疗意见：猪用干扰素注射1ml/只（按说明书剂量），氟尔康（氟苯尼考注射液）2.5ml/只。加强饲养管理，减少应激。10d后电话回访，猪群已恢复正常。

临床证明，猪干扰素对生产具有重大威胁的传染病病毒均有防御和抑制作用。

3 小结

干扰素系统是目前所知的发挥作用最快的第一病毒防御体系，可在很短时间（几分钟内）使机体处于抗病毒状态，并且机体在1～3周内对病毒的重复感染有抵抗作用。干扰素具有种属特异性，并且不同病毒、不同细胞对干扰素敏感性也不同。运用干扰素治疗时要注意：①干扰素所产生的效应是通过对宿主细胞的作用引起的，对病毒起抑制作用而非杀灭作用。待病情稳定后，可根据情况接种疫苗使机体产生坚强的免疫力；②由于干扰素能抑制病毒的复制，因此使用干扰素后96h之内，不要使用活苗接种，防止疫苗受到影响，导致免疫失败。但对于灭活疫苗，可以与干扰素于不同部位同时使用；③配合抗生素，治疗一些细菌混合感染和防止继发感染；④开启后应在规定时间内用完，以免失效。细胞因子自发现时人们就开始研究其与人类疾病的关系，目前至少已经有十种以上的细胞因子被美国食品卫生局（FDA）批准应用于临床治疗各种疾病。虽然动物的细胞因子的研究相对于人类来说较为滞后，但是随着食品安全观念逐渐被人们接受和人类对自身健康关注的逐渐提高，应用基因工程技术生产大量高效安全的重组细胞因子应用于动物疾病的防治也越来越得到重视，并将在畜牧业健康发展中，发挥更大的作用。

应用新城疫核酸制剂治疗鸡非典型新城疫临床报告

应用新城疫核酸制剂治疗新城疫（或非典型新城疫），临床应用 2 例，共 6 000只。投服后 4～5d 治愈，效果较好。现以其中 1 例报告如下。天津市北辰区上河头村韩瑞华 2001 年 7 月 21 日由大成集团康地万达公司进混雏 3 000 只，架上饲养。

1　发病情况

8 月 22 日（32 日龄），发现有呼吸道症状，咳嗽，呼气困难，有啰音，闭眼缩脖，不吃不喝，靠边站，排稀便、绿便，精神不振的鸡占 1/5 左右。大群减料，死亡鸡冠呈紫黑色。现场解剖 8 只，其症状表现：气管出血，有黏液或干酪样物，心冠脂肪弥漫性出血，有的较重，心肌外膜有出血点，心包有积液，脾脏肿大 2～3 倍，呈紫色。腺胃乳头有针尖状出血点，黏膜脱落，肌胃和腺胃交界有出血斑，肌胃壁有出血斑，十二指肠肿胀，出血，有块状溃疡，胰脏出血，呈紫红色，直肠有条状出血，临床诊断为非典型新城疫。其中 2 只有大肠杆菌病症状。

2　治疗方案

8 月 22 日下午注射新城疫核酸制剂 A 液，按 500 只/瓶用量（每瓶 A 液＋注射用水 250ml），肌肉注射 0.5ml/只。隔 24h 后，按 500 只/瓶，在饮水中投 B 液饮服（控制饮水 1h 后，让鸡在 1h 之内饮完，饮水器要充足，保证鸡都能饮到药液），不喝水的鸡，用吸管给病鸡滴口，保证病鸡饮到药液。

做药敏试验，投大肠杆菌必杀，治疗大肠杆菌病。

饮水中加电解质多种维生素。

加强饲养管理，严格防疫制度。发病期间带鸡消毒，每天 2 次，地面用 3%火碱消毒，每周 2 次。

3 治疗效果

投药后第 1 天，精神不振的鸡开始好转，食欲增加，死亡减少，33 日龄死亡 16 只，34 日龄死亡 10 只，35 日龄死亡 5 只，36 日龄死亡 3 只，饲料逐渐增加 1.5 包（75kg）。8 月 26 日现场解剖 5 只，没有发现鸡非典型新城疫症状，但见到了大肠杆菌病的症状，病情好转。

4 讨论

以前，肉鸡患新城疫或非典型新城疫，除了采取综合防治措施外；①用新城疫弱毒疫苗Ⅳ系苗 4 倍饮水，药效慢，一般在 1 周后才能达到治疗作用，容易造成免疫抑制，鸡的损失较大。②用卵黄抗体治疗，最大风险是容易随卵黄抗体感染沙门菌（白痢）和大肠杆菌病，副作用较大。

新城疫核酸制剂是基因工程制剂，在鸡发生新城疫确诊后，使用该制剂 24h 后，病毒粒子大量繁殖，诱导机体产生高水平的抗体，中和病毒，治愈率较高。实践证明，大量病毒粒子产生抗体，其作用优于接种几倍量的新城疫Ⅳ疫苗，而且疗效较快。

动物转移因子在家禽疾病防制中的应用

转移因子（Transfer factor，TF）是白细胞中有免疫活性的 T 淋巴细胞所释放的一类小分子可透析物质，具有传递免疫信息、激发免疫细胞活性、调节免疫功能、增强机体特异性和非特异性细胞免疫功能等作用。TF 带有致敏淋巴细胞的特异性免疫信息，在受者体内能够诱导 T 细胞转变为特异性致敏淋巴细胞，因此它能够特异地将供者的细胞免疫力被动地转移到受者体内，使受者获得特异性细胞免疫功能，即转移和扩大细胞免疫力。TF 不含蛋白质、含多种氨基酸、相对分子质量小、无抗原性、无毒副作用、无种属差异，具有增强和调解机体的细胞免疫和骨髓造血功能等作用，对机体免疫机能呈双向调节作用，是一种新型而又安全的免疫增强剂。

20世纪70年代以来，随着细胞免疫学技术的发展，人们对TF的研究逐步深入并活跃起来，对动物TF的应用也进行了广泛的探索，并取得了可喜的进展。1972年、1975年、1976年相继召开了3次国际性TF专业性会议。目前研究的主要内容集中在异种动物特异性TF的试制和在临床上应用、TF的纯化、TF的活性测定及临床适应症、动物模型的建立等。大连三仪生物工程研究所江国托博士等（2006）采用新工艺利用异体动物外周血为原料，应用细胞培养技术富集活化白细胞，提取TF，实现工业化规模生产。作者分别从理化性质、生物学功能与作用、对疫苗的免疫增效作用和临床应用效果等方面对TF作了较为全面的介绍。

1　TF的理化性质及分类

动物TF的化学本质为一种低相对分子质量多肽与核苷酸连接在一起的复合分子，相对分子质量一般在10 000u以下，可溶、可透析、可超滤；能自由通过半透膜（不含蛋白质）；粗制TF中含有多肽、氨基酸和低分子多核苷酸物质，含有K、Na、Ca、Mg、Zn等金属元素；多核苷酸含核糖和碱性腺嘌呤、鸟嘌呤、胞嘧啶，但无尿嘧啶，含6种以上氨基酸。TF不被胰蛋白酶、糜蛋白酶、胃蛋白酶、DNA酶和RNA酶等分解。TF不耐热，56℃、30min可灭活，37℃时保持稳定6h，在－20℃以下保存5年活性不消失。不同动物、不同提取方法及不同抗原特异性TF的理化特性、组成成分、肽分子大小和氨基酸种类差别不大，但含量有较大差异。TF的分类较多，根据不同的分类方法，TF被分成不同种类。比较常见的有以下2种分类方法。从免疫特性上分类，包括特异性TF和非特异性TF两大类。特异性TF是指采用某种特定病原感染或免疫人群、动物后，提取的含该抗原特异活性的TF。非特异性TF是指用自然人群或动物白细胞提取的具有多种免疫活性的TF。前者具有对特定疾病的局限治疗，无种属特异性，可以在不同种属之间相互传递，后者则应用广泛。根据细胞来源不同又有不同种类的TF，如人转移因子（H-TF）、猪转移因子（P-TF）、牛转移因子（B-TF）、羊转移因子（S-TF）、鸡转移因子（C-TF）等。

2　TF的生物学功能与作用

2.1　增强细胞免疫功能

李相安、杨林研究发现，鸡脾TF可显著提高雏鸡外周血液ANAE^{+} T淋巴细胞百分率，免疫器官脾和法氏囊的相对湿重增加明显。黄建文、姜艳芬等发现猪或鸡 TF 均能明显改善 AIV（H9N2）引起的临床症状，缩短病程；并且提高淋巴细胞转化率 31.74%～35.32%。常建军、孔庆波等发现，TF 对 PBMC 有良好的刺激增殖效果，当 TF 浓度为 1.56g/L 时促淋巴细胞转化效果最佳，且 TF 单独作用于 PBMC 的效应明显优于 PHA - P 的协同作用。肖凌等发现结核特异性 TF 具有增强巨噬细胞促结核抗原预致敏淋巴细胞增殖反应的作用，推断可能与增强巨噬细胞递呈抗原的作用有关，并且是浓度依赖性的。TF 对中性粒细胞、巨噬细胞具有较强的趋化活性，能够促进多形核中性粒细胞游走，刺激巨噬细胞产生淋巴细胞激活因子，使血液中性粒细胞和腹腔巨噬细胞吞噬率提高；TF 能促进胸腺细胞分化，调节淋巴细胞 mRNA 的合成，使外周血淋巴细胞转化率明显提高，恢复和增加 E-玫瑰花环数，此外 TF 还可使 K 细胞活性低下者 K 细胞活性明显增加。

2.2 增强体液免疫功能

TF 能够促进体液免疫，促进 B 淋巴细胞活性，增加抗体滴度。史秀山将 TF 加入到狂犬病疫苗中发现，加入 TF 后抗体效价高且抗体产生时间提前，仅用疫苗免疫抗体出现时间较晚，免疫后 7d 抗体仍为阴性，直至第 10d 才呈现阳性，而其中加入 TF 3mg 的，在免疫后第 7d 抗体阳转，效价达 1∶86，第 20d 高达 1∶976。黄建文、何维明等用 LT 油乳剂灭活疫苗免疫雏鸡和蛋鸡，同时试验组肌注 TF，于免疫后不同时间用 LT 种毒攻击，并测定蛋鸡的淋巴细胞转化率，结果试验组免疫后产生保护力时间提前，保护期延长，淋巴细胞转化率提高。此外，赵支国等经试验证明 TF 具有增强疫苗免疫效果、促进机体产生良好的免疫效果、增强机体的免疫功能等作用。由于 B 淋巴细胞在实现体液免疫机能时需要 T 淋巴细胞的辅助，因此目前普遍认为 TF 对体液免疫的影响主要是通过 T 淋巴细胞调节机体的免疫机能。

2.3 抗免疫抑制、提升白细胞和抗放射的功能

范振青等研究发现，口服和注射 TF 可阻断由氢化可的松引起的小鼠的白细胞数、T 淋巴细胞百分率及脾重指数的下降。TF 作为免疫激活剂进入机体后，可使造血系统在短期内产生大量的白细胞，同时活化淋巴细胞，促进 T 淋巴细胞生长和分裂，从而发挥抗放射、抗免疫抑制、增强免疫功能的作用。苗乃法采用环磷酰胺建立的免疫抑制家兔模型进行猪脾 TF 提升白细胞试验，注射后第 3 天即可见白细胞总数迅速上升，第 5 天可达最高峰，第 8 天后趋向正常。彭贵勇等研究报道：TF 可降低丝裂霉素对淋巴细胞转化的抑制作用，可协同 5-氟脲嘧啶显著增加淋巴细胞转化率。

2.4 诱导、启动干扰素的功能

用 TF 启动诱生的干扰素要比只按常规方法诱生的干扰素多 1.7 倍。

2.5 促进机体生长发育功能

通过试验研究发现，TF 能够促进机体生长发育，具有明显的增重效果。王建文等报道雏鸡口服 0.5～1.0mLTF 粗制品，7d 后与未服用 TF 组相比，增重明显，且口服 TF 组鸡精神活泼，羽毛有光泽。江青艳等在试验中发现，注射脾脏 TF 对粤黄鸡增重有明显的效果。动物机体的正常生长发育一般由 T3、T4 和 GH 协同调控而完成。GH 主要促进组织生长，T3、T4 主要促进器官、组织的分化，并且 GH 的促生长作用需要有适量的 T3、T4 的存在。由此推测脾脏 TF 促进粤黄鸡生长发育的内在机制与血液 T3、GH 水平的升高有关。

3 TF 在家禽疾病防制中的应用

3.1 TF 作为免疫佐剂对鸡疫苗的免疫增效作用

大连工业大学孙宏鑫等（2007）在禽流感病毒特异性 TF 对 H5N1 血清亚型灭活疫苗的免疫增效试验中发现，第 1 组，疫苗免疫对照组，至试验后 73dHI 抗体效价降低 2 个滴度；第 2 组，即禽流感病毒特异性 TF 与疫苗同时注射组，至试验后 73dHI 抗体效价降低 0.7 个滴度，而第 3 组，禽流感病毒特异性 TF 口服疫苗免疫组，HI 抗体效价没有降低。试验表明，将禽流感病毒灭活疫苗与禽流感病毒特异性 TF 同时使用，对禽流感病毒灭活疫苗的免疫效果有显著增强作用，能够在一定幅度内提高禽流感病毒抗体的水平，延长抗体保持的时间。

河北省永清县兽医总站王洪宝等（2005）将 TF 在蛋鸡免疫程序中应用。TF 与禽流感、新城疫、法氏囊炎、喉气管炎等疫苗一起使用，预防鸡病取得明显效果。近年来，鸡病毒性疾病发病率较高，其主要原因之一是由于鸡的免疫麻痹造成的，即虽然做了免疫，但仍然发病。解决这一问题的主要措施是激活鸡的免疫系统，使之产生免疫应答，TF 可以解决这一难题。

马凤龙等报道，鸡脾 TF 对新城疫Ⅳ系苗（ND - LaSota 系）和传染性法氏囊病（IBD）疫苗的初免试验具有协同作用。试验组与对照组比较，其琼脂扩散试验（AGP）的平均效价均高于对照组，差异显著（$P<0.05$）或非常显著（$P<0.01$）。同时，试验组 ND - HI 的抗体效价也均高于对照组，差异非常显著（$P<0.01$）。在 ND - Ⅰ系疫苗的加强免疫试验中，鸡脾 TF 无论是与疫苗注射，还是口服，对鸡 ND - Ⅰ系疫苗的免疫均有加强作用。试验组 HI 效价均高于对照组，差异显著（$P<0.05$）或非常显著（$P<0.01$），但肌注组和

口服组之间的 HI 效价差异不显著。在 EDS-76 灭活疫苗免疫试验中，鸡脾 TF 对鸡油乳剂灭活疫苗的免疫同样具有增强作用。试验组的 HI 效价均高于对照组，差异显著（$P<0.05$）或非常显著（$P<0.01$）。

日穆得玛等报道，乌鸡 TF 与鸡新城疫Ⅰ系和鸡传染性支气管炎 H_{120} 二联活疫苗联合使用时，对艾维茵肉仔鸡没有任何毒性作用，对细胞免疫具有活化作用，对血清 γ-球蛋白无明显作用，但对艾维茵肉仔鸡生长具有一定的促进作用。日穆得玛等还报道，用乌鸡 TF 配合鸡新城疫疫苗免疫不仅可以提高抗体效价，而且使疫苗抗体提前达到高峰，并能维持较长的时间。邵兵等的研究也得到了相同的结果。

李富桂等（1996）报道鸡 TF 使减蛋综合征疫苗免疫抗体提高 0.7～1.0 个滴度，抗体高峰期明显提前。李富桂等（1999）报道制备相当于 10 倍常规浓度的鸡脾 TF，配合鸡减蛋综合征疫苗免疫，结果第 8 天开始，HI 抗体效价明显增加，试验组比对照组的抗体效价一般高 1.5～2.5 个 HI 滴度，并确定鸡 TF 的最低有效浓度为 0.04ml/只。

大量的试验研究证明，TF 对活疫苗和油乳剂灭活疫苗均具有协同作用，能显著提高机体细胞免疫水平，缩短机体免疫应答期，促进抗体的产生，并延长抗体高峰期，使之维持更长的时间。经证实 TF 无论注射途径或饮水途径给予均能获得良好的效果，这就为大规模应用提供了方便，并有助于减少鸡群的应激反应。

3.2 TF 对家禽疾病的治疗效果

3.2.1 鸡新城疫（ND）、禽流感（AI）

藏广田等（1981）用 TF 治疗 NDV 人工感染发病鸡 30 例，治愈率 36.6%。张保华等（1984）用猪脾脏 TF 治疗鸡 ND 自然发病 315 例，治愈率为 71.7%；预防 400 只，保护率为 97.3%；治疗人工感染 15 例，治愈率为 57.3%，对照组全部死亡。

陈德元等（1997）用 NDV 疫苗高免鸡群制备 NDV 特异性 TF，结果对未免疫的 ND 流行鸡群的保护率为 44%；对免疫的 ND 流行鸡群的保护率为 89%；用 TF 治疗临床 ND 病例 2 105 只，注射使用 1 次，第 2 天鸡群精神就明显好转，食欲增加，病死鸡数迅速减少，疫情很快得到控制。治疗后 1 周内保护率为 84.2%，以后再未见 ND 后遗症出现。42 日龄出栏时，鸡平均体重达 1 920g，接近于正常水平。用 ND 特异性 TF 在国内十几个养鸡场治疗非典型鸡新城疫 81 520 例，平均治愈率 88.5%；而采用常规紧急免疫法保护率仅为 56.4%；用其配合鸡 NDV 疫苗免疫，与常规免疫比较，可使抗体高峰提前 3～4d 出现，提高抗体效价 1～2 个滴度，抗体高峰维持时间延长 15d。

周富荣（1982）应用 TF 治疗鸡新城疫 119 例，治愈 92 例，治愈率为 77.3%。并用 TF 对新城疫流行病区的部分未发病鸡进行了免疫预防试验，对 25 只鸡免疫注射 1 次，每次 2ml，保护率为 80%；20 只鸡免疫注射 2 次，保护率为 90%；13 只鸡免疫注射 3 次，保护率达 100%。

黄建文等通过试验证明，用鸡或猪脾 TF 治疗感染禽流感的雏鸡时，都能明显改善临床症状，减少死亡，缩短病程，并且鸡 TF 对人工感染禽流感的雏鸡也有相同效果，表明鸡、猪 TF 同样可以用于禽流感的早期治疗。

3.2.2　传染性法氏囊病（IBD）

韩书祥等（2002）用 TF 治疗肉鸡 IBD 4 例（21 500 只），采取综合治疗措施，治愈率达 92%。

李富桂等报道 TF 对传染性法氏囊病（IBD）具有治疗作用，试验组的治愈率为 60%，卵抗治疗组为 80%，对照组的存活率为 20%；特别是第 2 次感染 IBD 时，试验组表现出明显的优势，TF 试验组的存活率为 60%，卵抗治疗组 20%，对照组的存活率为 20%，TF 具有良好的疗效。

3.2.3　鸡传染性喉气管炎（ILT）

藏广田用猪非特异性 TF 治疗鸡传染性喉气管炎 98 例，治愈 81 例，治愈率达 82.7%。

周富荣等（1984）报道用 TF 预防鸡传染性喉气管炎有一定作用；同时 TF 治疗鸡传染性喉气管炎效果也良好。

3.2.4　鸡传染性支气管炎（IB）

大连三仪高峰等（2006）应用 TF（口服）治疗传染性支气管炎，同时配合使用氧氟沙星或强力霉素等抗生素，每日 1 次，连用 3～5d，同时加强生物安全措施。共治疗 6 户，17 800 只肉鸡，治愈率达 90%以上。

3.2.5　马立克病（MD）

李富桂等用 TF 给人工感染发病的神经型马立克病病例进行治疗。治疗结果显示鸡 TF 具有明显的效果，尤其在重复感染时表现出较好的效果。

3.2.6　鸡球虫病

周富荣用 TF 治疗雏鸡球虫病 99 只，治愈率达 76.8%。

近年来，禽流感、口蹄疫等一系列畜禽传染病的暴发和流行给社会和经济造成巨大损失，直接威胁食品安全和人类健康。绿色食品的提倡以及抗生素和抗病毒化药的限制使用，使传统畜禽疾病的防治面临新的问题与挑战。大量的研究表明 TF 作为一种新型、高效、安全的生物药品在防制动物传染病、增强机体免疫等方面效果确实可靠，因此在兽医领域具有重要的应用价值和广阔前景。利用动物 TF 防制畜禽及其他动物的某些重要疫病将是今后加强探讨和应用的方向。

白细胞介素、转移因子在免疫增强方面的应用

1 白细胞介素

1.1 白细胞介素-2（IL-2）

IL-2是一种糖蛋白，由具有活性的T细胞分泌。能诱导干扰素产生，激活T、B淋巴细胞，提高细胞免疫和体液免疫能力。IL-2在免疫应答中起主要作用，克隆增殖活化的T淋巴细胞伴随抗原刺激后产生免疫记忆，同时诱导相应B淋巴细胞的克隆增殖和产生抗体的浆细胞和记忆细胞的分化。

实验室试验和7年多的临床应用证明IL-2具有重要的免疫调节作用，可抵抗病毒感染，能较好的解除免疫抑制。江国托（1998）克隆IL-2，并于1999年在中国首先实现产业化，并应用于家禽疫病防治。

很多养殖户反映，在进行新城疫疫苗、传染性支气管炎疫苗和喉气管炎疫苗等免疫后，会出现呼吸道症状。为解决以上因素导致呼吸道症状及损害，验证疫苗免疫对家禽上呼吸道的损伤程度，以及使用IL-2等减轻疫苗免疫导致的呼吸道损伤，提高免疫效果的作用，扬州大学畜牧兽医学院万洪全博士2003年做了“IL-2降低疫苗免疫损伤的试验报告”，取鸡新城疫弱毒苗、鸡传染性支气管炎弱毒苗及鸡新城疫一传染性支气管炎二联多价活疫苗免疫后的鸡的喉头和气管，制作组织切片，电镜下观察。疫苗免疫引起的喉头病变主要表现为纤毛脱落。

试验发现，应用疫苗后，均可引起喉头和气管发生病变，病变发生率为100%，使用IL-2组的损伤程度明显减轻，主要表现在气管纤毛的脱落程度减轻，未使用IL-2组的气管纤毛发生比较显著的脱落，而使用IL-2组则主要为少量脱落或基本无脱落；未使用IL-2组的喉头纤毛100%发生脱落，且脱落比较显著，而使用IL-2组的喉头纤毛少量脱落或基本未脱落；喉头淋巴组织病变没有明显的差异。

IL-2降低疫苗免疫伤害的试验结果表明，对家禽进行新城疫免疫和传支

免疫可导致家禽上呼吸道的损伤，尤其是在环境卫生条件不良的情况下将加重其损伤程度，而如果在进行免疫时结合使用 IL-2 则能有效地减轻损伤程度。因此，为减轻疫苗免疫所造成的损伤，避免出现呼吸道疾病，确保免疫效果，在疫苗免疫的同时使用 IL-2 可提高免疫效果。

据辽宁省动物保健中心 2002 年试验，进行新城疫免疫的同时使用 IL-2 能够提高新城疫抗体水平并差异显著；新城疫强毒攻击试验结果表明，用 IL-2 与新城疫疫苗同时免疫的试验组的成活率（95%）远高于不使用 IL-2 的对照组（成活率 75%）。

在新城疫、法氏囊首免和加强免疫时，与 IL-2 同时使用，在蛋鸡产蛋期每隔 2 个月，用 IL-2 加新城疫Ⅳ系苗按时免疫，可促进疫苗提前产生免疫保护，提高抗感染能力，降低免疫应激反应。IL-2 作为免疫增强剂抵抗病毒感染及解除免疫抑制病效果明显。

增强 H5 亚型禽流感疫苗免疫效果。浙江大学动物预防医学研究所于涟等做了“鸡 IL-2 对 H5 亚型禽流感（AI）疫苗免疫增强作用研究”，IL-2 与 H5 亚型 AI 油乳剂灭活苗联合免疫非免疫鸡，25 日龄首免，40 日龄时加强免疫。MTT 法检测试验各组鸡外周血淋巴 T 细胞增殖能力，HI 试验监测抗体水平的消长规律，结果表明，IL-2 均能显著增强 AI 疫苗的免疫效果（$P<0.01$），证实 IL-2 对 H5 亚型禽流感疫苗有免疫增强作用。IL-2 协同免疫均在第 4 周达到峰值。

近年来，世界各地屡有 AI 疫情发生，疫苗虽已用于常规免疫，但因为 AIV 传播快，感染宿主具有多样性，病毒株血清型众多，变异性又强，因而生产中急需一种能更好地增强机体抵抗力的免疫方法。而 IL-2 作为一种优良的疫苗免疫佐剂，在有效控制 AI 疫情方面有较好的应用效果。

IL-2 可与灭活疫苗、油乳剂疫苗配合应用。可使疫苗提前 5～7d 达到保护效果，缩短免疫危险期，减轻或消除免疫应激反应。

肉仔鸡、蛋鸡育成期，在 2～3 日龄、35 日龄用 IFN 加 IL-2 饮水 1 次；蛋鸡产蛋期每隔 2 个月使用 IFN 加 IL-2 饮水可预防、治疗病毒性疾病，解除病毒性免疫抑制病。在使用 IFN 时，注意前后一定与使用弱毒疫苗间隔 96h，防止 IFN 对疫苗的破坏作用。

1.2　白细胞介素-4（IL-4）

猪白细胞介素-4 是 Th（辅助性 T 细胞）产生的一种细胞因子。有促使静止的 B 淋巴细胞表达 MHCⅡ类分子，增强 B 淋巴细胞的抗原递呈能力，使免疫系统产生免疫应答；IL-4 是 Ig 重链基因类转换的主要调节因子，能促使 B 淋巴细胞表达的分泌 IgE，诱导 T 淋巴细胞及淋巴因子激活杀伤细胞（LAK）

的杀伤活性，调节造血细胞的增殖及分化等。因此，IL－4是机体产生体液免疫应答的重要调节因子。

IL－4特异性诱导机体细胞免疫和体液免疫，增强机体免疫、抗病和抗感染能力。

提高疫苗免疫效果。可在疫苗（冻干苗、灭活苗）免疫的同时使用，提前产生免疫能力，降低疫苗免疫应激和免疫部位的伤害，提高抗体水平，抗体整齐度好，维持时间长。增强猪传染性胃肠炎、细小病毒病、流行性腹泻、口蹄疫、伪狂犬病和呼吸与繁殖障碍综合征等疫苗的免疫力。

IL－4可增强抗病能力。在发病情况下与药物或疫苗配合作用能在短时间内控制疾病，降低死亡率。

IL－4可提高机体抗应激能力。在炎热、断奶、换料等情况下使用，能明显增强机体抗应激能力，降低应激的发生。

IL－4可与疫苗（冻干苗或灭活苗）联合应用肌肉注射，生理盐水或疫苗稀释液稀释，用量为0.2～0.5ml/头。

发生应激及发病后的治疗：每60kg体重猪用1ml，每日1次，连用2～3次，重症加倍量。

1.3 鸡白介素-15（IL－15）

IL－15是新发现的机体内重要的细胞因子，与IL－2具有相似的生物学功能，都是T淋巴细胞生长因子。IL－15具有多种生物学效应，可刺激T细胞、自然杀伤细胞、肠上皮细胞的生长；诱导B淋巴细胞增殖；抑制淋巴细胞凋亡。这些生物学特性在调节机体免疫应答中具有重要作用。

2 转移因子（TF）

TF是白细胞中有免疫活性的T淋巴细胞所释放的一类小分子物质。TF带有致敏淋巴细胞的特异性免疫信息，在受者体内能够诱导T细胞转变为特异性致敏淋巴细胞，因此，它能够特异地将供者的细胞免疫力转移到受体内，使受者获得特异性细胞免疫功能，即转移和扩大细胞免疫力。TF具有相对分子质量小，无毒，无抗原性，不引起过敏反应，不产生抗体等优点，因而将它广泛用于人类和动物的疾病防治。

转移因子作为一种新型的免疫激发剂具有广泛的免疫学活性，大量研究表明它在对人和动物的某些细胞内感染的细菌性、病毒性和寄生虫性疾病的防治及在增强机体免疫等方面效果确实可靠。尤其是特异性TF，对目前用抗菌药物、抗病毒药物、疫苗等无法有效控制的疫病仍有疗效，具有应用剂量小，作用时间快，无副作用，无药物残留，可超越种系界限，应用方法简便等优点。

研究表明，TF能增强受体免疫功能，提高疫苗免疫效果，增强机体抗感染能力，是一种新型的淋巴因子类免疫增强剂。

孙宏鑫等（2006年）研究了禽流感病毒特异性TF对H5N1血清亚型灭活疫苗的免疫增效作用，疫苗免疫对照组至试验后73dHI抗体效价降低2个滴度，TF与疫苗同时注射；至试验后73dHI抗体效价降低0.7个滴度，而禽流感病毒特异性TF口服疫苗免疫组HI抗体效价没有降低。试验表明，在进行禽流感病毒灭活疫苗免疫的同时使用禽流感病毒特异性转移因子对禽流感病毒灭活疫苗的免疫效果有显著增强作用，能够在一定程度上提高禽流感病毒抗体的水平，延长抗体维持的时间。不同给药途径比较试验结果表明TF口服给药对疫苗的免疫增效作用较注射途径给药效果好。

河北省永清县兽医总站已将TF列入蛋鸡免疫程序，用于群发性非典型新城疫的治疗取得了较好的效果。

TF能刺激机体淋巴细胞活化，缓解多种原因造成的免疫抑制，解除免疫耐受性。为验证猪用TF将供体细胞免疫能力转移给受体，特异性增强受体免疫功能的功效，广西畜牧研究所潘天彪研究员等于2005年6月在仔猪免疫猪瘟疫苗时应用猪转移因子进行试验，结果显示，猪TF和猪瘟疫苗联合应用，能显著提高猪瘟的抗体水平。应用TF能较长时间维持猪瘟抗体水平的半衰期。应用猪TF的试验组猪群，免疫后29d（50日龄）进行监测，抗体滴度均达1∶32以上，抗体滴度达1∶64以上的占80%。

上海生猪业行业协会技术部卫秀余研究员，2005年5月用300头35～40日龄仔猪做了“应用猪TF提高猪瘟疫苗免疫效果试验”，试验组免疫后21d抗体平均滴度达到27.3，与对照组（24.2）相比差异极显著。充分证明了猪TF对猪瘟疫苗的免疫增效作用。

免疫抑制病对新城疫和禽流感病的影响及生化药品的应用

生产实践中常发生禽类生长受阻，疫苗免疫失败，多种疾病并发或继发感染的现象，形成非典型病变，导致大批禽死亡或淘汰，造成巨大的经济损失。上述现象在肉鸡、肉鸭、蛋鸡、蛋鸭及其他禽类中普遍存在。经实验室综合诊断，结果显示上述现象的主要元凶是免疫抑制病。

1 免疫抑制病引起的临床症状

1.1 大肉食鸡

鸡群精神、采食、饮水均正常，但鸡群中出现排黄色不成形的料粪，用药后症状减轻，停药后就加重。鸡群偏瘦，料肉比偏高，剖检发现腺胃乳头潮红肿胀，肠道上有枣核状突起、溃疡，有头颈震颤，轻微的肠炎症状，其他器官无明显的病变，鸡群零星死亡。

1.2 蛋鸡

蛋鸡精神、采食、产蛋等均正常，鸡群呼吸道症状久治不愈，或群发病治愈后产蛋始终升不上去；或用过多种防治输卵管药物，但白皮蛋、砂皮蛋、软壳蛋始终都有，以上症状剖检时均无明显变化，不论用什么新城疫疫苗，抗体水平均不能达到理想水平。

1.3 麻鸡、紫鸡、白公鸡等

鸡群排黄色成形的料便或水样粪便，有轻微的神经症状、剖检鸡群各种症状均不明显，鸡群偏瘦、料肉比高。

1.4 “气囊炎”病

鸡群出现呼吸道症状，零星死亡，解剖发现鸡群有气囊炎、肺出血、肾出血等症状，若继发感染严重则死亡率高。这种现象在今年的养殖中普遍存在，也是今年鸡群难养的重要原因。

1.5 肉鸭、蛋鸭

水禽是流行病毒的携带者，若有免疫抑制病存在时，禽流感的症状表现比较明显。如：雏鸭出现眼流泪，犹如“戴眼镜”似的，头皮下面轻度水肿。蛋鸭产蛋突然下降，卵泡破溃并形成卵黄性腹膜炎。

试验证明，以上几种现象均为不同程度地感染了免疫抑制病，造成鸡群对各种疫病（如新城疫和禽流感等）的保护率降低。

2 引起免疫抑制的原因

引起免疫抑制的原因有非传染性因子和传染性因子两大类。非传染性因子有霉菌毒素和营养缺乏等。常引起免疫抑制病的传染性因子有网状内皮增生病病毒、马立克病病毒、白血病病毒、传染性法氏囊病病毒、呼肠弧病毒、禽流感病毒等。以上原因在临床上造成免疫抑制常有发生，危害极其严重。

3 免疫抑制病的发病机理

家禽免疫抑制病病原直接侵害家禽的免疫系统，损害法氏囊、胸腺、脾等重要的免疫器官，从而使整个机体参与免疫应答的器官、组织和细胞均受破坏，对禽类造成不同程度的影响。

4　免疫抑制病的危害

免疫抑制病对临床流行的非典型新城疫和温和型禽流感有直接影响，若免疫抑制病得不到控制，临床上的流行病就难以控制。

造成疫病非典型化或防疫接种失败，对疫病的保护率降低。

造成病原的继发感染，机体免疫功能损伤，导致对外界病原体的敏感性增强，如常继发支原体病、大肠杆菌病等。

造成多病原混合感染，机体防御功能降低，家禽的疫病会随之发生。

5　免疫抑制病的综合防制

加强饲养管理，做好各种消毒工作，尽量做到全进全出，从而把交叉感染的概率降到最低。

平时把饲料存放好，禁止使用污染和霉变的饲料或饲料原料。

日常预防用药，防止滥用药、乱用药造成机体自身免疫器官受损。

日常饲养管理中，定期用保肝健肾中药，减少药物和各种毒素对机体产生的毒副作用。

使用生化药品提高机体非特异性免疫力的方案：

肉鸡免疫时加保康肽，21 日龄用新疫康、Ⅳ系或克隆 30。

蛋鸡 1 日龄使用排疫肽，提高机体免疫力，刺激免疫器官发育，增强抗病能力。肉鸡最好也在 1 日龄使用。

免疫前 3～4d 可使用干扰素或免疫核糖核酸 1 次，抑制或杀灭鸡群潜伏期的病毒，从而使免疫效果更好。

免疫时配合使用保康肽、保康液、转移因子能很快刺激机体产生免疫应答反应，提高免疫效果，减少疫苗免疫副反应，消除免疫抑制病的危害。

引起家禽免疫抑制的因素及提高免疫功能的措施

1　引起家禽免疫抑制的因素

外因是免疫反应的条件，内因是免疫反应的根本，外因通过内因才能起作用。也就是说禽群健康是免疫接种成功的关键。为了提高免疫接种的效果，我们必须更加重视影响内因的各种因素。

1.1　应激反应

应激反应是机体对不同刺激的非特异反应的总和，是处于健康和疾病之间的一种亚健康状态。如果对应激状态放之任之，它有可能发展为疾病；反之，如果重视它，及时消除它，就可以恢复健康。所以说，应激对以预防疾病为主的养禽业有特别重要的意义。对鸡的各种刺激，例如天气炎热、运输、捉鸡、氨气等化学物质刺激等都是应激因素，这些应激因素刺激脑下垂体产生促肾上腺皮质激素，它再刺激肾上腺皮质产生肾上腺皮质激素。肾上腺皮质激素能显著损伤T淋巴细胞，对巨噬细胞有抑制作用，增强IgG（一种免疫球蛋白）的分解代谢；所以说应激能降低预防接种的效果，增加对疾病的易感性。在各种应激因素中最重要的是热应激，因为鸡新陈代谢旺盛，鸡本身又没有汗腺调节体温，所以鸡很怕热。因此夏天鸡舍的防暑降温在防疫中很重要，在夏天应尽量不安排免疫接种，如果接种也难以收到好的效果。

怎样减少应激反应的影响？对于各种应激因子所引起的应激反应，除了针对其具体原因而采取相应的措施外，在饲料中增加维生素，则是在饲养方面实行抗应激的基本途径，试验证明鸡在应激状态不能合成足够量的维生素，还不能充分吸收饲料中的维生素。应激时特别容易引起缺乏的维生素有维生素A、维生素D3、维生素K、维生素C、烟酸、叶酸和生物素。为了克服应激的不良影响，维生素的需要量通常需要增加10%～30%，必要时可增加1倍以上。

鸡舍内氨气浓度过高也能引起免疫抑制，所以鸡舍的通风很重要。如果免疫接种鸡饲养在通风不好的鸡舍内，鸡不能产生良好的免疫应答，从而降低免疫接种的效果。用煤炉加温育雏时，因保温需要，将窗户关闭，所以鸡舍通风不好，空气中含有过量的CO，使雏鸡对疫病敏感，特别是对曲霉菌病敏感。

所以育雏时，也应经常开窗通风换气。

1.2　营养缺乏

试验证明雏鸡断水断食48h法氏囊、胸腺和脾脏的重量极度下降，脾脏内的淋巴细胞数减少，网状内皮系统的细菌清除率降低。这就是说在营养缺乏的情况下机体的免疫能力较差，对免疫接种的反应多不会令人满意。

在营养缺乏中应强调维生素E缺乏引起的免疫抑制。维生素E是一种天然的抗氧化剂，它是生物膜的组成部分之一，能保护生物膜，防止膜中的脂肪酸过氧化，使细胞免受破坏和癌变。据国外报道，在每千克饲料中添加150～300mg维生素E，新城疫HI抗体效价能提高一倍，但如果维生素E超过300mg就没有如此的效果了。一般饲料中不缺维生素E，引起维生素E缺乏的原因主要是它被饲料中不饱和脂肪酸破坏的结果。在高温季节，饲料易氧化变质，这时容易发生维生素E缺乏。

1.3　真菌毒素

真菌毒素特别是黄曲霉素能引起严重的免疫抑制，它能使胸腺、法氏囊萎缩，毒害巨噬细胞，使其不能吞噬病原微生物。所以养鸡千万不能喂发霉饲料。

美国德克萨斯州农业大学的研究人员的试验表明，霉菌及其霉素能破坏脂溶性维生素和蛋白质中的氨基酸。根据生化原理，在日粮中提高蛋白质含量，能提高谷胱甘肽的去毒作用。谷胱甘肽是一种含硫的三肽，能黏合肝里的黄曲霉毒素，使它变为无毒。因此，在轻度霉变的日粮中适当提高维生素、蛋白质的含量，添加适量含硫氨基酸，对减少毒害作用，提高饲料报酬是有益的。

1.4　传染病

淋巴组织增生性疾病，如马立克病、白血病、网状内皮组织增生病等以及传染性法氏囊病和传染性贫血都能引起免疫抑制，从而降低机体对接种疫苗的免疫反应。

1.5　免疫耐受

机体对免疫原不产生应答反应称之为免疫耐受。有下列几种情况；①初次免疫接种时因母源抗体水平过高而不产生应答反应。这是因为疫苗中的抗原一进入机体就被母源抗体所包围，使它不能和相应的B淋巴细胞接触，当然不能产生免疫应答。例如新城疫疫苗的初次接种一般定于2～3周龄，原因就是要避开母源抗体的干扰。再次接种时如上次主动免疫产生的抗体水平还很高也不能产生良好的应答反应，所以再次接种新城疫疫苗时，要间隔2周时间。②进入机体的抗原浓度过高或过低都不能产生良好的应答反应。所以我们在预防接种时，疫苗的用量应基本上符合疫苗使用说明书上的推荐用量，千万不要主观臆断，否则有害无益。③雏鸡早日龄感染传染性法氏囊病等引起免疫抑制。

1.6 抗原竞争

将2种或2种以上无交叉反应的抗原同时接种时，机体对其中一种抗原的抗体应答显著降低，这种现象称之为抗原竞争。因此我们在制定鸡群免疫接种计划时，各种疫苗不能同时使用。特别应该提出的是在免疫接种后，如果鸡群短期内接触到野毒，由于抗原竞争，机体对野毒不产生应答反应，这时的发病情况有可能比不接种疫苗时还要严重。由此可见鸡群免疫接种后的卫生管理是极其重要的。

产生抗原竞争的原因：由于所有的病毒都能诱导所感染的细胞合成干扰素，这种干扰素能抑制这种病毒或任何其他病毒在同种细胞中的复制，不能抑制在不同种动物的细胞中复制。也就是说干扰素有细胞的特异性而没有病毒的特异性，但是不同的病毒对于干扰素有不同的敏感性。传染性支气管炎疫苗和新城疫疫苗联合使用时，两者均可相互干扰，且新城疫病毒对传支病毒的干扰作用大于传支病毒对新城疫病毒的干扰作用。同时，先感染的病毒对后感染的病毒的干扰作用极大。给小于5周龄鸡接种传染性喉气管炎疫苗后8d内就使用新城疫疫苗，鸡对传喉疫苗的免疫应答明显地受到新城疫疫苗的抑制。

既然两种以上病毒之间存在抗原竞争，影响免疫效果，为什么还使用二联苗、三联苗呢？理由：①免疫效果虽然受到一定影响，但是并非无效。有些疫苗，例如新城疫病毒和鸡痘病毒，新城疫病毒和传染性法氏囊病毒由于靶细胞不同，相互影响较小。②减少免疫接种次数，有利于生产。因每次接种所产生的免疫反应对生产都有一定的影响。

2 应用白细胞介素-2（IL-2）和基因工程干扰素（IFN）解除免疫抑制，提高免疫效果

大多数造成免疫抑制的病毒直接损害法氏囊、胸腺、脾等重要的免疫器官而使得整个机体参与免疫应答的器官、组织和细胞均受破坏，除非感染初期病毒及时清除，否则免疫功能将可能受到不可逆的损害。IL-2具有重要的免疫调节作用，可抵抗病毒感染，解除免疫抑制。

很多养殖户反映，在进行新城疫疫苗及传染性支气管炎疫苗等免疫后，会出现呼吸道症状。为了解决以上因素导致的呼吸道症状及损害，验证疫苗免疫对家禽上呼吸道的损伤程度，了解二联苗免疫与单苗免疫导致损伤的差异以及使用IL-2等是否可减轻疫苗免疫导致的呼吸道损伤，提高免疫效果，扬州大学畜牧兽医学院万洪全博士2003年做了“IL-2降低疫苗免疫损伤的试验报

告”，取鸡新城疫弱毒苗、鸡传染性支气管炎弱毒苗及鸡新城疫—传染性支气管炎二联多价活疫苗免疫后的鸡的喉头和气管，制作组织切片，电镜下观察。喉头病变主要表现为纤毛脱落、淋巴组织充血和淋巴细胞增生；气管的病变为纤毛脱落。应用疫苗后，均可引起喉头和气管发生病变，病变发生率为100%，但使用联苗组与使用单苗组的喉头和气管的病变程度没有明显差异。单独使用疫苗组与同时感染大肠杆菌组相比，后者的损伤程度较前者严重，其喉头纤毛的脱落程度明显加重。使用IL-2组的损伤程度明显减轻，主要表现在气管纤毛的脱落程度减轻，未使用IL-2组的气管纤毛发生比较显著的脱落，而使用IL-2组则主要为少量脱落或基本无脱落；未使用IL-2组的喉头纤毛100%发生脱落，且脱落比较显著，而使用IL-2组的喉头纤毛少量脱落或基本未脱落；喉头淋巴组织病变没有明显的差异。

IL-2降低疫苗免疫伤害的试验结果表明，对家禽进行新城疫免疫和传支免疫可导致家禽上呼吸道的损伤，尤其是在环境卫生条件不良的情况下将加重其损伤程度，而如果在进行免疫时结合使用IL-2则能有效地减轻损伤程度。因此，为减轻疫苗免疫所造成的损伤，避免出现呼吸道疾病，确保免疫效果，应在疫苗免疫的同时使用IL-2可提高免疫效果。

据辽宁省动物保健中心2002年试验，进行新城疫免疫的同时使用IL-2能够显著提高新城疫抗体水平；新城疫强毒攻击试验结果表明，用IL-2与新城疫疫苗同时免疫的试验组的成活率（95%）远高于不使用IL-2的对照组（成活率75%）。

在新城疫、法氏囊首免和加强免疫时，与IL-2同时使用，在蛋鸡产蛋期每隔2个月，用IL-2加新城疫Ⅳ系苗按时免疫，可促进疫苗提前产生免疫保护，提高抗感染能力，降低免疫应激反应。鸡IL-2作为免疫增强剂抵抗病毒感染及解除免疫抑制病效果明显。

增强H5亚型禽流感疫苗免疫效果。浙江大学动物预防医学研究所于涟等做了“鸡IL-2对H5亚型禽流感（AI）疫苗免疫增强作用研究”，IL-2与H5亚型AI油乳剂灭活苗联合免疫非免疫鸡，25日龄首免，40日龄时加强免疫。MTT法检测试验各组鸡外周血淋巴T细胞增殖，HI试验监测抗体水平的消长规律，结果表明，IL-2均能显著增强AI疫苗的免疫效果（$P<0.01$），证实IL-2对H5亚型禽流感疫苗有免疫增强作用。IL-2协同免疫均在第4周达到峰值。

IL-2作为一种优良的禽类疫苗分子免疫佐剂，在有效控制AI疫情方面有较好的应用效果。

IL-2可与灭活疫苗、油乳剂疫苗配合应用。可使疫苗提前3～7d达到保护效果，缩短免疫危险期，减轻或消除免疫应激。

肉仔鸡、蛋鸡育成期，在2～3日龄、35日龄用IFN加IL-2饮水1次；蛋鸡产蛋期每隔2个月使用IFN加IL-2饮水可预防、治疗病毒性疾病，解除病毒性免疫抑制病。在使用IFN时，注意前后一定与使用弱毒疫苗间隔96h，防止IFN对疫苗的破坏作用。

蛋鸡新城疫的发病原因分析及运用细胞因子的综合防治

近年来鸡的病毒性疾病已经成为严重危害蛋鸡生产的疾病。尤其是近一段时间，新城疫的发生越来越普遍，严重制约养鸡效益的提高，由于养鸡户都进行常规的免疫接种，典型病例已不常见，但是养殖的密集化、禽舍分布的不合理、免疫程序的不科学、疫苗选择不当、免疫操作不合理、不能遵循免疫的注意事项，因而，非典型新城疫发病率很高。按传统方法治疗，很难在短时间内控制病情，而利用新城疫核酸制剂（新疫康）、干扰素（富农）和白细胞介素-2（保康液）有机结合，可有效的控制ND。笔者自2001年以来在辽宁、吉林、新疆、山东等省区从事技术服务期间的实际推广应用该方法，收到比较满意的效果。

1 蛋鸡新城疫发病原因阶段性分析

1.1 育雏期

由于母源抗体不均匀或不清楚，往往在不适合的日龄进行首次免疫，由于常规疫苗不能突破母源抗体的干扰，造成首免不能获得有效的免疫保护抗体，这也是新城疫常发于首免与二免之间的主要原因。

为了节省劳动强度，常采用饮水方式进行新城疫首免。由于免疫操作方法不合适，往往不能产生理想的免疫保护。

疫苗选择不科学。常规基础免疫选用新城疫与传染性支气管炎二联多价疫苗，如Lasota-H120、Clone30-H120、V4-H120-28/86和LaSota-H120-28/86等。随着科学的发展，新城疫和传支同时免疫的弊端越来越显现出来。造成新城疫与传染性支气管炎基础免疫均不能获得有效的免疫抗体。

存在免疫交叉现象，成为当前疫苗免疫不能获得有效免疫保护的重要原因之一。常规冻干苗产生免疫保护需要 7～9d，由于疾病的增多需要早期频繁免疫，2 种疫苗间会出现严重的免疫交叉，后果：①每一种（次）疫苗免疫都不能获得理想的免疫效果；②在疫苗没有完全产生免疫保护前机体处在抗病力低下的亚健康状态，后一种疫苗不但不能产生理想的免疫效果，对于机体反而增加了新的致病因素。

新城疫首免与二免间间隔时间不合理：间隔时间少于 10d，造成抗原与原有抗体中和，降低机体的总体抗体水平而使禽群处于危险状态；间隔时间多于 21d，抗体随着时间的推移逐渐下降到免疫临界值下而失去免疫保护或部分处于潜伏感染，造成产生免疫保护前（免疫空白期）感染发病或免疫形成“人工攻毒”而提前发病。

免疫抑制因素对机体免疫的影响日渐加剧：①当前法氏囊免疫多采用中等偏强毒力的疫苗，产生免疫应答的同时，可以引起法氏囊受到损伤，引起一过性或永久性免疫抑制，机体免疫力低下，对病原微生物易感性增强；②其他免疫抑制病，如新城疫、禽流感、马立克病、传染性贫血因子、法氏囊病、球虫病等损坏机体免疫系统，造成免疫应答下降或易感性增加；③免疫抑制性药物（氯霉素、庆大霉素等）的早期应用；④饲料中霉菌毒素的存在也是一个不容忽视的免疫抑制因素。

免疫剂量不准确。合适剂量的抗原方能诱导产生理想的抗体。然而现场中通常会出现两极化的现象，超大剂量（动辄 6 倍以上）免疫造成免疫耐受或提前发病；免疫剂量不足（甚至低于 1 羽份）造成免疫无应答。

鸡舍新城疫病毒污染严重。由于养殖时间长、鸡舍密集的场（区），往往忽视消毒的重要性，尤其是对进鸡雏前的彻底消毒不重视或干脆省去，造成环境中存在的新城疫病毒或外界的野毒大量存在，鸡群处于被大量病毒污染的环境中，一旦免疫力低下即感染发病。

出现过分依赖油乳剂灭活疫苗，而忽略弱毒疫苗免疫。

病死鸡处理不当，鸡粪便的污染、迁徙鸟类及鸽传播疾病等。

营养不平衡，造成鸡抗病力下降，对疾病易感。

1.2　育成期

习惯在 60 日龄前后接种 1 次新城疫中等毒力疫苗，造成向外界散毒污染环境而引起易感鸡发病。

免疫间隔时间过长（有的在整个育成期只进行 1 次灭活苗免疫），造成新城疫在免疫空白期发生。

继发感染。患大肠杆菌病、慢性呼吸道病、球虫病等疾病情况下，或各种应激，造成免疫力低下，在外界存在大量野毒情况下容易感染发病。

1.3 产蛋期

产蛋前准备工作不足。在产蛋前多数养鸡户仅注射新一支一减灭活苗，而不进行新城疫弱毒疫苗的同步免疫，这种不完整的免疫程序为产蛋高峰前、免疫空白期多发新城疫埋下了隐患。

由于高密度、集约化管理，鸡由平养转到产蛋期笼养，鸡长期处于亚健康状态，养鸡户不能定期消毒，外界环境中存在的野毒随时都可以感染机体。

产蛋期在疫苗保护期内频繁大剂量免疫，形成免疫麻痹或免疫耐受而易感。

2 蛋鸡新城疫病的阶段性预防要点

2.1 育雏期

参照孵化场推荐的程序，确定最佳首免时间。

首次免疫建议用弱毒疫苗喷雾、点眼方式进行，油苗同期注射。

建议新城疫、传染性支气管炎疫苗分开单独免疫。

弱毒疫苗免疫的同时加入家禽白细胞介素-2，以提高免疫水平，促进弱毒疫苗提前2～3d达到免疫保护，促进油乳剂苗提前1周达到抗体高峰，这样可缩短免疫空白期。

一般新城疫首免与二免间隔14～20d为宜。

法氏囊免疫的同时加入家禽白细胞介素-2能降低疫苗对法氏囊的损伤。

避开正常免疫间隔（前后各96h）定期应用家禽干扰素以净化免疫抑制病、处于潜伏感染的病毒病、肿瘤性疾病。

蛋鸡在防治细菌病、寄生虫病（球虫病、白冠病）时尽量不用氯霉素、庆大霉素、磺胺类等药物。可以选用杆诺泰（大肠杆菌变性内毒素）、畜禽生命宝（蜡样芽孢杆菌）等产品保健。

饲料不可有霉变。

进鸡雏前2～3周对鸡舍内外环境进行一次彻底清扫，并用甲醛和高锰酸钾熏蒸一次。待进鸡雏前3d打开门窗通风，喷洒适合带鸡消毒的消毒剂（如氯制剂、过氧乙酸剂）。平时，除了免疫前后3d外，坚持定期带鸡消毒。

根据不同的免疫次数，确定最佳疫苗使用数量或遵医嘱。

对于死亡鸡和粪便进行无害化处理。防止病原扩散。

合理调制日粮、加强饲养管理，以提高机体的抗病能力。

2.2 育成期

弱毒疫苗与油苗的完整结合。蛋鸡养殖全程杜绝使用中等毒力的（I系）疫苗，以免向外界环境中散毒。

定期进行新城疫抗体监测，以在最佳免疫时间应用Ⅳ系和家禽白细胞介素-2进行免疫。

2.3　产蛋期

产蛋前进行新一支一减油苗注射时，应用2羽份Ⅳ系和家禽白细胞介素-2同步进行点眼免疫，建立起坚强的免疫力。

产蛋高峰期间应用一次家禽干扰素，用以净化处于潜伏感染的病毒病。

产蛋高峰期间如果抗体水平低下或不整齐，应用新城疫核酸制剂，其优点：处于潜伏感染的直接起到治疗作用，抗体水平低下的直接起预防作用。

产蛋高峰后，每隔2个月应用2羽份Ⅳ系加家禽白细胞介素-2进行点眼或饮水免疫。

3　新城疫发病后的控制、治疗措施

新城疫核酸制剂（800～1 000羽份/套）加Ⅳ系（1羽份/只），同时配合家禽白细胞介素-2（1 000羽份/瓶）进行点眼或注射。此方案适合处于免疫临界值发生非典型新城疫时的治疗。

新城疫核酸制剂（800～1 000羽份/套）配合家禽白细胞介素-2（1 000羽份/瓶）进行点眼或注射。此方案适合发生典型新城疫时的治疗。

家禽干扰素（1 000羽份/瓶）配合家禽白细胞介素-2（1 000羽份/瓶）肌肉注射。相隔4d后需要接种相应的疫苗。此方案适合新城疫免疫失败或新城疫与传染性支气管炎、法氏囊病等混合感染时的治疗。治疗的同时，一定注意对细菌病的控制。

4　典型实例

河北省滦南县柏各庄天申牧业养殖场，饲养海兰褐商品蛋鸡5万只，海兰褐父母代种鸡1万套，艾维因父母代8 000套。

育雏期、育成期接种疫苗、转群、断喙等应激反应较大，对鸡群生长造成不良影响，主要表现体重、胫骨长、均匀度等均不达标，并且常发生各种疾病，为了解决上述问题。免疫同时加入家禽白细胞介素-2（剂量参照说明），点眼或饮水。整体育雏成活率提高3%，育成率提高5%，新城疫等疾病发生概率有降低趋势。

产蛋期接种疫苗时应用家禽白细胞介素-2，免疫后连续观察几天产蛋率基本正常，无下滑变化，没有诱发呼吸道症状，说明有效缓解了免疫应激反应。

山东省烟台莱州市土山镇卞某饲养1万羽罗曼蛋鸡，其中5 000羽于40日龄患新城疫。距前次免疫40d鸡群出现呼吸道症状，排绿色粪便，采食量下降，剖检见气管内有少量黏液，盲肠扁桃体肿大，出血，肠道的卵黄蒂附近见有麦粒样的红色肿胀，突出于肠表面。腺胃乳头尖有少许出血，肌胃内容物呈绿色。其他器官未见异常。临床诊断为新城疫。使用新城疫核酸制剂（750羽份/套）饮水、甲哌利福霉素控制继发感染，同时加强管理，增加电解多维的供给。3d后回访，全群恢复正常。

山东省济宁鱼台李某饲养的3 000只海兰褐商品蛋鸡，250日龄，不见死亡，产蛋率下降，产白壳蛋、薄壳蛋增加，采食量无明显变化。仅有轻微呼吸道症状。经临床诊断为非典型新城疫。使用新城疫核酸制剂（500羽份/套）饮水，同时应用3d大肠杆菌药物控制继发感染。

1周后回访，产蛋陆续上升，没有出现死亡。

新城疫核酸制剂无论是预防还是紧急治疗，与疫苗相比均显示出独特的优越性，通过笔者在蛋鸡和肉鸡中大范围应用，取得比较满意的效果，为养鸡户带来了很大的经济效益，是当今控制新城疫病的最理想药物。

用动物基因工程疗法防治小鹅瘟病效果好

小鹅瘟病是由小鹅瘟病毒引起的危害1月龄以内雏鹅的重要病毒性传染病，临诊以脱水、小肠黏膜脱落、坏死并形成栓塞为特征。携带小鹅瘟病毒的成年种鹅可通过种蛋传播该病。一旦初生雏鹅暴发小鹅瘟，损失惨重，往往会造成毁灭性打击，死亡率高达90％以上。3～10日龄是雏鹅的死亡高峰。笔者多年来致力于对小鹅瘟病的预防和治疗工作，通过实践得出经验：用动物基因工程技术防治小鹅瘟病比用常规的抗小鹅瘟血清和卵黄抗体效果好。治愈后的雏鹅生长迅速，抗病力强，无任何毒副作用。现报告如下。

1　动物基因工程疗法

选用动物基因工程药品进行预防和治疗雏鹅小鹅瘟病。临诊中，笔者主要选用了大连三仪动物药品有限公司生产的动物基因工程药品——禽排疫肽、倍健（禽用）、富农、禽白细胞介素。同时，配合高效抗生素，优质电解质及多种维生素。采用综合疗法来防治小鹅瘟病，临床效果显著。

2　动物基因工程药品的主要成分及功能主治

2.1　禽排疫肽

主要成分为免疫球蛋白，具有抗病毒、抗外毒素、保护黏膜不受细菌、病毒入侵，中和多种病毒粒子，增强免疫能力，介导宿主细胞免疫等多种作用。主要用于防治小鹅瘟病、新型病毒性肠炎、副黏病毒病等。

2.2　富农

主要成分为家禽基因干扰素（IFN），IFN 通过抑制病毒 DNA 和 RNA 的合成复制达到防病治病的效果，具有广谱抗病毒作用。主要用于小鹅瘟、AI、传染性法氏囊病、脑脊髓炎、副黏病毒病、传支、传喉、白血病、马立克病的预防和治疗。

2.3　禽倍健

主要成分为免疫核糖核酸（i—RNA），其作用是使未致敏 B 淋巴细胞转化为免疫活性细胞，加速 B 淋巴细胞分化成浆细胞，提高浆细胞的抗体分泌能力，具有广泛的抗病毒效应，提高机体细胞免疫功能，快速致敏 T 淋巴细胞，通过致敏 T、B 淋巴细胞的功能，缓解机体免疫抑制状态。主要用于预防和治疗各种家禽的病毒性和细菌性疾病，如小鹅瘟病、AI、ND 等。

2.4　白细胞介素

主要成分为白细胞介素，特异性诱导机体细胞免疫，非特异性诱导机体体液免疫，增强家禽机体抗病和抗感染能力。与其他药品联合应用，起到增效和提高体液免疫力和抗病力的作用。

3　应用处方

3.1　用于治疗

对小鹅瘟与大肠杆菌混合感染的病例：选用禽排疫肽、禽白细胞介素、大肠金粉、多维健。

应用方法：禽排疫肽（500 只/瓶）与禽白细胞介素（200 只/瓶）混入 250ml0.9%生理盐水中，摇匀，每只鹅皮下注射 0.5ml，每天轻者 1 次，重者连用 2 次。水中加入大肠金粉（400kg/瓶）和多维健（150kg/袋），连用 5d。料中加入溶菌酶（200kg/袋），连用 5d。一个疗程后，即可康复。

对小鹅瘟病与支原体混合感染的病例：选用富农（禽用）、禽白细胞介素、喘速治、多维健、氟康王。应用方法：禽富农（500 只/瓶）与禽白细胞介素混入 250ml0.9%生理盐水中，摇匀，每只鹅皮下注射 0.5ml，每天轻者 1 次即可，重者连注 2 次。水中加入喘速治（150kg/袋）和多维健，连饮 5d，料中加入氟康王（300kg/袋），连用 5～7d。

对小鹅瘟病与肠炎混合感染的病例：用倍健（禽用）、禽白细胞介素、菌痢佳、多维健、口服补液盐。应用方法：倍健（400 只/瓶）与禽白细胞介素混入 25ml0.9%生理盐水中，摇匀，每只鹅皮下注射 0.5ml，每天轻者 1 次即可，重者 2 次。水中加入菌痢佳（150kg/袋）和多维健，连饮 5d。口服补液盐（30kg/袋）每天饮 2 次，连用 4d。

3.2 用于预防

雏鹅入舍第 2 天，应用下列处方之一皮下注射，1 次即可。水中添加多维健及大肠金粉。按预防量连用 5d。

处方一：禽排疫肽、禽白细胞介素、0.9%生理盐水。用法用量：禽排疫肽，500 只鹅/瓶；禽白细胞介素，300 只鹅/瓶；0.9%生理盐水，0.3ml/只。以上药品混匀后，皮下或肌肉注射，每只鹅 0.3ml，1 次即可。料中拌入溶菌酶，200kg/袋，连用 5d。

处方二：富农（禽用）、禽白细胞介素、0.9%生理盐水。用法用量：富农（禽用），500 只鹅/瓶；禽白细胞介素，300 只鹅/瓶；0.9%生理盐水，0.3ml。

4 应用实例

昌图县毛家店镇某户饲养雏鹅 1 200 只，入舍第 3 天发现有个别雏鹅精神不振，食欲减退，排稀便，次日死亡 5 只。曾使用卵黄抗体后，未见好转，日死亡率上升至 4%。笔者通过剖检，发现该鹅发生了小鹅瘟病与大肠杆菌病混合感染。于是，按照本节 3.1.3 处方进行治疗，1 个疗程后，死亡停止，鹅群基本恢复常态。1 周后，电话回访，鹅群健壮，该户非常满意。

昌图县七家子镇某户饲养鹅 800 只，入舍 1 周左右开始发病。主要症状是腹泻、不爱运动、不食或少食、蹼与喙脱水色深。该户以为是一般的腹泻病，用氟哌酸治疗 3d，症状未见好转。又由本村兽医用抗小鹅瘟血清治疗，也未见起色。此时，鹅死亡率开始上升，日死亡达 32 只。经笔者临诊检查，结合病理剖检，诊断为小鹅瘟病与沙门菌混合感染。按照本节处方进行治疗，用药 3d 后，笔者前去探访，见鹅群状态好转，日死亡率降至 5 只，采食量明显上升，不再有腹泻现象。一周电话回访，鹅病痊愈。

昌图县四合镇某户饲养雏鹅 500 只，入舍第 3 天，发现有几只鹅不爱运动，眼部湿润，常用爪趾蹬挠眼部，并且喙及爪趾发干、色深、呈脱水状，当天死亡 8 只。当地兽医诊断为小鹅瘟病，用抗小鹅瘟血清进行治疗，治疗后病情有所好转。但 3d 后，开始出现大批死亡，开始出现呼吸啰音。笔者根据主诉、临诊症状结合剖检所见，确诊为小鹅瘟病与支原体混合感染。于是，按照本节 3.1.2 处方对症治疗。4d 后，鹅主打电话说鹅病好转，死亡停止，采食量开始回升，少数鹅还有呼吸啰音。又过 1 周，笔者电话回访，病鹅痊愈。

昌图县金家镇某户养鹅 700 只，入舍后按照本节 3.2.1 处方进行预防，1 周后笔者下乡走访，鹅群健康，鹅户非常满意。又过 1 周，笔者电话追访，鹅群健康如初，没有异常。1 月后，再次电话追访，鹅群长势良好，健壮活泼。

昌图县宝力镇某户，饲养鹅 400 只，以前养鹅曾因发生小鹅瘟病而失败。再次饲养时按照本节 3.2.3 处方进行预防，效果理想，1 个月内没有出现异常情况。

5　结语

动物基因工程药品是采用先进的科学手段，利用基因工程原理提取的新型高效的动物药品。因其无毒副作用，对人畜无害，长期应用不产生耐药性。因此，动物基因工程药品又被称为绿色药品。动物基因工程药品是目前有效的新型动物防病药品。

经过多年临床应用，动物基因工程药品发挥出良好的预防和治疗效果，用户都非常满意，这为预防和治疗当前动物疑难杂症，找到了一条根本思路。

众所周知，卵黄抗体和抗小鹅瘟血清因制作工艺的原因，不可避免地混入一些病原体。在现场应用时可能会造成二次污染。

目前，在一些病毒发生变异、细菌产生耐药性的情况下，常规药品已很难发挥出理想疗效，而动物基因工程产品则不受这些因素的干扰，在动物疫病防治领域将发挥出卓越作用。

实践证明，用动物基因工程疗法防治小鹅瘟等病效果显著，后期鹅发育良好，生长迅速，抗病力增强，值得推广应用。

附录

附录1　猪用细胞因子产品目录

产品名称	用法用量	包装规格
猪基因工程干扰素	每40kg猪体重用本品1ml，每日1次，一个疗程3次，重症加量	5ml/瓶，10瓶/盒
特福（猪用转移因子）	混饮。(1) 与活疫苗或油苗联合使用，仔猪，0.2ml/头；其他猪龄，每100kg体重使用本品1ml，使用1次；(2) 疫病治疗：配合抗菌、抗病毒、解热镇痛药物使用，治疗常见病，每100kg体重使用本品1ml，每日1次，连用3次，重症加量	5ml/瓶，10瓶/盒
排疫肽（免疫球蛋白）	每50kg体重使用本品1ml，连用3d，重症加量	5ml/瓶，10瓶/盒
倍康肽（白细胞介素）	提高疫苗免疫效果：与疫苗（冻干苗或灭活苗）联合应用，一次量0.2ml/头；病毒病及细菌病的辅助治疗：每75kg体重1ml，每日1次，连用2～3次，重症加倍量；疫苗紧急免疫和抗应激：一次量每75kg体重用倍康肽1ml，重症加倍量	6ml/瓶，10瓶/盒
倍健（免疫核糖核酸）	混饮：每75kg体重用本品1ml，每日1次，连用3d，重症加量	6ml/瓶，10瓶/盒
排疫肽（免疫球蛋白）	拌料或饮水。(1) 常规添加，每日1次，连续使用5～7d，每100g本品拌料300kg；(2) 发病时添加：每日1次，连续使用5～7d；前两日，每100g本品拌料150kg，其他时间每100g本品拌料300kg	100g/袋，10袋/桶；12桶/箱
干扰肽（包被干扰素）	每吨饲料或1.5t水添加本品1 000g，连用3～5d，重症加量	100g/袋，10袋/桶；12桶/箱
转移肽（包被转移因子）	(1) 在疫苗（冻干苗或油苗）免疫的同时添加本品，每千克本品拌料3t，使用1次；(2) 疫病治疗：配合抗菌、抗病毒、解热镇痛药物使用，治疗常见猪病，每千克本品拌料2t或饮水4t，每日1次，连用3～5d，重症加量	100g/袋，10袋/桶；12桶/箱
溶菌酶	拌料使用，每千克本品用于2 000kg饲料，连用5～10d为一个周期，也可以长期添加使用	100g/袋，10袋/桶；12桶/箱

（续）

产品名称	用法用量	包装规格
喘束治	混饲或混饮：每吨饲料或 1.5t 水添加本品 500g，连用 3～5d，重症增加投药量 20%～50%	100g/袋，10 袋/桶；12 桶/箱
氟康王	每吨饲料添加本品 400g，连用 3～5d，重症增加投药量 20%～50%	100g/袋，10 袋/桶；12 桶/箱
奇健粉	混饲或混饮，每吨饲料添加本品 500g 或每吨水添加 400g，连用 5～7d，重症加量	100g/袋，10 袋/桶；12 桶/箱
抗菌肽	每 100g 本品拌料 500kg，连用 5～7d，重症加量	100g/袋，10 袋/桶；12 桶/箱
福乐	混饲，每吨饲料添加本品 500g，连用 3～5d，重症增加投药量 20%～50%	100g/袋，10 袋/桶；12 桶/箱
西尔康	混饲或混饮，100g 本品兑水 200L 或拌料 100kg，每日 1 次，连用 3～5d，首次应用及重症加量	100g/袋，10 袋/桶；12 桶/箱
止痢宝	仔猪初乳前口服 1ml/头，第二天哺乳前口服 2ml/头；断奶前三天拌料添加，3ml/头，连用 3d；其他养殖阶段以饮水或拌料方式添加，3～5ml/头，连用 3d	100ml/瓶，80 瓶/箱
杆诺泰	初乳前口服 0.5ml/头，连用 3d；断奶前三天口服 1ml/头，料前口服，连用 3d	100ml/瓶，80 瓶/箱
复合生物驱霉素	（1）饲料霉变预防添加量：每吨饲料添加 200～400g，明显发霉添加量：每吨饲料添加 500～1 000g；（2）肉猪：每吨饲料添加 200～500g；（3）种猪：每吨饲料添加400～1 000g	500g/桶，24
金唯肽 C211	拌料或饮水。每袋本品兑水 1 500L 或拌料 1t，养殖全程均可应用	500g/袋，30 袋/箱
金唯肽 C231	拌料或饮水。每袋本品兑水 1 500L 或拌料 1t，养殖全程均可应用	500g/袋，30 袋/箱
唯泰 C211	拌料或饮水：每 200g 本品可拌料 1 000kg 或兑水 2 000L，养殖全程均可应用	200g/袋，50 袋/箱
唯泰 C231	（1）每 200g 本品可拌料 1 000kg 或兑水 2 000L；（2）母猪：产前 4 周至产后 4 周使用；（3）育肥猪：全程添加	200g/袋，50 袋/箱

附录 2　禽用细胞因子产品目录

产品名称	用法用量	包装规格
家禽基因工程干扰素	混饮，应用于雏鸡 2 000 只，中鸡 1 500 只，成鸡 1 000 只，大体重家禽适当增加使用剂量。严重家禽首日加倍量使用，连用 2～3 次	4ml/瓶，10 瓶/盒
倍健（免疫核糖核酸）	混饮。每瓶本品适用于雏鸡 2 000 羽、中鸡 1 500 羽、成鸡 1 000 羽，每天 1 次，连用 2～3d，首次应用及重症加量，其他体重家禽用量酌情增减	5ml/瓶，10 瓶/盒
保康液（白细胞介素）	混饮，每瓶本品用于雏鸡 1 000 羽，成鸡 500 羽，水禽及鸵鸟等其他禽类按 300kg 体重/瓶标准使用	5ml/瓶，10 瓶/盒
特福（转移因子）	混饮。(1) 与疫苗联合应用，提高疫苗免疫效果。在疫苗（冻干苗、灭活苗）免疫的同时使用；(2) 应激及发病后配合其他药物同时使用：每日 1 次，连用 2～3d。用生理盐水或疫苗稀释液稀释，每瓶本品适用于雏鸡 2 000 羽，中鸡 1 500 羽，成鸡 1 000 羽，其他体重家禽适当增减用量，重症首日加倍量	5ml/瓶，10 瓶/盒
排疫肽（免疫球蛋白）	每瓶本品用于雏鸡 2 000 羽，成鸡 1 000 羽，使用 1 次，大体重家禽及重症适当加量	5ml/瓶，10 瓶/盒
新疫康（新城疫核酸制剂）	A 相：生理盐水稀释后混饮；B 相：在 A 相使用 24h 后混饮或滴口。每套本品预防使用：雏鸡 2 000 羽、中鸡 1 500 羽、成鸡 1 000羽，大体重家禽及家禽发病时使用适当加量	A 相（2g/瓶）＋B 相（2ml/瓶）/套，5 套/盒
排疫肽（免疫球蛋白）	拌料或饮水。(1) 常规添加：每 100g 本品拌料 200kg，连续添加 3d；(2) 发病时添加：每 100g 本品拌料 100kg，连续添加 3d	100g/袋，10 袋/桶；12 桶/箱
转移肽	混饲或混饮。(1) 在疫苗（冻干苗或油苗）免疫、断喙、换料、转群的前一天开始使用本品，连用 2d。每 100g 本品拌料 300kg 或饮水 600kg；(2) 疫病防治：配合抗菌、抗病毒药物防制疫病时使用本品，每 100g 本品拌料 200kg 或饮水 400kg，每日 1 次，连用 3～5d，重症首次加倍	100g/袋，10 袋/桶；12 桶/箱

（续）

产品名称	用法用量	包装规格
保康肽	（1）疫苗免疫时配合疫苗使用；（2）发病及应激情况下使用；混饮或拌料，每 100g 本品适用于雏鸡 2 000 羽，中鸡 1 000～1 500 羽，成鸡 750 羽，其他体重家禽适当增减用量	100g/袋，10 袋/桶；12 桶/箱

主要参考文献

上篇参考文献

[1] 甘孟侯，杨汉春．中国猪病学［M］．北京：中国农业出版社，2005.
[2] 陈焕春．规模化猪场疫病控制与净化［M］．北京：中国农业出版社，2004.
[3] 蔡宝祥，郑明球．猪病诊断和防治手册［M］．上海：上海科学技术出版社，1997.
[4] 陈溥言．兽医传染病学［M］．第5版．北京：中国农业出版社，2006.
[5] 金宁一，胡仲明，冯书章．人兽共患病学［M］．北京：科学出版社，2007.
[6] 姚龙涛．猪病毒病［M］．上海：上海科学技术出版社，2000.
[7] 詹正蒿．细胞因子临床安全合理应用［M］．北京：化学工业出版社，2005.
[8] 陈溥言．现代生物技术与畜禽疾病防治［M］．北京：化学工业出版社，2005.
[9] 宁宜宝．兽用疫苗学［M］．北京：中国农业出版社，2008.
[10] 王世若，王兴龙，韩文瑜．现代动物免疫学［M］．第2版．长春：吉林科学技术出版社，2001.
[11] 陆承平．兽医微生物学［M］．第3版．北京：中国农业出版社，2001.
[12] 何维．医学免疫学［M］．北京：人民卫生出版社，2005.
[13] 文心田，罗满林．现代兽医兽药大全［M］．北京：中国农业出版社，2009.
[14] 姜平，郭爱珍，邹国青，黄克和．兽医全攻略——猪病［M］．北京：中国农业出版社，2009.
[15] 代广军，吴志明，苗连叶．规模养猪精细管理及新型疫病防控技术［M］．北京：中国农业出版社，2006.
[16] 董彝．实用猪病临床类症鉴别［M］．第3版．北京：中国农业出版社，2008.
[17] 韦旭斌．中兽医学［M］．长春：吉林科学技术出版社，1997.
[18] 刘海．动物常用药物及科学配伍手册［M］．北京：中国农业出版社，2008.
[19] 王睿．新编抗感染药物手册［M］．北京：人民军医出版社，2005.
[20] 郭国华．临床中药辞典［M］．第2版．长沙：湖南科学技术出版社，2008.
[21] 郑继方．常用兽药临床新用［M］．北京：金盾出版社，2007.
[22] 韦选民，任蕊萍．动物疾病实验室检验手册［M］．北京：中国农业出版社，2006.
[23] 亚洲猪病协会．亚洲猪病学会第三届学术会议论文集［C］．武汉，2007.
[24] 中国畜牧兽医学会．中国畜牧兽医学会家畜传染病学分会第三届猪病防控学术研究会论文集［C］．大连，2008.
[25] 中国畜牧兽医学会．中国畜牧兽医学会家畜传染学分会第13次学术研讨会论文集［C］．南宁，2009.

[26] 宋光熠．中药药理学 [M]．北京，人民卫生出版社，2009.
[27] 柴文举，蔡滨新．中药知识自学入门 [M]．北京：金盾出版社，2008.
[28] 王爱国．现代实用养猪技术 [M]．北京：中国农业出版社，2009.
[29] 王福传，董希德．兽药手册 [M]．北京：中国农业出版社，2008.
[30] 张树方．兽医常用药物安全使用指南 [M]．北京：中国农业出版社，2007.

下篇参考文献

[1] 常建军，孔庆波，丛丽媛，等．犬转移因子对犬淋巴细胞体外增殖的影响 [J]．动物医学进展，2005，26 (3)：78-81.
[2] 孔庆波，李佳，丛丽媛，等．猪转移因子对犬淋巴细胞体外增殖的影响 [J]．中国农学通报，2005，21 (3)：48-50.
[3] 甘孟侯等．中国禽病学 [M]．北京中国农业出版社，2003.
[4] 金山，侯菊倩，李茂辉，等．一种分离和提纯猪胸腺肽的新方法 [J]．沈阳医学院报学 1998，12 (3，4)：53-54.
[5] 何理平．转移因子在动物医学上的研究进展 [J]．江西畜牧兽医杂志，2004，2：3-5.
[6] 叶山、崔力兵．鸡病防治 [M]．安徽科学技术出版社，2006.
[7] 卢锦汉．转移因子的特性及其临床应用 [J]．北京医学，1979，1 (3)：177-179.
[8] 王鹤，陈心秋．特异性转移因子的研究现状及临床应用进展 [J]．中国免疫学杂志，2004，20 (8)：582-584.
[9] 孙宏鑫，李明峰，李凤华，等．禽流感特异性转移因子的制备及其免疫作用 [J]．中国微生态学杂志，2007，19 (1)：40-42.
[10] Meduri R，Campos E，Scorolli L etal. Efficacy of transfer factor in treating patients with recurrent ocular herpes infections [J]．Biothera2py，1996，9 (123)：61266.
[11] Pizza G，Chiodo F，Colangeli V，etal. Preliminary observations using HIV2specific transfer factor in AIDS [J]．Biotherapy，1996，9 (123)：41247.
[12] Masi M，De Vinci，Baricordi OR. Transfer factor in chronic mucocu2 taneous candidiasis [J]．Biotherapy，1996，9 (123)：972103.
[13] 孙卫民，王惠琴．细胞因子研究方法学 [M]．北京：人民卫生出版社，2001.
[14] 国家药品监督管理局．WS1-XG-036-2000. 国家药品标准转移因子溶液 [S]．北京：中国标准出版社，2000.
[15] 赵田夫，鄢明华．禽流感及其公共卫生意义 [J]．动物科学与动物医学，2004，21 (12)：19-21.
[16] 国家药典委员会．中华人民共和国药典 第三部 [M]．2005 年版，北京：化学工业出版社，2005：附录 30
[17] 国家药品监督管理局．国家药品标准．WS1-XG-042-2000-2003.
[18] 孙圣兰，江青艳，傅伟龙．生物活性肽对鸡免疫功能的影响 [J]．山东家禽，2002，

4：41-43.

[19] Goldstein A L，Slater F D，and White A. Preparation，Assay，and Partial. Purification of a Thymic Lymphocytopoietic Factor（Thymosin）［J］.PNAS，1966，56：1010-1017.

[20] 邵光惠，吴蔚，田跃．猪胸腺中免疫抑制调节物的研究——提取物对小鼠体内免疫功能的影响［J］．上海免疫学杂志，1998，19（6）：357-359.

[21] 谢家麒，陈羔献，卫景玲，等．绵羊胸腺肽类提取物的制备临床应用的研究［J］．中国兽医科技，1987，（1）：16-19.

[22] 王风山，张天明，张子刚，等．不同免疫活性人胚胸腺提取研究［J］．中国免疫学杂志，1987，3（3）：148-151.

[23] 靳亚平，杨前富，武浩．牛胸腺肽的提取及活性检测［J］．动物医学进展，2002，23（5）：66-69.

[24] 刘兆球，冯绪华，刘悦竹，等．鸡胸腺素的提取及活性检测［J］．中国兽医杂志，2005 41（9）：19-21.

[25] 曹强庚，何淑才，仲立军，等．影响胸腺肽收率和活性因素的探讨［J］．泰山医学院学，2003，24（2）：181-182.

[26] 王建文，牟其芸．鸡脾脏转移因子对雏鸡生长发育免疫功能及预防球虫病的效果试验［J］．中国兽医科技，1994，24（11）：26-28.

[27] Schluns KS，Williams K，Ma A，etal. Requirment for IL-15 in the generation of primary antigen-specific CD8 T cells［J］.J Immunol，2002，168：4827-4831.

[28] Armitage RT，Macduff BM，，Eisenman J，etal. IL-15 has stimulatory activity for induction of B cell proliferation and differentiation［J］.J Immunol，1995，154：483.

[29] Charles HK. Transfer factors：Identification of conserved sequences in transfer factor molecules［J］.*Molecular Medicine*，2000，6（4）：332-341.

[30] 邵光惠，吴蔚，田跃．猪胸腺中免疫抑制调节物的研究——提取物对小鼠体内免疫功能的影响［J］．上海免疫学杂志，1998，19（6）：357-359.

[31] Goldstein A L，Slater F D，and White A. Preparation，Assay，and Partial. Purification of a Thymic Lymphocytopoietic Factor（Thymosin）［J］.PNAS，966，56：1010-1017.

[32] 魏云强．转移因子和重组转移因子在防治动物疾病中的应用研究［J］．兽药市场指南，2006，（9）：11-12.

[33] 李相安，杨林．鸡脾转移因子对雏鸡免疫功能的影响［J］．山东家禽，2001，（1）：9-10.

[34] 黄建文，姜艳芬，何维明，等．转移因子对人工感染禽流感病毒雏鸡作用研究［J］．甘肃农业大学学报，2002，37（2）：170-173.

[35] 邵兵，艾武，王春玲，等．鸡脾转移因子对鸡新城疫、传染性法氏囊病活疫苗免疫效果的影响［J］．山东家禽，2002，12：14-15.

[36] 肖凌，刘胜武，夏飞．不同浓度结核特异性转移因子对巨噬细胞呈递抗原作用的影响［J］．武汉大学学报，2004，25（3）：233-235.

[37] 乔彦良．动物转移因子研究与在畜禽疫病防治中的应用［J］．中国禽业导刊，2002，19（23）：45-47.

[38] 史秀山．转移因子增强狂犬病疫苗免疫效果的研究［J］．中国人兽共患病杂志，2004，20（11）：987-988.

[39] 黄建文，何维明，姜艳芬，等．转移因子对鸡传染性喉气管炎灭活疫苗作用的研究［J］．西北农业学报，2003，12（1）：100-102.

[40] 赵支国，赵洪娟，李相安，等．TF对鸡体液免疫效果的影响试验［J］．山东畜牧兽医，2004，（3）：4.

[41] 日穆德玛，赛音朝克图，潘乌恩宝音，等．乌鸡转移因子对鸡新城疫Ⅰ系和鸡传染性支气管炎 H_{120} 二联活疫苗协同作用的初步观察［J］．中国兽医杂志，1997，4（23）：11-12.

[42] 何理平．转移因子在动物医学上的研究进展［J］．江西畜牧兽医杂志，2004，（2）：3-5.

[43] 江青艳，戴远威，傅伟龙，等．脾脏转移因子对粤黄鸡免疫机能的影响．畜牧兽医杂志，1996，3（15）：6-8.

图书在版编目（CIP）数据

细胞因子在畜禽疫病防控中的科学应用/万遂如，康丽娟主编. —北京：中国农业出版社，2010.10
ISBN 978-7-109-14999-1

Ⅰ.①细…　Ⅱ.①万…②康…　Ⅲ.①细胞因子—应用—畜禽—动物疾病—防治　Ⅳ.①S858

中国版本图书馆 CIP 数据核字（2010）第 181536 号

中国农业出版社出版
（北京市朝阳区农展馆北路 2 号）
（邮政编码 100125）
责任编辑　黄向阳　邱利伟

北京三木印刷有限公司印刷　　新华书店北京发行所发行
2010 年 10 月第 1 版　　2010 年 10 月北京第 1 次印刷

开本：700mm×1000mm　1/16　　印张：18.5
字数：330 千字　　印数：1～5 000 册
定价：48.00 元